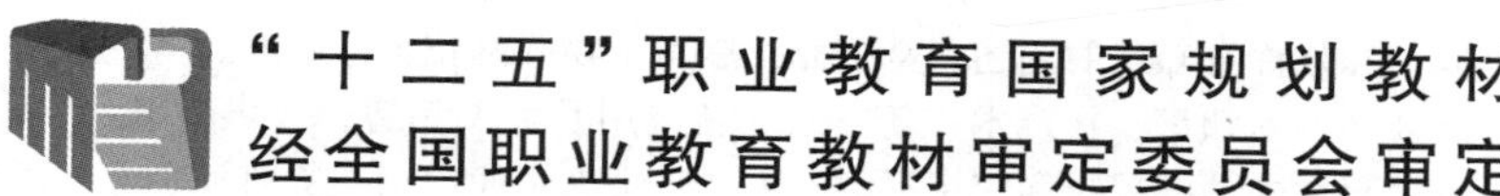

物联网技术导论

第2版

强世锦　徐　杰　编著

机械工业出版社

本书为初学者物联网技术入门教材。全书共6章，内容涵盖了物联网的关键技术，包括物联网的构成及内涵辨析，具体针对条码、传感器、MEMS、RFID、互联网、移动通信网、ZigBee、WiFi、蓝牙、WSN、EPC系统、综合通信传输网技术、数据库、数据仓库与数据挖掘、云计算、中间件和软件等知识的阐述。全书充分展示了物联网技术体系的脉搏，反映所涉及的新知识、新技术、新方法、新应用及发展趋势，提供20多个丰富而普适的动画视频和应用视频资料，收集大量业内相关资料和企业技术应用实例，进行精炼和整合，用通俗易懂、力求生动形象的语言或图形阐述物联网的技术概念和知识。本书配有丰富的习题与思考题，参考学时为40。

本书可作为高职高专院校物联网应用技术专业、通信类、信息类、计算机类、工程类、物流管理类等相关专业物联网课程的教材，以及广大对物联网技术感兴趣的工程技术人员的参考书和自学教材。

为方便教学，本书有电子课件、动画视频和应用视频资料、习题与思考题答案、模拟试卷及答案等，凡选用本书作为授课教材的学校，均可通过电话（010-88379564）或QQ（2314073523）咨询，有任何技术问题也可通过以上方式联系。

图书在版编目（CIP）数据

物联网技术导论/强世锦，徐杰编著. —2版.—北京：机械工业出版社，2019.9（2025.1重印）
“十二五”职业教育国家规划教材
ISBN 978-7-111-63888-9

Ⅰ.①物… Ⅱ.①强… ②徐… Ⅲ.①互联网络—应用—职业教育—教材②智能技术—应用—职业教育—教材 Ⅳ.①TP393.4②TP18

中国版本图书馆CIP数据核字（2019）第214546号

机械工业出版社（北京市百万庄大街22号 邮政编码100037）
策划编辑：曲世海 责任编辑：曲世海 韩 静
责任校对：陈 越 封面设计：马精明
责任印制：刘 媛
河北环京美印刷有限公司印刷
2025年1月第2版第16次印刷
184mm×260mm · 12.5印张 · 304千字
标准书号：ISBN 978-7-111-63888-9
定价：42.00元

电话服务
客服电话：010-88361066
010-88379833
010-68326294

网络服务
机 工 官 网：www.cmpbook.com
机 工 官 博：weibo.com/cmp1952
金 书 网：www.golden-book.com
机工教育服务网：www.cmpedu.com

前言

物联网（Internet of Things，IoT）被视为第三次信息科技高潮。物联网是一门涵盖范围很广的综合性交叉学科，涉及计算机科学与技术、通信工程、电子科学与技术、自动化、信息安全、智能科学与技术等诸多学科领域，在科学民生、智慧城市、低碳环保、交通运输、物流配送、安防监控、智能电网、节能环保等方面有着广阔的应用前景，并且在“十二五”规划中被列为国家战略性新兴产业。“十二五”期间，我国物联网发展取得了显著成效，与发达国家保持同步，成为全球物联网发展最为活跃的地区之一。“十三五”期间，我国经济发展进入新常态，创新是引领发展的第一动力，促进物联网、大数据等新技术广泛应用，培育壮大新动能成为国家战略。当前，物联网正进入跨界融合、集成创新和规模化发展的新阶段，迎来重大的发展机遇。

新技术发展需要大批专业技术人才，为适应国家战略性新兴产业发展需要，加大信息网络高级专门人才培养力度，许多高校利用已有的研究基础和教学条件，陆续开设了相关专业或相关应用方向。为适应相关专业和应用方向的教学需要，以及社会各界对了解信息网络新技术的迫切要求，尤其在高职层面上非常缺乏配套教材的背景下，于2014年出版了《物联网技术导论》第1版。随着物联网技术的快速发展，作者在广泛调研和总结经验的基础上，对第1版进行了改版。

本书为初学者物联网技术入门教材。全书共6章，内容涵盖了物联网的关键技术，包括物联网的构成及内涵辨析，具体针对条码、传感器、MEMS、RFID、互联网、移动通信网、ZigBee、WiFi、蓝牙、WSN及EPC系统、各类综合通信传输网技术、数据库、数据仓库与数据挖掘、云计算、中间件和软件等技术、知识作了较为详细的阐述，并在第6章里列举了物联网应用中的一些典型案例。全书总体框架充分展示了物联网技术体系的脉搏，反映所涉及的新知识、新技术、新方法、新应用及发展趋势。

本书力图做到深入浅出、理论联系实际，对物联网应用技术进行全面、通俗而系统的介绍和必要的阐述，并提供20多个丰富而普适的物联网工作过程及原理的动画视频和应用视频资料。在编写过程中，着力用轻松、生动的语言向读者展示物联网技术和业务应用的巨大魅力，收集大量业内相关资料和企业技术应用实例，进行精炼和整合，用通俗易懂的语言或图形阐述物联网的技术概念和知识。本书配有丰富的习题与思考题。

“物联网技术导论”是一门概念性较强的课程，面对高职层次的初学者，建议读者具备一定的通信技术及计算机网络基础知识。作者凭借多年丰富的教学经验和良好的教学效果，在表现形式上力求让初涉物联网的读者远离复杂的公式，使用普通的生活常识类比复杂的物联网知识，且让所学到的知识具有可延展性而不是简单的就事论事。本书融入国家职业资格标准，作者以风趣而生动的文笔向读者诠释各种物联网理论和技术术语，结合生活中的常识和案例，图文并茂地讲解，建议读者具备一定的通信技术及计算机网络基础知识，并配套丰富多彩的视频资料，从另一个侧面，向读者介绍物联网方面的技术知识。

本书由武汉职业技术学院强世锦教授和烽火科技集团武汉邮电科学研究院教授级高级工程师徐杰编著。感谢机械工业出版社给予的帮助与支持，使本书顺利完稿。

物联网技术是一个新兴学科领域，正处于蓬勃发展的快速时期，由于编者的认识领悟能力有限，书中不妥之处在所难免，恳请广大读者批评指正。

编　者

目 录

第1章 引　言

自20世纪90年代物联网概念出现以来，越来越多的人们对其产生了兴趣。物联网是在计算机互联网的基础上，利用射频识别、传感器、无线数据通信、计算机等技术，构造一个覆盖世界上万事万物的实物互联网。物联网内每一个物品（包含人、动物、植物、物体等）都有一个唯一的产品电子码，叫做EPC（Electronic Product Code）。通常EPC码被存入硅芯片做成的电子标签内，附在被标志产品上，被高层的信息处理软件识别、传递、查询，进而与网络（如互联网、3G网络、4G网络）连接起来，实现智能化应用和管理，形成专为供应链企业服务的各种信息服务，就是物联网（Internet of Things，IoT）。

物联网就是“物物相连的互联网”，具有两层含义：第一，物联网的核心和基础仍然是互联网，是在互联网基础上的延伸和扩展的网络；第二，其用户端延伸和扩展到了任何物品与物品之间，进行信息交换和通信。

1.1 物联网的起源与发展

从有语言开始，人类一直没有停止对自由交流的追求。从书信到电话，再到互联网……，现如今，人们又把目光投向身边的各种物体，开始设想如何与它们交流，这就是广受关注的物联网。

英文说法“Internet of Things”直译过来就是“物体的互联网”。其理想是让每个目标物体通过传感系统接入网络，让人们在享受“随时随地”两个维度的自由交流外，再加上一个“随物”的第三维度自由。而物联网的思想起源于哪里呢？

1.1.1 咖啡壶事件

1991年剑桥大学特洛伊计算机实验室的咖啡壶事件，吸引了百万人的关注。

实现这一壮举的“特洛伊”咖啡壶事件发生在1991年，剑桥大学特洛伊计算机实验室的工作人员在工作时，要下两层楼梯到楼下看咖啡煮好了没有，而且大多数人常常空手而归，这让工作人员觉得很烦恼。为了解决这个麻烦，他们编写了一套程序，并在咖啡壶旁边安装了一个便携式摄像机，镜头对准咖啡壶，利用计算机图像捕捉技术，以3帧/s的速率传递到实验室的计算机上，以方便工作人员随时查看咖啡是否煮好，省去了上上下下的麻烦。这样，他们就可以随时了解咖啡煮沸情况，咖啡煮好之后再下去拿，如图1-1所示。

1993年，这套简单的本地“咖啡观测”系统又经过其他同事的更新，以1帧/s的速率通过实验室网站连接到了互联网上。没想到的是，仅仅为了窥探“咖啡煮好了没有”这一情况，全世界互联网用户蜂拥而至，近240万人点击过这个“咖啡壶”网站。

此外，还有数以万计的电子邮件涌入剑桥大学旅游办公室，希望能有机会亲眼看看这个神奇的咖啡壶。最后关于这只咖啡壶的新闻是：数字世界最著名的咖啡壶在eBay拍卖网站以7300美元的价格卖出，时间大约在2001年8月。一个不经意的发明，居然在全世界引起了如此大的轰动。

图1-1　咖啡壶事件

1.1.2　聪明的饮料售货机

1995年夏季，在卡耐基·梅隆大学校园里有一个自动售货机，出售各色可乐，价钱比市场上的便宜一半，所以很多学生都去那个机器买可乐。但是大老远地跑过去，经常发现可乐已经售完，为了不想去自动售货机买饮料时白跑一趟，于是几个聪明的学生想到一个办法，他们在自动售货机里装了一串光电管，用来计数，然后装上芯片，把自动售货机与互联网对接，这样，学生在宿舍里先在网上查看一下就知道哪个售货机还有多少饮料，以免白跑一趟。

后来CNN（Cable News Network，美国有线电视新闻网）还专程来到该学校，实地拍摄了一段新闻。当时还没有物联网这个概念，大家最初的想法很简单，就是把传感器连到互联网上去，提高数据的输入速度，扩大数据的来源，这是对于物联网的初次接触。

1.1.3　比尔·盖茨与《未来之路》

1995年，微软帝国的缔造者比尔·盖茨曾撰写过一本当时轰动全球的书——《未来之路》，如图1-2所示。书中预测了微软乃至整个科技产业未来的走势。盖茨在书中也提到了“物联网”的构想，意即互联网仅仅实现了计算机的联网，而未实现与万事万物的联网，但迫于当时的无线网络、硬件及传感设备发展的局限，这一构想无法真正落实。

图1-2　《未来之路》

《未来之路》中写道：您将会自行选择收看自己喜欢的节目，而不是等着电视台为您强制性选择。

《未来之路》中写道：如果您计划购买一台冰箱，您将不再听那些喋喋不休的推销员唠叨，电子论坛将会为您提供最丰富的信息。

《未来之路》中写道：一对邻居在各自的家中收看同一部电视剧，然而在中间插播电视广告的时段，两家电视中却出现完全不同的节目。中年夫妻家中的电视广告节目是退休理财服务的广告，而年轻夫妇的电视中播放的是假期旅行广告。

《未来之路》中写道：如果您的孩子需要零花钱，您可以从计算机钱包中为其转5美元。另外，当您驾车驶过机场大门时，电子钱包将会与机场购票系统自动关联，为您购买机票，而机场的检票系统将会自动检测您的电子钱包，查看是否已经购买机票。

《未来之路》中写道：您可以亲自进入地图中，这样可以方便地找到每一条街道、每一座建筑。

《未来之路》中写道：您丢失或失窃的摄像机将自动向您发送信息，告诉您它现在所处的具体位置，甚至当它已经不在您所在的城市后也可以被轻松找到。

1.1.4 Ashton与麻省理工学院（MIT）自动识别中心

英国工程师Kevin Ashton（见图1-3），于1998年春季在宝洁公司的一次演讲中首次提出“物联网”的概念。当时根据美国零售连锁业联盟的估计，美国几大零售业者，一年中因为货品管理不善而遭受的损失高达700亿美元。时任宝洁公司（P&G）营销副总裁的Kevin Ashton对此有切身之痛，1997年宝洁公司的欧蕾保湿乳液上市，商品大为畅销，可是太畅销了，许多商店货架常常空掉，由于商品太多，查补的速度又太慢，“我们眼睁睁地看着钱一分一秒从货架上流失”，Kevin Ashton表示。

图1-3 Kevin Ashton

他作为“条码退休运动”的核心人物，花了两年的时间找到了答案，就是用RFID（Radio Frequency Identification，射频识别）取代现有的商品条码，使电子标签变成零售商品的最佳信息发射器，并由此变化出千百种应用与管理方式，来实现供应链管理的透明化和自动化。

1999年10月1日，他与美国麻省理工学院的两位同仁创立了一个RFID研究机构——MIT自动识别中心，那时正是条码问世25周年之际。该机构于2003年11月1日更名为自动识别实验室，主要为EPC global（负责EPC网络的全球化标准的非盈利组织）提供技术支持。

Ashton对物联网的定义很简单：把所有物品通过射频识别等信息传感设备与互联网连接起来，实现智能化识别和管理。MIT自动识别中心提出，要在计算机互联网的基础上，利用RFID、无线传感网（Wireless Sensor Network，WSN）、数据通信等技术，构成一个覆盖世界上万事万物的“物联网”。在这个网络中，物品（商品）能够彼此进行“交流”，而无需人的干预。Ashton说：“这是比互联网更大、为公司创造一种使用传感器识别世界各地商品的方法。这将彻底改变我们以往从生产厂商到顾客，甚至是通过回收产品来跟踪产品的固有模式。事实上，我们创造了物联网。”Kevin Ashton预测电子产品代码（Electronic Product Code，EPC）网络将使机器能够感应到全球任何地方的人造物品，从而创造真正的“物联网”。

1.1.5 物联网闪亮登场

无论是物联网还是传感网，都不是最近才出现的新兴概念。作为物联网的子网络——传感网的构想最早由美国军方提出，起源于1978年美国国防部高级研究计划局资助卡耐基·梅隆大学进行分布式传感网研究项目。

随着技术不断进步，国际电信联盟（ITU）于2005年11月17日，在突尼斯举行的信息社会世界峰会（WSIS）上，正式提出了物联网的概念。报告指出，无所不在的“物联网”通信时代即将来临，世界上所有的物体从轮胎到牙刷、从房屋到纸巾都可以通过互联网主动进行数据交换。射频识别（RFID）技术、传感器技术、纳米技术、智能嵌入这四项技术将得到更加广泛的应用。

物联网是指通过射频识别（RFID）、红外感应器、全球地位系统、激光扫描器等信息传感设备，按约定的协议，把任何物体与互联网连接起来，进行信息交换和通信，以实现智能化识别、定位、跟踪、监控和管理的一种网络。

根据ITU的描述，在物联网时代，通过在各种各样的日常用品上嵌入一种短距离的移动收发器，人类在信息与通信世界里将获得一个新的沟通维度，从任何时间、任何地点的人与人之间的沟通连接，扩展到人与物、物与物之间的沟通连接。“物联网”时代的图景是：当驾驶员出现操作失误时，汽车会自动报警；公文包会提醒主人忘带了什么东西；衣服会“告诉”洗衣机对颜色和水温的要求等。

1.1.6　物联网演进和发展代表性时间

物联网是当前各国政府都寄予极大希望的未来增长领域，因而都采取各种激励和扶持政策。我国政府也高度重视这一领域的发展，已经将其列入国家重点支持的新兴产业之一。随着集成电路、微机电系统（MEMS）、计算机、网络与无线通信等信息技术的高速发展，传感网已从有限范围的信息感知扩展到各个信息网络的智能感知。物联网在1999年后得到快速发展，构成物联网演进和发展的具有代表性的时间和项目如下：

DAPAP	1998年：Sensor Information Technology（Sens IT）
中科院	1999年：《知识创新工程试点领域方向研究》
MIT	1999年：提出物联网（Internet of Things，IoT）的概念
中科院	2002年：无线传感网演示系统
ITU	2005年：“物联网”年度报告
中国	2006年：《国家中长期科学与技术发展规划纲要》
美国	2008年：智慧地球
欧盟	2009年：物联网发展路线图
日本	2009年：I-Japan计划
中国	2009年：感知中国

1.2　物联网的战略意义

1.2.1　经济价值

20世纪，克林顿政府提出“信息高速公路”国家振兴战略，大力发展互联网，推动了全球信息产业的革命，美国经济也受惠于这一战略，并在20世纪90年代中后期享受了历史上罕见的长时间繁荣。奥巴马的振兴战略方向又在哪里？种种迹象表明：智慧地球和新能源发展战略将成为主导。2008年11月IBM提出“智慧地球”的概念。2009年2月17日奥巴马就职演讲后，对IBM提出的“智慧地球”签署了总额为7870亿美元的经济刺激计划，经济刺激计划几乎涵盖了美国所有的经济领域。奥巴马表示，该计划将为美国保住和创造约350万个工作岗位。

1. 绿色经济与低碳经济

从1904～2004年的100年间，我国二氧化碳排放量只占全球的8%。当下，我国人均

排放量也不高，2004 年我国人均排放二氧化碳 3.6t，只有世界人均值的 87% 左右，为发达国家人均量的 1/3，仅及美国的 1/5。表 1-1 给出了最新统计的全球碳排放量排行榜，该数据源于世界资源研究所（WRI）2009 年气候分析工具，为 2005 年的资料，2010 年 2 月 18 日法新社首次报道，总共评估 186 个国家。

表 1-1 全球碳排放量排行榜

排名	国家和组织	排放量/亿 t	占全球百分比(%)	人均排放量/t
1	中国	7219.2	19.12	5.5
2	美国	6963.8	18.44	23.5
3	欧盟	5047.7	13.37	10.3
4	俄罗斯	1960.0	5.19	13.7
5	印度	1852.9	4.91	1.7
6	日本	1342.7	3.56	10.5
7	巴西	1014.1	2.69	5.4
8	德国	977.4	2.59	11.9
9	加拿大	731.6	1.94	22.6
10	英国	639.8	1.69	10.6
11	墨西哥	629.9	1.67	6.1
12	印度尼西亚	594.4	1.57	2.7
13	伊朗	566.3	1.50	8.2
14	意大利	565.7	1.50	9.7
15	法国	550.3	1.46	9.0
16	韩国	548.7	1.45	11.4
17	澳大利亚	548.6	1.45	26.9
18	乌克兰	484.7	1.28	10.3
19	西班牙	438.7	1.16	10.1
20	南非	422.8	1.12	9.0

从工业革命到 1950 年，发达国家排放的二氧化碳排放量，占全球累计排放量的 95%；1950～2000 年，发达国家碳排放量也占到全球的 77%。

2. 信息经济与知识经济

有效利用资源与保护自然环境是经济可持续发展的基础，能不断创造价值赋予经济发展不竭的动力。传统的农业经济和工业经济等物质生产经济更多地是通过物质的产量输出价值，在产业模式上出现革命性突破的可能性不大。而信息经济与知识经济可以超越物质实体的限制，提供更多的创新机会和更大的创造空间。

“信息经济”的概念最早是由美国学者马克卢普在 20 世纪 50 年代提出的。信息经济是以现代信息技术等高科技技术为物质基础，信息产业起主导作用的，基于信息、知识、智力的一种新型经济，是产业信息化和信息产业化两个相互联系和沿着彼此促进的途径不断发展的产物。

“知识经济”最早是由联合国研究机构在 1990 年提出来的。知识经济是以现代科学技术为基础，建立在知识和信息的生产、存储、使用和消费之上的经济。知识经济基于工业经济和信息经济，是以知识的生产、传播、转让和使用，展示最新科技和人类知识精华为主要活动的经济形态。

1.2.2 社会价值

一般来说，每次重大的科学技术进步都会使社会生活发生巨变，技术变革的成果渗透在政治、经济、文化、社会等各个层面，物联网将在一定程度上改变社会的生产方式、生活方式，进而改变人们的生存方式。

物联网的发展尚处于起步阶段，人们还无法准确揭示其本质特征和外在属性的各个方面，但科技发展的逻辑及其历史和实践都表明，作为新一代信息技术的代表，物联网对社会发展的影响不仅是全方位的，而且将是极其深远的。

最早提出物联网概念的 Kevin Ashton 认为，物联网改变世界的潜力甚至比互联网更大。欧洲经济社会委员会认为物联网将导致史无前例的社会冲击，甚至将主宰大国的兴衰。类似的论断受到越来越多的论者支持。就经济发展而言，物联网与其他高新技术一样，具有创新性强、先导性突出、成长性好等突出优势，成为未来经济发展的助推器与显示国家经济力量的一个重要指标和参数。物联网的出现，是在互联网、宽带高速通信技术特别是终端技术成熟发展之后在生产力上的新的变革和里程碑。物联网的应用特别是电子政务将步入新的更高发展阶段，政府的社会治理能力将得到提升，公共权力的透明度将得到提高，必将助推政治数字化趋势。物联网技术发展为人们所面临的生活困境带来福音。

1. 老龄化问题

随着医疗卫生水平前所未有的提高，人类的平均寿命得到很大程度的延长。长寿可以令人有更多的时间来享受美好的人生。然而，从另一个角度来看，人类平均寿命的延长，提高了老年人口占总人口的比例，也就是常说的人口老龄化。人口老龄化之所以成为一个社会问题主要体现在两个方面：第一，大多数老年人退休之后不再有直接的、丰厚的经济收入，如何“养老”必然成为一个对社会经济发展有重要影响的问题；第二，老年人体弱多病是自然规律，老年人必然对于健康医疗和照料看护等服务有着很高的要求。

基于物联网技术的医疗保健，可以满足为老人提供及时、准确、有效的医疗救治服务的要求，这就是常说的“智能医疗”。智能医疗系统借助简易实用的家庭医疗传感设备，对家中老年人的生理指标进行自测，并将生成的生理指标数据通过网络传输到护理人或有关医疗单位。根据需求，还可提供紧急呼叫救助服务、专家咨询服务等。基于物联网技术的远程看护，可以实时地向老年人的子女或者监护人反馈老年人的起居生活信息。远程看护系统借助视频、温度、湿度等环境感知设备，对老年人周围的环境进行监测，同时关注老年人的各种活动，并能自动判断当前环境是否让老年人感到舒适，老年人目前的活动是否存在危险性等，将判断结果通知老年人或者老年人的子女以及监护人。

物联网技术在医疗保健和远程看护上的应用，使得年轻人可以专注于自己的工作，从而为人类社会创造更多的价值，同时不必担心老年人缺乏有效的医疗和看护服务。

2. 城市交通问题

交通阻塞和停车难已经成为当今人们出行的烦恼。

汽车并非总处于运动之中，当它们处于静止状态时，就要占据一定空间。汽车越多，占据的空间越大。在城市中心区，人多车多空间少，停车场与汽车数量很不相称，停车是让每个现代都市饱受困扰的难题。在一个城市的购物商圈或者办公楼集中区域附近，找不到停车

位的车主通常有两个选择：第一，驾驶汽车在路上缓慢行驶，不断寻找停车场；第二，迫不得已在马路两边将汽车乱停乱放。另外，伴随停车难产生的慢速行驶和乱停车现象也变相地加剧交通阻塞。

交通管理的科学化、现代化，一直是为实现综合治理、解决交通问题而追寻的目标。基于物联网技术的智能交通系统，以道路交通信息的收集、处理、发布、分析为主要方式，为交通参与者提供多样性的服务，被认为是改善交通状况的必由之路。

通过准确地收集交通信息，可以及时地判断当前交通的拥堵情况，分析出交通阻塞的瓶颈区域；通过交通诱导信息的发布，可以有效地引导车辆避开拥堵区域，避免交通阻塞进一步加剧；借助先进的交通信号系统，能够从宏观上对交通进行动态地调节与管制，实现车流量与道路通行能力的匹配。

基于物联网技术的智能交通产业不仅是高新技术产业，同时也是综合性很强的交叉产业，涉及交通运输、电子信息、交通工程和城市规划等。因此，智能交通在提升交通系统的现代化管理水平和运营服务水平的同时，也孕育着巨大的商机。

3. 环境污染问题

（1）大气污染　如果人类生活在污染十分严重的空气里，那就将在几分钟内全部死亡。工业文明和城市发展，在为人类创造巨大财富的同时，也把数十亿吨计的废气和废物排入大气之中，人类赖以生存的大气圈却成了空中垃圾库和毒气库。因此，大气中的有害气体和污染物达到一定浓度时，就会对人类和环境带来巨大灾难。

据经济参考报消息，2013 年 1 月 14 日发布的一份名为《迈向环境可持续的未来中华人民共和国国家环境分析》中文版报告提出，尽管中国政府一直在积极地运用财政和行政手段治理大气污染，但世界上污染最严重的 10 个城市之中，仍有 7 个位于中国。中国 500 个大型城市中，只有不到 1% 达到世界卫生组织空气质量标准。具体数据见表 1-2。

表 1-2　中国近年废气中主要污染物排放量　（单位：万 t）

污染物 / 排放量 / 年度	二氧化硫			烟尘			工业粉尘
	合计	工业	生活	合计	工业	生活	
2001	1947.8	1566.6	381.2	1069.8	851.9	217.9	990.6
2002	1926.6	1562.0	364.6	1012.7	804.2	208.5	941.0
2003	2158.7	1791.4	367.3	1048.7	846.2	202.5	1021.0
2004	2254.9	1891.4	363.5	1095.0	886.5	208.5	904.8
2005	2549.3	2168.4	380.9	1182.5	948.9	233.6	911.2
2006	2588.8	2234.8	354.0	1078.4	854.8	223.6	807.5
2007	2468.1	2140.0	328.1	986.6	864.5	215.5	698.7
2008	2321.2	1991.3	329.9	901.6	771.1	230.9	584.9
2009	2214.4	1866.1	348.3	847.2	603.9	243.3	523.6

（2）水污染　饮用水源污染之后，通过饮水或者食物链对人体健康产生影响，水中包含的污染物进入人体，甚至会引起一些严重的疾病，比如癌症、重金属中毒等。工农业生产

水源污染之后，生产用水必须投入更多的处理费用，这将造成资源、能源的浪费。此外，水源富营养化现象会导致水质变差，以致大量水生植物和鱼类死亡。

中国水环境普遍恶化，水资源短缺和水污染现象并存。有关数据表明，目前全国年缺水量达400亿m^3，近2/3的城市存在不同程度的缺水。据水利部门披露，2005年全国污废水排放总量达717亿t，其中2/3未经处理直接排入水体，造成90%的城市地表水域受到不同程度的污染，不少地区符合标准、水质稳定的饮用水水源地呈缩减趋势。部分城市浅层地下水已不能直接饮用。

据调查，113个环保重点城市的222个地表饮用水源地，平均水质达标率只有72%。2005年初，原建设部组织开展的专项调查结果表明，被调查的45个重点城市的饮用水水源都存在不同程度的有机物污染，有机污染物的总数高达200多种。

（3）噪声污染　随着城市发展的加快，噪声已经成为城市的一大公害，严重影响了人们的生活和健康。噪声污染主要来源于交通运输、车辆鸣笛、工业噪声、建筑施工等，如汽车、火车、飞机、船舶等产生的交通噪声，大型工业设备产生的工业噪声，建筑施工场所发出的建筑噪声。噪声会对人类的生活和工作造成干扰，严重时也会损害人的身心健康。

据2009年统计公报，在监测的327个城市中，城市区域声环境质量好的城市仅占4.9%，较好的占70.0%，轻度污染的占23.9%，中度污染的占1.2%。大量的统计研究资料表明，高噪声不仅损害人的听觉，而且对神经系统、心血管系统、消化系统等都有不同程度的影响，严重损害人们的身心健康。

（4）放射性污染　放射性物质发出的射线可以破坏人体的细胞和组织结构，也能损伤中枢神经，对人体造成不可逆转的严重伤害。核武器使用及试验的沉降物、核电站等核设施运营中产生的泄漏、核电站产生的废料以及民用放射性物质是人类接触到放射性物质的几种主要途径。

根据国际原子能机构的统计，全球目前有438座核动力反应堆，651座核研究堆，还有250个核燃料工厂，包括铀矿山、转化厂、浓缩厂及后处理厂。一个容量为100万kW的反应堆，在运行3年之后，能产生差不多3t的各种核废料，其中绝大部分是具有放射性的。

国际原子能机构曾指出，全球100多个国家在防止放射性物质被盗方面都有程序漏洞，就连曾遭恐怖袭击的美国对本国的放射性物质也疏于管理。美国核管理委员会在一份报告中承认，自1996年以来，美国1500多件放射源曾下落不明，半数以上至今没有找到。此外，欧盟的一份报告显示，欧盟国家每年都有70多件放射源丢失。

总之，物联网技术的出现体现了人类理性能力的强大，彰显了人类应对社会发展问题的智慧，必将进一步拓展人类生存和发展的时空界限，催生新的文化、道德、价值模式。同时也要特别指出，物联网的发展既要兼顾各方利益从而发展和实现代内公正，要与低碳、绿色理念有机结合从而发展和实现当代人与后代人的代际公正，也要与国际经济、政治新秩序的推进和构建有机结合从而发展和实现不同国家之间的国际公正。

1.2.3　国家安全

在经济全球化背景下，经济信息安全事关国家安全，它以资本市场信息安全为核心，包括内容安全和技术安全两个层面。当前，大规模资本市场交易和资金流动都通过交易平台以网络化的形式实现。片面、虚假、歪曲的信息，会误导、扰乱市场；核心技术失控、网络漏

洞以及黑客、病毒等都可能使大量财富瞬间化为乌有。没有经济信息安全，就没有交易安全，就没有金融安全和经济安全，也就没有完全意义上的国家安全。

国外一些钢铁巨头近年采用涉嫌商业贿赂和商业间谍的不法手段，获取中国钢铁企业大量机密，使中国钢铁企业蒙受巨大的经济损失。此类案件暴露了国内企业保密意识淡薄、重要经济领域的安全体系存在严重隐患，从而使得国外跨国公司可以轻松窃取商业情报。其实，钢铁行业领域内的商业贿赂案件只是一个缩影，近年来很多国际知名公司都曾被爆出在中国犯下商业贿赂案件，给中国带来严重的经济损失。

RFID 技术作为一种典型的物联网技术，目前被广泛应用于物流、交通、金融等领域。目前，物流行业内广泛采用 RFID 技术构建高效、经济的供应链，在世界范围内基于 RFID 技术正在形成一张巨大的物流信息网络。由于每个 RFID 标签中包含了与产品相关的重要信息，这些信息一旦被非法获取，必然给产品的生产和销售厂商造成经济损失。目前，RFID 相关的加密技术、安全认证技术也存在着严重的漏洞，给 RFID 产业的发展制造障碍，为国家的经济信息安全埋下隐患。

国家话语权和经济信息安全密不可分。没有话语权，就不可能实现真正意义上的、可持续的经济信息安全；没有经济信息安全，也不可能拥有强大的、有效的话语权。因此，物联网作为一个国家战略级的新兴产业，关联着许多国民经济生产的重要行业，被赋予带动其他相关产业发展的重要使命，其在经济信息安全方面的问题不容回避和忽视。只有在经济信息安全得到保障的前提下，物联网才能走上快速发展的道路。主要表现为以下几个方面：

第一，是物联网标准统一的趋势，这一趋势将直接影响未来世界各国在科技经济领域的话语权。从计算机和互联网两次的信息革命中人们可以吸取到足够的教训。我国虽然已成为全球最大的个人计算机市场和拥有最庞大的互联网上网人群，但其核心的技术和标准仍然为国外企业所掌握，如计算机核心的硬件和软件操作系统，我国都丧失了话语权。不仅在经济方面遭受了巨大的损失，而且对我国的国家安全也造成了现实的威胁。在未来物联网标准逐步统一的背景下，加紧制定和推出我们自己的标准，并将其广泛应用，对于确保我国未来掌握物联网发展的主动权，保护本国的经济利益和政治利益，维护国家的信息安全等都有重要意义。

第二，是产业链的整合，寡头垄断出现的趋势，这一趋势将严重地威胁我国物联网的健康发展，对我国的市场经济秩序造成破坏性的影响。除了在经济层面威胁到国家的安全，如果放任其做大、无约束地发展将会给人民群众的生活带来不可预知的影响，甚至会破坏社会稳定，影响国家政权的安全。

第三，是物联网的应用领域由局部向全社会渗透的趋势。这一趋势将驱动新一轮全球信息产业的繁荣，极大地促进一大批新产业的发展和成熟，拉动全球经济走出低谷并重新崛起，同时大幅度改善人类的工作和生活，给人类生活带来前所未有的改变，并深刻影响国家的各个方面。在识别人应用领域，物联网将向社会的各个层面渗透，并带来革命性的影响。目前已有企业开始着手这方面的研究，深圳一家名为鼎识科技的高科技企业已经成功开发出一款名为“身份网眼”的产品，专门用于城市的安全监管，能够及时为可能发生的暴力事件提供预警，极大地改变了政府安全监管工作的被动局面。在识别物应用领域，物联网将极大地方便人类的生产、生活。比如目前已经应用于沃尔玛的托盘 RFID 项目将成为未来人们购物、生活的一个侧影。在识别车应用领域，物联网将在目前的车辆通关管理、城市不停车收费管理的基础上进一步深入到军队后勤保障等领域。比如在 2003 年伊拉克战争中，RFID 技术便小试牛刀，通过在集装箱或整装卸车上安装射频标签，在运输起点、终点和各中途转运站上配置固定或手持式识读装置和计算机系统，结合实时追踪网络系统，对在运物资进行监控，对美军的后勤保障起到了至关重要的作用。相信未来物联网将会在数字化部队建设方面发挥更大、更深远的影响。

第四，随着物联网逐渐普及的趋势，信息安全问题呈现更加复杂的局面。如“云计算”带来的存储数据安全问题、黑客攻击损失以及保护隐私的法律风险，物联网设备的本地安全问题和在传输过程中端到端的安全问题等，信息安全正在告别传统的病毒感染、网站被黑及资源滥用等阶段，迈进了一个复杂多元、综合交互的新时期。当全世界互联成为一个超级系统时，系统安全性将直接威胁到国家安全。

面对新技术、新理念、新变革就应该有新思维、新视野。用发展的眼光正确看待未来十年物联网的发展趋势，以及这一趋势对我国国家安全造成的影响，对我国发展物联网，维护经济社会稳定、可持续发展有重大的意义。

1.2.4 科技发展需求

1. 传感器技术

提到物联网，必谈及自动识别技术，而 RFID 正是物联网中规模化识别技术的不二选择。随着物联网应用范围的扩大，基于 RFID 的传感器将在现有应用基础上得到更广泛的拓展。

随着微电技术的发展，涉及人类生活、生产、管理等方方面面的各种传感器已经比较成熟，很多新技术传感器产品诞生：能辨识任何物质的“超敏”传感器、可检测人体动作的 CNT（Carbon Nanotube，碳纳米管）传感器、掌纹识别传感器、自发电纳米无线传感器、环形激光传感器、透明生物传感器等。

随着工业化的快速提升以及各地物联网示范项目的实施推广，传统传感器如温度、压力、气体、湿度、流量、热释电等传感器展现了良好的应用效果；数字矿山、数字农业、工业安全监控网络等，都显示了显著的经济和社会效益。气体传感器上市公司河南汉威电子股份有限公司在北京实施的家用燃气、一氧化碳监控物联网项目，对于首都民生燃气安全监控、预防煤气中毒，发挥了重要的作用。

传感器的应用领域得到进一步扩大，传感器得到了广泛的应用，但就物联网发展而言，传感器企业尚未形成产业规模，传感器应用和产业发展目前仍处于初级阶段。

受国家政策的扶持与鼓励，尤其是传感网标准化等国家标准的出台，对传感网标准进行规划，有利于不同类别传感器统一网络接口进行数据传输，便于平台的整合，有助于传感器物联网的集成化、多功能化和智能化。2012 年，新兴投资得到规模化产出，新兴企业的增多将加速传感器行业的本地化研发、生产及销售。国内品牌将通过增加投资、合资等方式逐步渗透到高端市场，中低端产品出口将成为国内品牌厂商的选择。国外新技术的输入和应用，将带动传感器市场向更个性化、分散化的方向发展，国内厂商之间的并购与整合也将很快形成趋势。伴随物联网示范项目的进一步实施和推广，基于行业应用的物联网解决方案的成熟以及硬件成本的降低，作为物联网金字塔的基础，传感器产品将得到更广泛的应用，传

感器产业将快速发展。

2. 信息处理与服务技术

由于感知设备数量庞大，分布范围广阔，物联网从现实物理世界获取的数据量多到难以估计的程度。物联网信息处理方面的一个重要研究内容就是海量信息处理。

信息存储是对信息进一步加工，提取更多有用信息的基础。为应对数据的海量增长，分布式数据库系统比集中式数据库系统拥有更好的扩展性。分布式数据库系统可以保证用户就近访问和使用数据库资源，降低了通信代价。由于分布式数据库系统具有在空间位置上分散的特点，系统故障造成的损失可以最小。发展和完善分布式数据库系统是解决海量信息存储问题的主要方式。

海量信息的查询和检索，对于信息的分析和利用有重要意义。从海量信息中查询、检索目标信息的效率，往往由信息的存储、访问方式决定。提高海量信息查询、检索效率的关键在于设计优化的信息索引结构和高性能的信息查询算法。

物联网信息处理的另外一个重要内容是智能信息处理，即利用信息提供各种有意义、有价值的服务，使信息处理进入一个更高级的阶段，如数据挖掘、知识发现等。

数据挖掘技术的目的在于发现不同数据之间潜在的联系，在不同应用背景下进行更高层次的分析，以便更好地解决决策、预测等问题。数据挖掘是多学科交叉研究领域，涉及数据库技术、人工智能、机器学习、统计学、高性能计算、信息检索、数据可视化。数据挖掘的发展依赖相关科技的进步，也推动了相关科技的发展。

知识发现的目的是向使用者屏蔽原始数据的繁琐细节，从原始数据中提炼出有意义的、简练的知识，让使用者直接把握核心内容。一个完整的知识发现过程，包括问题定义、数据抽取、数据预处理、数据挖掘以及模式评估。按照知识类型对知识发现技术分类，有关联规则、特征挖掘、分类、聚类、总结知识、趋势分析、偏差分析、文本挖掘等。

3. 网络通信技术

网络通信是物联网信息传递和服务支撑的基础技术。面向物联网的网络通信技术主要解决异构网络、异构设备的通信问题，以及保障相关的通信服务质量和通信安全，如近场通信、认知无线电技术等。

能量受限是传感器节点在实际工作环境中普遍面临的问题，而通信消耗的能量在传感器节点消耗的总能量中占比重最大。为降低传感器节点的能量消耗，延长其工作寿命，低功耗通信技术是极为关键、有效的解决方案。

近场（近距离）通信技术让各种电子设备在短距离内简单地进行无线连接通信，可以大大简化设备之间的识别、认证过程，使网络设备间的相互访问更直接、更安全。手机支付、身份认证、产品防伪都是近场通信技术的典型应用。

认知无线电技术为物联网大规模应用奠定了基础。认知无线电技术的使用，使得感知互动层网络的物理层和MAC（Media Access Control，介质访问控制）层可以获得更多的通信资源，可以满足要求严格的业务服务质量需求，减少能量消耗，大幅度扩展通信效率。

物联网连接的网络、信息系统差异巨大，具有很强的异构性，即存在信息定义结构不同、操作系统不同、网络体系不同、信息传输机制不同等。为实现异构网络信息系统之间的互联、互通和互操作，需要建立一个开放的、分层的、可扩展的物联网的网络体系架构，实现异构网络的融合。

移动通信网、下一代互联网、传感网等都是物联网的重要组成部分，这些网络以网关为核心设备进行连接、协同工作，并承载各种物联网的服务。随着物联网业务的成熟和丰富，移动性支持和服务发展成为网关设备的必要功能。

信息和网络安全是物联网实现大规模商业应用的先决条件。物联网安全技术的研究包括安全体系结构、安全算法、网络组件及其互操作的隐私和安全策略等。

4. 能源技术

众所周知，人类生存所依赖的主要能源是煤炭、石油、天然气。进入现代社会，工业化、城市化进程不断加快，传统能源因大量消耗、不可再生而急剧减少，寻找新的、可再生能源成为世界各国政府、能源专家面临的急需解决的重大课题。当今世界，水能、太阳能、核能、风能、生物质能、地热能、海洋能等新能源产业及其技术快速发展，已成为缓解能源危机、改善现有能源结构的重要途径，高度关注新能源产业的发展成为当前各国政府的首选。

2008 年爆发的国际金融危机对新能源领域的发展产生了一定的影响，既带来了产业发展的融资困难，也带来了借新能源振兴经济的发展机遇。图 1-4 所示为未来发电技术的发展方向。

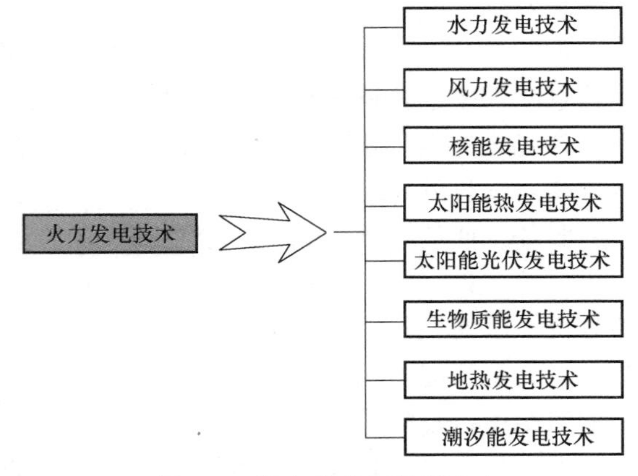

图 1-4　发电技术的发展方向

1.3　物联网现状分析

1.3.1　物联网战略规划现状

1. 美国“智慧地球”战略

美国在世界上率先开展传感网、RFID、纳米技术等物联网相关技术研究。2008 年美国国家情报委员会发布报告，将物联网列为 6 项“2025 年前潜在影响美国国家利益”的颠覆性民用技术之一。

2009 年刚上台的美国总统奥巴马积极回应 IBM 公司“智慧地球”概念，根据 IBM 的官方解析，智慧地球分成三个要素，即“3I”：物联化（Instrumented）、互联化（Interconnected）和智能化（Intelligent），是指把新一代的 IT、互联网技术充分运用到各行各业，把感应器嵌入、装备到全球的医院、电网、铁路、桥梁、隧道、公路、建筑、供水系统、大坝、油气管道，通过互联网形成“物联网”；而后通过超级计算机和云计算，使得人类以更加精细、动态的方式管理生产和生活，从而在世界范围内提升“智慧水平”，最终就是“互联网 + 物联网 = 智慧的地球”。

即物联网被提升为一种战略性新技术，全面纳入到智能电网、智能交通、建筑节能和医疗保健制度改革等经济刺激计划中。IBM 公司的“智慧地球”市场策略在美国获得成功，随后迅速在世界范围内被推广。

IBM公司围绕“智慧地球”的策略推出了涵盖智慧医疗、智慧城市、智慧电力、智慧铁路、智慧银行等一揽子解决方案，包括基于系统的观念构建智慧地球的方案，力求在物联网这一新兴战略性领域和市场占据有利地位。

2. 欧盟物联网发展计划

2009年6月欧盟委员会发布物联网发展规划，给出了未来5～15年欧盟物联网发展的基础性方针和实施策略。该规划中对物联网的基本概念和内涵进行了阐述，指出物联网不能被看做是当今互联网的简单扩展，而是包括许多独立的、具有自身基础设施的新系统（也可以部分借助于已有的基础设施）。同时，物联网应该与新的服务共同实现。

规划中指出，物联网应当包括多种不同的通信连接方式，如物到物、物到人、机器到机器等，这些连接方式可以建立在网络受限或局部区域，也可以面向公众可接入的方式建立。物联网需要面临规模（Scale）、移动性（Mobility）、异构性（Heterogeneity）和复杂性（Complexity）所带来的技术挑战。这份规划还对物联网发展过程中涉及的主要问题如个人数据隐私和保护、可信和安全、标准化等进行了对策分析。

与物联网发展规划相呼应，欧盟在其第七科技框架计划下的信息通信技术、健康、交通等多个主题中实施物联网相关研究计划，目的是在物联网相关科技创新领域保持欧盟的领先地位。

3. 日本“I-Japan”及韩国“U-Korea”战略规划

“U-Korea”分为发展期和成熟期两个执行阶段。发展期（2006～2010年）以基础环境建设、技术应用以及U社会制度建立为主要任务，成熟期（2011～2015年）以推广U化服务为主。作为亚洲乃至世界信息技术发展强国，日本和韩国均制定了各自的信息技术国家战略规划。

2009年7月，在之前“e-Japan”、“U-Japan”战略规划的基础上，日本发布了面向2015年的“I-Japan”信息技术战略规划，其目标之一就是建立数字社会，实现泛在、公平、安全、便捷的信息获取和以人为本的信息服务，其内涵和实现物理空间与信息空间互联融合的物联网相一致。以医疗和健康领域为例，“I-Japan”计划通过信息技术手段实现高质量的医疗服务和电子医疗信息系统，并建立基于医疗健康信息实现全国范围流行病研究和监测的系统。

早在2006年，韩国就制定了“U-Korea”规划，其目标是通过IPv6、USN（Ubiquitous Sensor Network）、RFID等信息网络基础设施的建设建立泛在的信息社会。为实现这一目标，韩国启动了名为“IT839”的战略规划。

4. 中国“感知中国”计划

中国现代意义的传感网及其应用研究几乎与发达国家同步启动，首次正式在1999年中国科学院《知识创新工程试点领域方向研究》的信息与自动化领域研究报告中提出，并作为该领域的重大项目之一。

2009年8月7日，温家宝总理在中国科学院无锡高新微纳传感网工程技术研发中心考察时指出，要大力发展传感网，掌握核心技术，并指出“把传感系统和3G中的TD技术结合起来”。

2009年11月3日，温家宝总理在《让科技引领中国可持续发展》的讲话中，再次提出“要着力突破传感网、物联网关键技术，及早部署后IP时代相关技术研发，使信息网络产业成为推动产业升级、迈向信息社会的‘发动机’”。

2009 年 11 月 13 日，国务院批复同意《关于支持无锡建设国家传感网创新示范区（国家传感信息中心）情况的报告》，物联网被确定为国家战略性新兴产业之一。

2010 年，《政府工作报告》指出，要加快物联网的研发应用，抢占经济科技制高点。至此，“感知中国”计划正式上升至国家战略层面。

2010 年 6 月 5 日，胡锦涛总书记在两院院士大会上讲话指出：当前要加快发展物联网技术，争取尽快取得突破性进展。“感知中国”计划进入战略实施阶段，中国物联网产业发展面临着巨大机遇。

图 1-5 给出了各国发展物联网的战略对比。

各国发展战略对比
美国
1. 以应用需求为牵引，目标是提升效率与振兴经济
2. 发挥海量信息处理与传感器领域的传统优势
3. 应用和市场驱动型发展思路
欧盟
1. 特点是制定了物联网技术体系和可持续演进路线
2. 强调信息安全，发挥移动通信与RFID领域的优势
3. 政府统一规划指导、应用和市场推动发展思路
物联网
IoT
日本
1. 从数字化社会建设着手，提升数字技术的易用性
2. 强调信息技术的全面整合和集成
3. 侧重于基础设施和社会服务
4. 政府主导型发展思路
韩国
1. 推动信息产业与其他产业融合，促进经济发展
2. 巩固半导体、显示器、手机三个领域的领先地位
3. 政府主导推动产业融合的发展思路
中国：结合我国国情，以促进经济结构调整、转变经济发展模式为目标，兼顾应用需求牵引和技术体系的完善

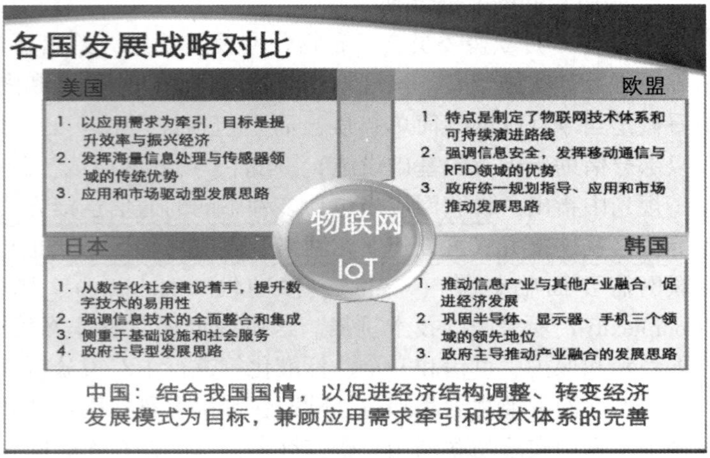

图 1-5　各国发展物联网的战略对比

1.3.2　物联网产业现状

1. 物联网产业链价值分布情况

物联网产业链大致可以分为三个层次：首先是传感网络，以二维码、RFID（射频识别技术）、传感器为主，实现“物”的识别；其次是传输网络，通过现有的互联网、广电网络、通信网络或者未来的 NGN 网络（下一代网络），实现数据的传输与计算；三是应用网络，即输入输出控制终端，可基于现有的手机、PC 等终端进行。

应用设备
基础软件
计算机设备软件商
M2M平台
应用软件平台
系统服务商
应用集成商
公众用户
行业用户
政策法规
应用层
通信模块
网关接入设备
通信芯片
通信设备生产商
通信终端
网络架构
通信设备集成商
云计算
虚拟化
数字中心
通信服务商
测试认证商
管理咨询商
技术规范
网络层
RFID
智能仪器
GPS芯片
激光扫描仪
传感器
感应终端生产商
终端集成设备
终端集成商
系统集成商
电信运营
物联网运营
系统运营商
协议标准
感知层
上游
中游
下游

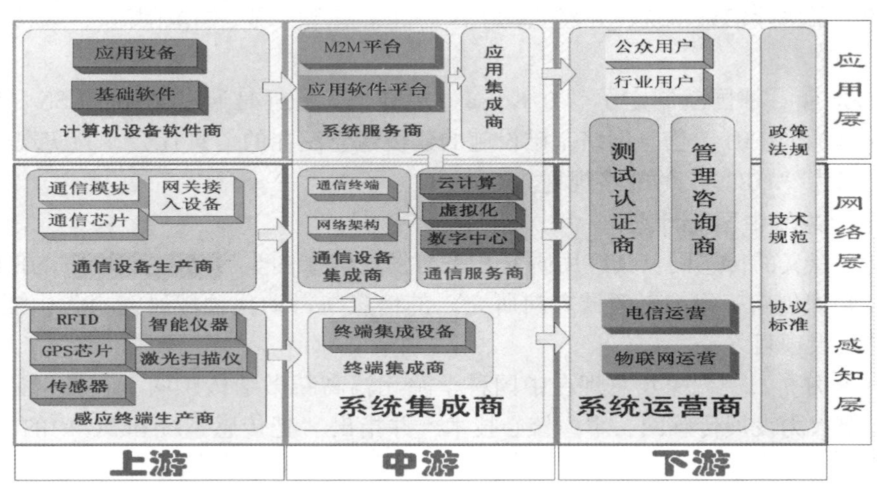

图 1-6　物联网产业链价值分布情况

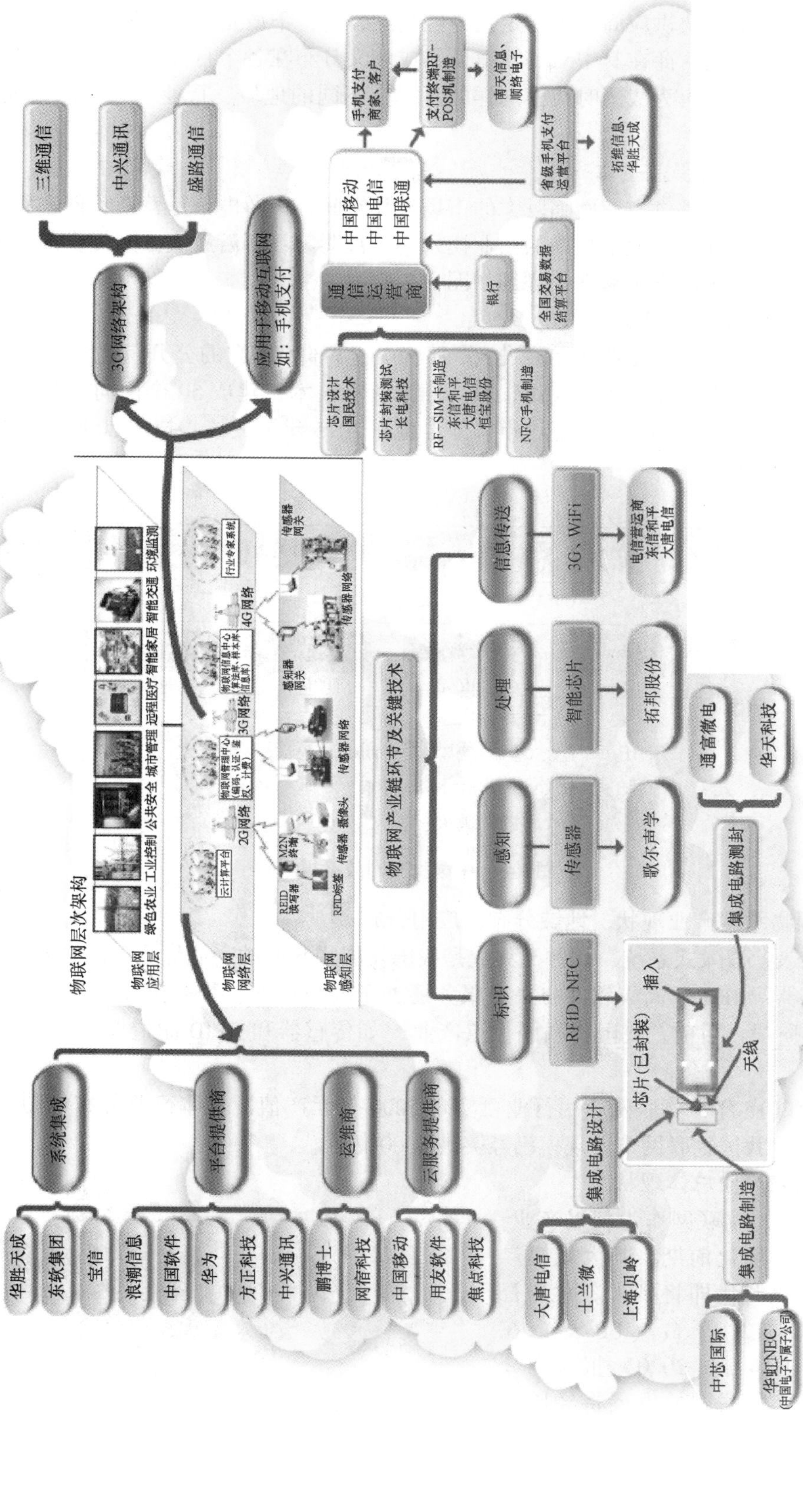

图 1-7 物联网产业链受益主体

从物联网的参与主体角度，可以将其产业链分为上、中、下游三个部分，上游定义为信息采集部件及通信模块供应商，中游定义为电信运营商，下游定义为解决方案提供商。主要以集成商为主角，运营商在其中只是管道，集成商又分布在各个行业、地域中，目前的物联网产业链基本可以理解为战国时代，同样的模式在不同的地域、行业被不同的集成商控制，如图1-6所示。

2. 物联网产业链受益主体

业内认为上游部件供应商面临巨大的市场成长空间；中游电信运营商长期来看将受益于物联网增值业务的开展，但中短期的商业模式还不甚明朗；下游解决方案提供商需要向上游采购关键部件，议价能力不够强。详细如图1-7所示。

3. 中国物联网战略规划

根据中华人民共和国工业和信息化部（简称工信部）披露的公开信息显示，中国物联网在十二五期间将重点发展十大应用领域、四大核心技术，建成50个面向物联网应用的示范工程，形成5～10个物联网示范城市，并希望在2015年形成核心技术2000亿元的产业规模，如图1-8所示。

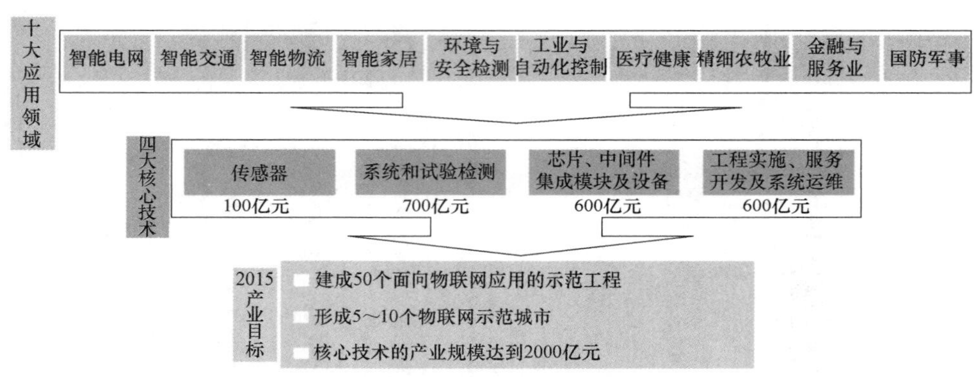

图1-8　中国物联网战略规划

4. 中国物联网产业现状、地域分布、应用分布

仪器仪表、嵌入式系统、软件与集成是我国发展物联网的产业优势；网络通信等为均势产业；传感器、RFID、高端软件与集成服务还处于弱势产业；物联网相关设备与服务正处在刚刚起步阶段。目前，我国物联网重点产业（如传感器和RFID制造业）主要分布在京、沪、粤地区。

原预计2015年，物联网应用行业可实现5000亿元产值，具体行业分布如图1-9所示。然而，2013年我国物联网产业规模已经突破6000亿元。

5. 物联网产业总体现状

总体上看，物联网作为新兴产业，目前正处于产业化前期，其大规模产业化与商业化时代即将到来。欧洲智能系统集成技术平台（EPoSS）在《Internet of Things in 2020》报告中分析预测，未来物联网的发展将经历四

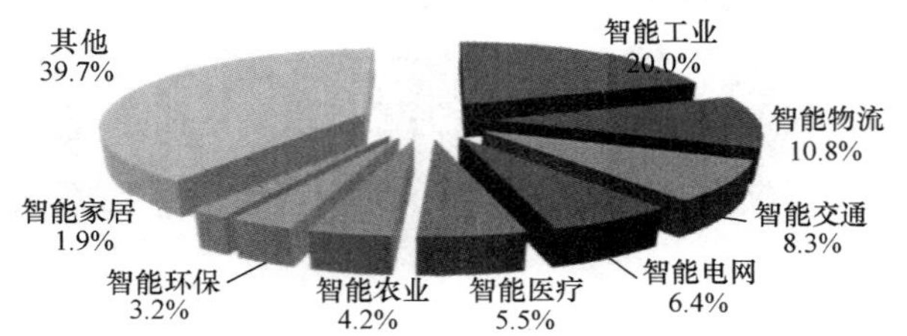

图1-9　中国物联网行业分布

个阶段：2010 年之前 RFID 被广泛应用于物流、零售和制药领域，2010～2015 年物体互联，2016～2020 年物体进入半智能化，2020 年之后物体进入全智能化。

中国在这一新兴领域自 20 世纪末与国际同时起步，具有同等水平，部分达到领先水平，如何将技术优势快速转化为国际产业优势，是中国面临的严峻挑战。

习题与思考题

1-1 简述物联网的定义，分析物联网的“物”的条件。

1-2 简述发展物联网的战略意义。

1-3 举例说明物联网的应用领域及前景。

第 2 章

物联网初识

2.1　物联网相关概念

迈向银行的大门办理业务时，大门会自动打开，欢迎你的到来。在公交车站等车时，车站显示屏会显示每路车到达车站的时间，让你出行和返程的时间安排获得保证。当你出门的时候，不需要带车钥匙，用身份证或者银行卡就可以开车门了，也许简单一点，用指纹就可开动座驾。最关键的是在路上的时候，已经有车载终端为你提醒今天走哪一条路不堵车。刷员工卡进入办公大楼，你所在办公室的空调和灯会自动打开。快下班了，用手机短信发送一条指令，在家“待命”的电饭锅会立即启动做饭，空调开始工作预先降温。如果有人非法入侵你的住宅，你还会收到自动电话报警。当拿起一块面包的时候，你知道这块面包的原料是来自于哪个省的粮食、其营养价值，最关键的是这块面包可告知你食用多少量是最合适的(根据体重)，一切信息都会有一个信息的参考提醒。这些不是科幻电影中的镜头，而是正在大步向我们走来的“物联网时代”的美好生活。

自从 2009 年响亮的鸣笛，物联网像一辆疾驰的列车，无论是地方政府、科研院所、企业，还是行业用户，都争先恐后地登上这辆列车。图 2-1 所示为物联网的广泛应用。物联网

图 2-1　物联网的广泛应用

的发展，对于中国在未来世界经济中所扮演的角色，有着非常重要的作用和意义，因此规划、标准、扶持政策纷至沓来。“忽如一夜春风来”，“物联网”之风在较短的时间内迅速吹遍神州大地。

2.1.1　物联网与互联网的关系与区别

当早晨起来的时候，要喝一杯牛奶，那么你能放心喝下吗？在物联网的社会中，牛奶是哪一头牛产的，在什么地方，几点几分出厂的，营养价值多少，最关键的是今天你的身体条件是否适合喝这杯牛奶，会有信息给你一个判断的，这就是智能的含义。

如今给放养的羊群中的每一只羊都贴上一个二维码，这个二维码会一直保持到超市出售的每一块羊肉上，消费者可以通过手机阅读二维码，知道羊的成长历史，确保食品安全，这就是“动物溯源系统”。今天，我国已经有 10 亿头存栏动物贴上了这种二维码，如图 2-2 所示。

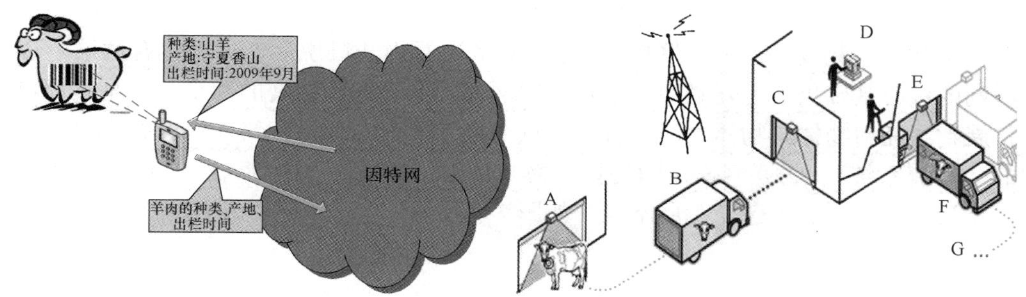

图 2-2　动物溯源系统示意图

有“钱包”功能的电子标签与手机的用户身份模块（Subscriber Identity Module，SIM）卡合为一体，手机就有了钱包的功能，消费者可将手机作为小额支付的工具，可以用手机乘坐地铁和公交车，去超市购物，去影剧院看电影等。重庆市已有 20 万人刷手机乘坐城市轻轨。

在电表上装上传感器，供电部门随时都可知道用户的用电情况。江西省电网对分布在全省范围内的 2 万台配电变压器的运行状态进行实时监测，实现用电检查、电能质量检测、负荷管理、线损管理等高效一体化管理，一年可降低电损 1.2 亿度。

在电梯上装上传感器，当电梯发生故障时，无需乘客报警，电梯管理部门会借助网络在第一时间得到信息，以最快的速度去现场处理故障。重庆市已有 1200 部电梯连接到智能运行管理系统，效果很好。

这些都是物联网的实际运用场景。那么，物联网的真正内涵是什么？它是如何工作的？它与传感网、RFID 和泛在网有着怎样的关系？为什么会“一夜成名”呢？

1. 从互联网到物联网

物联网概念不是凭空杜撰出来的，也不是某单项新技术突破引申出来的。物联网的发展有坚实基础，是现代信息技术发展到一定阶段的必然产物，是多项现代信息技术的殊途同归与聚合应用，是信息技术系统性的创新与革命。图 2-3 给出了从互联网到物联网的演进。

显然，物联网的发展，从一开始就是和信息技术、计算机技术，特别是网络技术密切相关的。

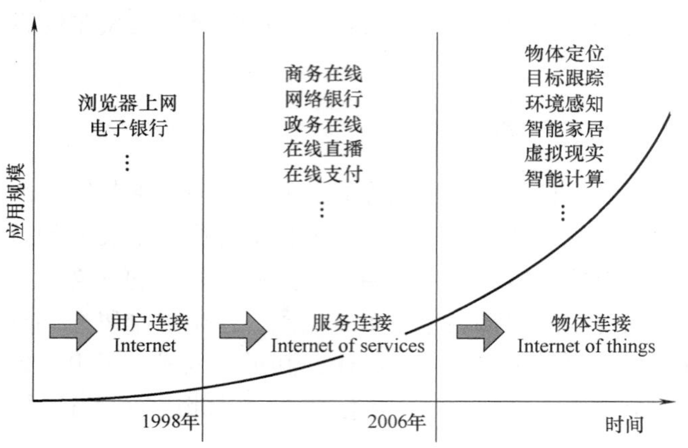

图 2-3　从互联网到物联网

物联网就是“物物相连的互联网”，其目标是让万物开口说话。这里包含两层意思；一是物联网的核心基础仍然是互联网，是在互联网基础上延伸和扩展的网络；二是其用户端延伸和扩展到了任何物体与物体之间，进行信息交换和通信。通信网络连接的是人与人，是网络中的“客流系统”；物联网连接的是物与物，是网络中的“物流系统”。物联网给人的印象相当宽泛，似乎无所不包、无所不能，如图 2-4 所示。

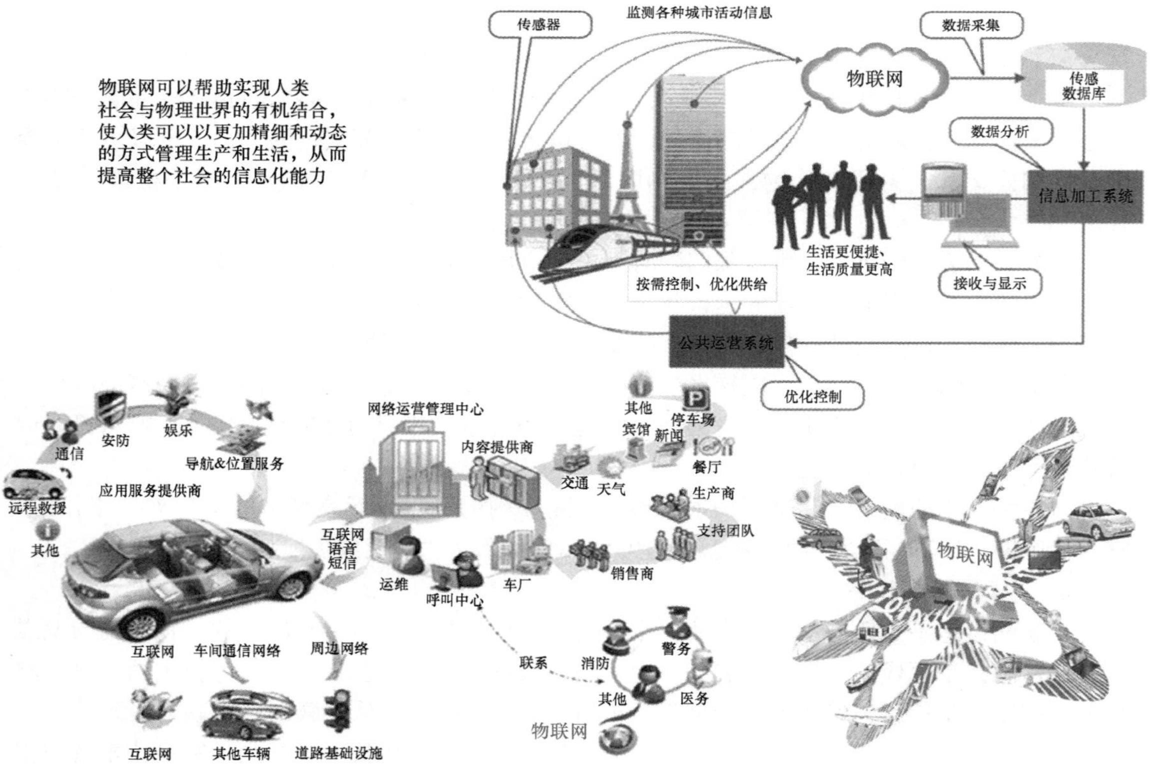

图 2-4　物联网的涵义

我们正处在一个全新的、泛在计算和通信时代，这个时代将从根本上改变我们的企业、社区和个人的存在方式。信息与通信技术（Information and Communication Technology，ICT）领域呈现出新模式，除了针对人的随时、随地连接，还增加了针对任何物体的连接，如图 2-5 所示。

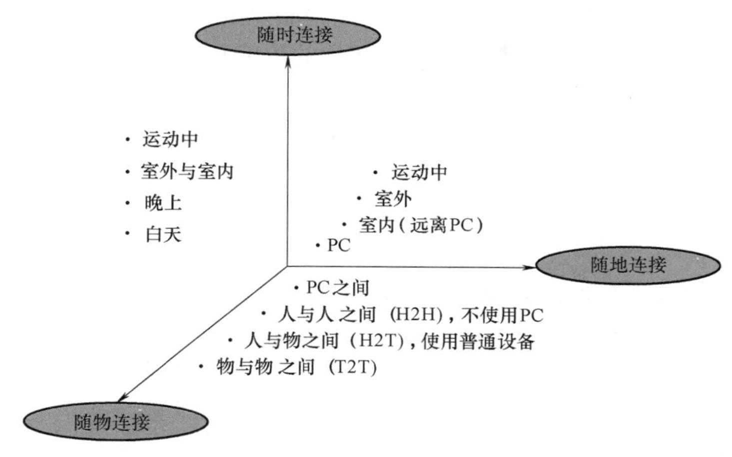

图 2-5　新的维度

各种连接会因此翻番，并创造出一种全新的动态网络——物联网。信息与通信技术的目标已经从任何时间、任何地点连接任何人，发展到连接任何物体的阶段，而万物的连接就形成了物联网。

2. 物联网与互联网比较

上面所描述的一切或者一部分已经实现了，那是否可以说这是一个“改变人类思维方式的运动”？这要从互联网已经存在的网络和未来物联网的网络来看，这里做了一个对比，见表 2-1。

表 2-1　物联网与互联网的比较

比较的项目	互联网	物联网
起源点在哪里	1. 计算机技术的出现 2. 技术的传播速度加快	1. 传感技术的创新 2. 云计算
面向的对象是谁	人	人和物
发展的过程	技术的研究到人类的技术共享使用	芯片多技术的平台应用过程
谁是使用者	所用的人	人和物质：人即信息体，物即信息体
核心的技术在谁手里	主流的操作系统和语言开发商	芯片技术开发商和标准制定者
创新的空间	主要内容的创新和体验的创新	技术就是生活，想象就是科技；让所有都有智能
什么样的文化属性	精英文化、无序世界	草根文化、“活信息”世界
技术手段	网络协议、Web 2.0	数据采集、传输介质、后台计算

从这个比较中可以看到，人类是从对信息积累搜索的互联网方式逐步向对信息智能判断的物联网前进，而且这样的信息智能是结合不同的信息载体进行的。例如上面说的，一杯牛奶的信息、一头奶牛的信息和一个人的信息的结合，而产生判断的智能。

如果说互联网是给你提供了一个物质的多个信息源头，那么物联网则是为用户提供了多个物体的同类信息或同一物体的多类信息。譬如，医生通过对病人身体植入各类智能芯片探测器，这些智能芯片探测器可以随时随地探测到病人身体相关部分的体征状态，并将信息发送到医院或相关医生处，以便医院或医生及时掌握病人的情况，并做出及时处理和治疗。这就是人们通常所认为的物联网是把多个物质和多个信息源头提供给你一个判断的活信息。互联网教你怎么看信息，物联网教你怎么用信息，更加智慧是物联网的特点。物联网把信息的载体扩充到了“物”（包括机器、材料等），所以物联网的含义更广泛一些，它包括了信息读写含义的识别网特征，也包括了传感器信息传输的传感网特性。物联网和互联网有着本质的区别，互联网是一种新媒体，媒体的特征是信息的传播，而物联网是信息的判断，是智能的，它是未来每个人认识世界的一种新的思维方式。

2.1.2 物联网的体系概述

1. 物联网定义

综上所述，物联网是指通过射频识别（RFID）红外感应器、全球地位系统、激光扫描器等信息传感设备，按约定的协议，把任何物体与互联网连接起来，进行信息交换和通信，以实现智能化识别、定位、跟踪、监控和管理的一种网络。物联网基本理论模型如图2-6所示。

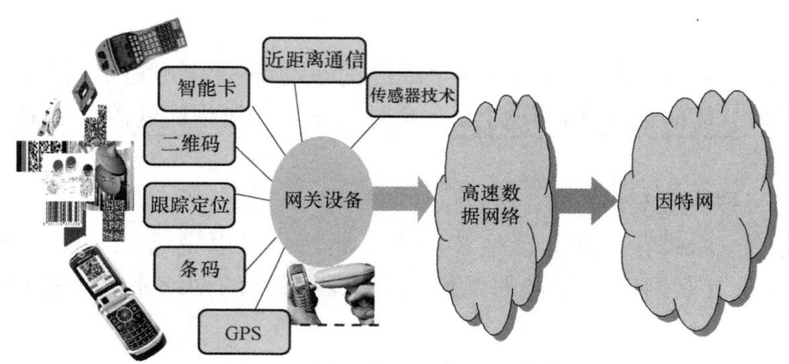

图2-6　物联网基本理论模型

广义的物联网涵义为：利用条码、射频识别（RFID）、传感器、全球定位系统、激光扫描器等信息传感设备，按约定的协议，实现人与人、人与物、物与物在任何时间、任何地点的连接，从而进行信息交换和通信，以实现智能化识别、定位、跟踪、监控和管理的庞大网络系统。

物联网范围中的物要满足以下条件：要有相应信息的接收器，要有数据传输通道，要有一定的存储功能，要有中央控制单元（CPU），要有操作系统，要有专门的应用程序，要有数据发送器，要遵循物联网的通信协议，要具有在世界网络中可被识别的唯一编号。

世界上万事万物，小到手表、钥匙，大到汽车、楼房，只要嵌入一个微型感应芯片，把它变得智能化，这个物体就具有“智慧”，可以“开口说话”，再借助无线网络技术，人们就可以和物体对话，物体和物体之间也能“交流”。如果物联网再搭上互联网这个桥梁，那么在世界任何一个地方人们都可以及时获取万事万物的信息。可以这么说，“互联网 + 物联网 = 智慧的地球”。

物联网把人们的生活拟人化了，万物成了人的同类。在物联网时代，每个物体都可以通信，每一个物体都可以寻址，每一个物体都可以控制，可以实现物物相连、感知世界的目标。

互联网是以人为本，信息的制造、传递、编辑都是由人完成的，实现的是信息共享。而物联网不同，物联网需要以物为核心，让物来完成信息的制造、传递、编辑，实现的是信息获取和信息感知。在物联网中，人只能是配角而不是主角，大到房子、汽车，小到牙刷、纸巾，都是物联网的参与者，规模之大、情况之复杂，是难以想象的。所以，物联网实现起来会比互联网困难许多，二者难以相提并论。毕竟，物体没有人这样缜密细致的思考能力。

物联网与互联网最大的差别就是：如果说互联网让全世界变成了一个村，那物联网就让这个村变成了一个人，这个人充满着智慧；互联网连接虚拟信息空间，而物联网连接现实物理世界；如果说互联网是人的大脑，那物联网就是人的四肢。与互联网相比，物联网实际上只是多了一个底层的数据采集环节，大致是四类数据的采集：①条码和电子标签显示身份，②传感器捕捉状态，③摄像头记录图像，④GPS 进行跟踪定位。

2. 物联网基本工作原理

物联网技术是一项综合性技术。

物联网是在计算机互联网的基础上，利用传感器、RFID、条码等技术，构造一个覆盖世界上万事万物的“Internet of Things”。在这个网络中，物体/商品能够彼此进行“自由交流”，而无需人的干预。其实质是利用感知层、网络层和应用层关键技术，通过互联网实现物体/商品的自动识别和信息的互联与共享。其中传感器、电子标签（RFID）、条码、嵌入式软件以及传输数据计算等领域的研究很关键。

一般来讲，物联网的基本工作原理是：首先是对物体属性进行标志，属性包括静态和动态的属性，静态属性可以直接存储在标签中，动态属性需要先由传感器实时进行探测；其次需要识别设备完成对物体属性的读取，并将信息转换为适合网络传输的数据格式；最后将物体的信息通过网络传输到信息处理中心，由处理中心完成物体通信的相关计算，处理中心可能是分布式的，如家里的计算机或手机，也可能是集中式的，如电信运营商的互联网数据中心（Internet Dada Center，IDC）。

3. 物联网发展的四个阶段

第一阶段，电子标签和传感器被广泛应用在物流、销售和制药领域。

第二阶段，实现物体互联。

第三阶段，物体进入半智能化。

第四阶段，物体进入全智能化。

在规模性、流动性条件的保障下实现 4A（任何时间 anytime、任何地点 anywhere、任何人 anyone 、任何物 anything）化通信。

2.2　物联网的构成

“物联网”概念的问世，打破了之前的传统思维。在“物联网”时代，钢筋混凝土、电缆将与芯片、宽带整合为统一的基础设施。物联网的本质就是物理世界和数字世界的融合。这种融合是“双向的”：一是现实世界向虚拟世界的融入；二是实现虚拟世界向现实世界的融入。

2.2.1　物联网的构架

在“数字世界泛在化”和“物理世界智能化”的融合过程中，物联网被赋予多个维度的内涵，具有多重含义。为了全面了解物联网，需要从领域（横向）和层次（纵向）两个维度来探讨物联网的概念和定义。

从领域的维度，物联网覆盖了信息技术和通信技术的众多领域；对互联网领域来说，物联网就是互联网的延伸，就是物物相连的互联网；对无线传感网领域来说，物联网就是一个广域的传感网。

从层次的维度，物联网是一个层次化的网络。由编码层、信息采集层、网络层和应用层等组成，如图2-7和图2-8所示。

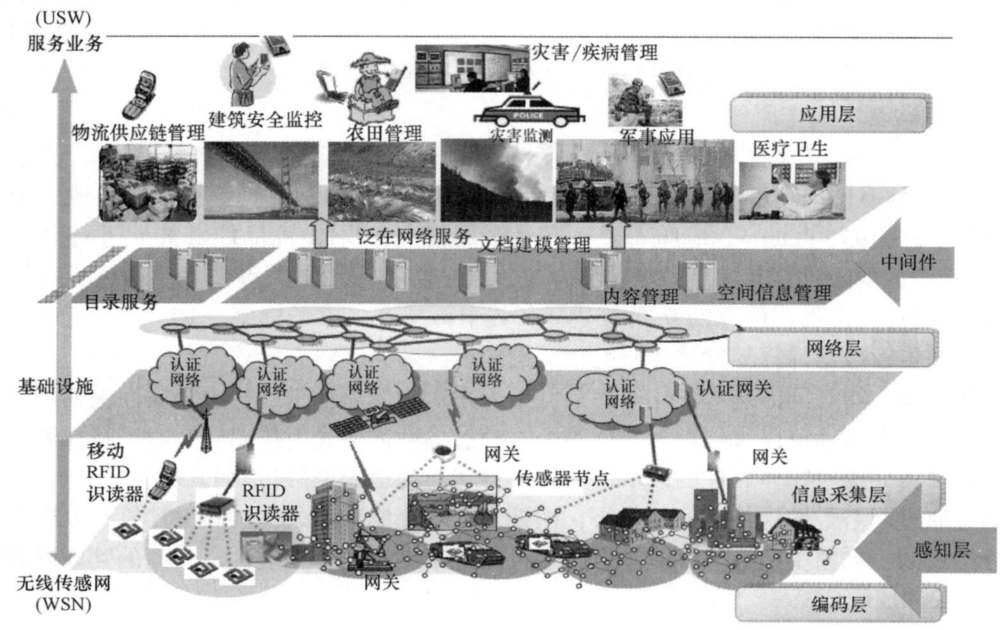

图2-7　物联网层次化构架

1）感知层：主要涉及编码层和信息采集层，也称为无线传感网（Wireless Sensor Network，WSN）。用于感受外界变化的，就像眼睛、嘴巴、鼻子等五官的作用，这就是传感器。感知层利用多种传感器、传感网、RFID、一维二维码、摄像头、GPS、智能物体等来全面感知、采集现实世界中的各种信息。物联网的感知层节点具有数量多、成本低、计算能力弱等特点，是物联网信息的源头。

2）网络层：相当于人体的中枢神经和大脑，用于传递信息和处理信息。通过中间节点或汇聚节点从一组传感器中收集信息，并与控制中心或外部实体进行通信。

3）网络基础设施：主要是基于下一代网络（Next Generation Network，NGN）构建的。

4）中间件：用于收集和处理海量数据的软件。

5）应用层：是指在特定工业部门或应用中，用于支持USN（Ubiquitous Sensor Network，无所不在的传感网）。从体系架构角度可以将物联网支持的业务应用分为三类：

① 具备物理世界认知能力的应用。

② 在网络融合基础上的泛在化应用。

③ 基于应用目标的综合信息服务应用。

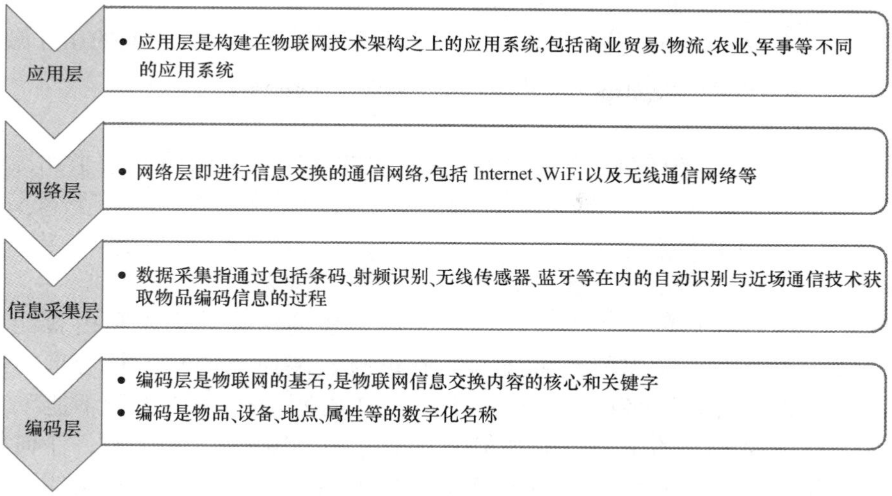

图 2-8　物联网的体系架构

物联网通常被笼统地划分为三层：感知层、网络层和应用层。

2.2.2　物联网与传感网、RFID 和泛在网的关系

物联网、传感网与 RFID 三者在定义上有交叉重叠。下面将通过物联网与传感网、RFID、互联网、泛在网等相似概念的辨析进一步明晰物联网的基本特征。

1. 物联网与传感网的关系

传感网是利用各种传感器（收集光、电、温度、压力等信息）加上中低速的近距离无线通信技术构成一个独立的网络，是由多个具有有线/无线通信与计算能力的低功耗、小体积的微小传感器节点构成的网络系统，它一般提供局域或小范围物与物之间的信息交换。

在早期的概念中，物联网实质上等于 RFID 技术加互联网。RFID 标签可谓是早期物联网最关键的技术与产品环节。当时被认为最大规模和最有前景的应用就是在零售和物流领域。利用 RFID 技术，通过计算机互联网实现物品（商品）的自动识别和信息的互联与共享。

随着传感器技术与网络技术的进步，现在的物联网概念和应用领域早已超出了原有的范围。早期的技术应用难以实现更加“智能”、“物与物对话”的“真正物联网”。

物联网与传感网是同一事物的不同表述，物联网更贴近“物”的本质属性，强调的是信息技术、设备为“物”提供更高层次的应用服务；传感网是学名，是从技术支撑角度来说的；物联网是俗名，是从用户和产业角度来说的，其精髓就是“感知”。

2. 传感网与 RFID 的关系

RFID 和传感器具有不同的技术特点，传感器可以监测感应到各种信息，但缺乏对物品的标志能力，而 RFID 技术恰恰具有强大的标志物品能力。尽管 RFID 也经常被描述成一种基于标签的，并用于识别目标的传感器，但 RFID 读写器不能实时感应当前环境的改变，其读写范围受到读写器与标签之间距离的影响。因此提高 RFID 系统的感应能力，扩大 RFID

系统的覆盖能力是亟待解决的问题。而传感网较长的有效距离将拓展RFID技术的应用范围。传感器、传感网和RFID技术都是物联网技术的重要组成部分，它们的相互融合和系统集成将极大地推动物联网的应用，其应用前景不可估量。

3. 物联网与泛在网络的关系

泛在网是指无所不在的网络，又称泛在网络。“物联网＋互联网”几乎就等于“泛在网”。泛在网是指基于个人和社会的需求，实现人与人、人与物、物与物之间按需进行的信息获取、传递、存储、认知、决策、使用等服务，网络具有超强的环境感知、内容感知及智能性，为个人和社会提供泛在的、无所不含的信息服务和应用。

最早提出U战略的日韩给出的定义是：无所不在的网络社会将是由智能网络、最先进的计算技术以及其他领先的数字技术基础设施武装而成的技术社会形态。根据这样的构想，U战略中的U网络将以“无所不在”、“无所不包”、“无所不能”为基本特征，帮助人类实现“4A”化通信，即在任何时间、任何地点、任何人、任何物都能顺畅地通信。故相对于物联网技术的当前可实现性来说，泛在网属于未来信息网络技术发展的理想状态和长期愿景。即“泛在网”包含了物联网、传感网、互联网的所有属性，而物联网则是“泛在网”的实现目标之一，是“泛在网”发展过程中的先行者和制高点。

泛在网是ICT（Information Communication Technology）社会发展的最高目标，物联网是泛在网的初级和必然发展阶段，传感网是物联网的延伸和应用的基础。它们之间的关系如图2-9所示。

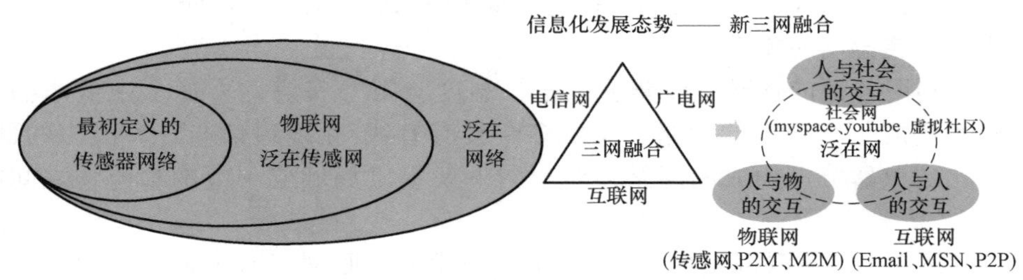

图2-9　物联网与传感网、泛在网络之间的关系

4. 未来定位不同

未来泛在网、物联网和传感网各有定位，传感网是泛在/物联网的组成部分，物联网是泛在网发展的物联阶段，通信网、物联网、互联网之间相互协同融合是泛在网发展的目标。传感网最主要的特征是利用各种各样的传感器加上中低速近距离无线通信技术实现物或人与网络的互联。

物联网将解决广域或大范围的人与物、物与物之间信息交换需求的联网问题。物联网采用各种不同的技术把物理世界的各种智能物体、传感器接入网络。物联网通过接入延伸技术，实现末端网络（个域网、汽车网、家庭网络、社区网络、小物体网络等）的互联来实现人与物、物与物之间的通信。在这个网络中，机器、物体和环境都将被纳入人类感知的范畴。利用传感器技术、智能技术，所有的物体将获得生命迹象，从而变得更加聪明，实现数字虚拟世界与物理真实世界的对应或映射。

2.3　物联网内涵辨析

物联网是为了打破地域限制，实现物物之间按需进行的信息获取、传递、存储、融合、使用等服务的网络。因此，物联网至少应该具备三个关键特征：①各类终端实现“全面感知”；②电信网、互联网等融合实现“可靠传递”；③云计算等技术对海量数据“智能处理”。

2.3.1　全面感知

在物联网中，物和物、物和人简单地互联意义不大，如把一杯水同某个人连在一起，没有多大意义。但是，如果通过感知告诉人们这杯水的水温、矿物质含量、是否有毒等，就非常有用。全面感知是指利用无线射频识别（RFID）、传感器、定位器和二维码等手段随时随地获取物体的信息，包括用户位置、周边环境、个体喜好、身体状况、情绪、环境温度、湿度，以及用户业务感受、网络状态等。把物和物连在一起最根本、最精髓的目标就是感知。感知包括传感器的信号采集、协同处理、智能组网，甚至信息服务，以达到控制、指挥的目的，否则就没有意义。

2.3.2　可靠传递

物联网的有效传递就如同人体中手的功能。手是人们执行动作的器官，大脑是人们用来思考的器官，而耳朵和眼睛是人们用来接收信息的器官。各个器官必须实现彼此之间的交流，才能使各司其职的各个器官有机结合在一起，各施所长。

物联网实际上是仿生学的一种产物，它模仿的是人类这种具有思维能力和执行能力的高级动物。与人类一样，作为耳朵的传感器、作为手的执行器和作为大脑的互联网，需要实现各个器官之间的互动与沟通。要实现互动与沟通，就必须要有一种供各器官进行沟通所用的语言，通过这种语言，各种信息可以在各器官间相互交流，为人们提供更好的服务。

可靠传递是指通过各种网络融合、业务融合、终端融合、运营管理融合，将物体的信息实时准确地传递出去，对接收到的感知信息进行实时远程传递，实现信息的交互和共享，并进行各种有效处理。在这一过程中，通常需要用到现有的电信运行网络，包括无线和有线网络。由于传感网是一个局部的无线网，因而无线移动通信网、3G 网络、4G 网络是作为承载物联网的一个有力的支撑，从而可以实现“随时随地监控，安全无处不在”的效果。

2.3.3　智能处理

物联网是一个智能的网络，面对采集的海量数据，必须通过智能分析和处理才能实现智能化。智能处理是指利用云计算、模糊识别等各种智能计算技术，对随时接收到的跨地域、跨行业、跨部门的海量数据和信息进行分析处理，提升对物理世界、经济社会各种活动和变化的洞察力，实现智能化的决策和控制。

2.3.4　物联网本质特征

物联网本质特征是以物的信息生命为研究对象，最终实现物的信息生命动态链接，如图 2-10 所示。

RFID、红外感应器、激光扫描和二维码均属于对物体静态数据和属性的感知；传感网和 GPS 等能实现对物体固定属性的动态感知；视频探头等能完成对环境模糊信息的感知。显而易见，RFID、无线传感网、视频探测三者均属于物联网的末端感知环节，且具有很强的协作性和互补性，而这种协作性和互补性将不仅实现更为透彻的感知，而且将极大地提高更加精准的信息感知，最终以实现现实物理世界及信息世界的关联为目标，如图 2-11 所示。

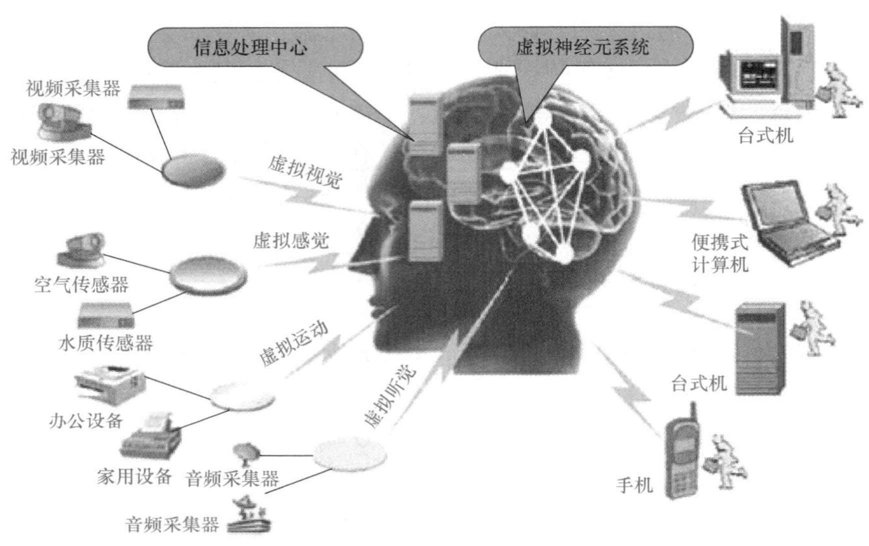

图 2-10 物联网构架比喻

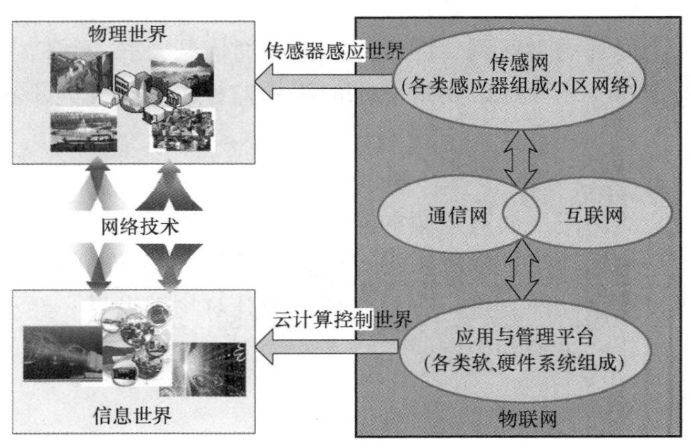

图 2-11 现实物理世界及信息世界的关联

2.4　关键技术和难点

2.4.1　关键技术

物联网的关键技术，包括物体标志、体系架构、通信和网络、IP 地址问题、安全和隐私、服务发现和搜索、软硬件、能量获取和存储、设备微型小型化、标准等。

1. 标志方面

RFID 和 EPC 技术是物联网中让物品“开口说话”的关键技术，其技术研发和制造都是市场竞争的焦点，有四个关键性的应用技术——RFID、传感器、智能技术（如智能家居和智能汽车）以及纳米技术。

如何解决标志统一性问题，如图 2-12 所示。

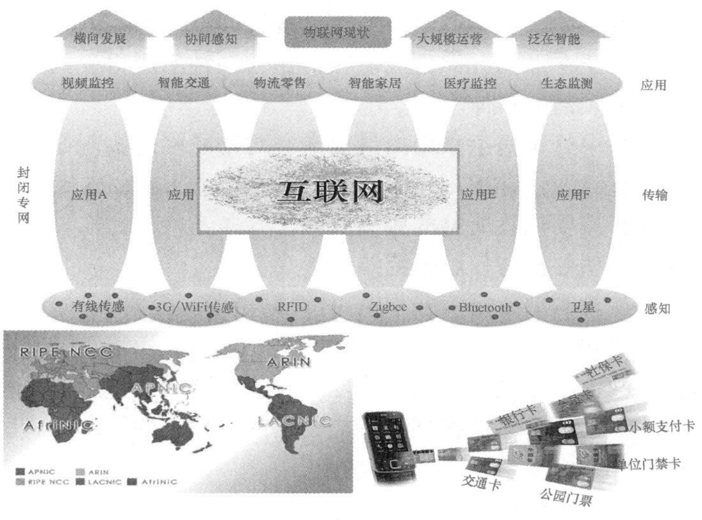

图 2-12　谁控制唯一的标志符

单个物体可能会有多个标志，不同的用途标志不一样，包括一个负荷的物体，比如说汽车部件有轮胎、方向盘，不同的厂家有不同的标志。标志是反映物品某类属性的，它可能是现在要查询的一个物体，这个物体不一定是具体的东西，譬如说你想要一瓶饮料或者是某一个厂家的饮料，而不是实际去拿一瓶饮料，如可以通过所想要饮料厂家的商标来显示你想要的东西，这个商标就起到了一个标志的效果。标志是表明事物特征的记号。它以单纯、显著、易识别的物象、图形或文字符号为直观语言，除表示什么、代替什么之外，还具有表达意义、情感和指令行动等作用。现在的标志还可以设计为有层次结构，譬如可以将隐私的东西设计成别人看不到的标志，从而能够使隐私获得保护，例如，身份证为一串标志性的号码，号码的背后隐藏了一些与个体人相关的信息。由此可见，一个物体有很多的标志，标志之间怎样映射，标志和服务之间怎样映射？标志之间怎样兼容？这些都是设计标志时需要考虑的。同时要有利于标志的易读易理解性，不能设计一个标志让人理解起来非常困难。

2. 体系架构方面

未来物联网的感知信息是有局部互动性的，这样它的存储能力和计算能力要往边缘推，即网络的神经末梢感知层；同时，要考虑挖掘物体和物体的关联性，已有的互联网上都有计算中心，在物联网上也需要有一个大的计算中心，通过计算中心挖掘相关的数据；再有，物体是可移动的，它的统一条件是随时随地都可以上网。现在除了在局部创建或形成一个个自主的传感网络以外，还要与早已形成规模的互联网实现互联互通，这就是所谓建设一个网中网的概念。现在大家研究的侧重点是，要支持语义的操作、SOA（Service Oriented Architecture，面向服务架构）的架构、怎样支持实践的体系架构、分布式的体系结构。

3. 通信技术方面

现在已经有非常多的通信技术，未来物联网的通信技术也是多样的，从人和物之间的通信，到物理世界和现实世界的通信，再到分布式数据之间的通信，通信的要求是不一样的，在这种情况下，应该考虑的问题涉及无线电技术及频率的复用等，特别是要考虑能够在低功耗情况下工作的通信频率系统，如电通信系统频谱资源问题。物联网是以无线电频谱作为基础资源来实现其移动性、泛在性的，而无线电频谱作为一种不可再生的无形资源，国家必须出台政策明确各个无线电频谱的具体应用。

感知层在物联网体系中处于信息采集的最前端，对物联网的实现起着基础性作用。该层所涉及的二维码标签和识读器、RFID 标签和读写器、摄像头、GPS、传感器和 M2M 终端、传感网和传感器网关等，需要依赖所给的频谱资源。

至今物联网的流量模型并没有权威研究结果。

物联网规模巨大，尽管有些业务每次传输的数据量不一定非常大，甚至只有几十个字节，但是必须一次传输成功，有着非常高的实时传输要求。对于移动蜂窝网络的流量要着重考虑用户数量，而物联网数据流量具有突发特性，可能会造成大量用户堆积在特点区域，引发网络拥塞或者资源分配不平衡。这些都会造成物联网对频谱的需求方式和规划方式有别于已有的无线通信。

按照预测，我国到 2020 年设定 150 人同时使用 WiFi（Wireless Fidelity，无线保真），其速率为 200kbit/s，每用户忙呼叫次数为 0.15Erl［注释：Erl 为话务量的单位，表示话务量的大小，其大小取决于单位时间（1h）内平均发生的呼叫次数 λ 和每次呼叫平均占用信道时间，即 $SA=\lambda$(次/h)·S(h/次)］，每户平均呼叫时长为 3000s 的情况下，用户通话时，数据上下行传输共需占用频率带宽为 2500MHz。而 WiFi 用于物联网，在一个小区内的物体或设备数量可能远远多于 150 个，而且实时在线的比例更高，这将会超过 2500MHz，是用频“大户”。

我国已为 2G 和 3G 移动通信规划和分配了 525MHz 频率，截止到 2011 年 5 月，承载的移动用户已突破 9 亿。预测我国 4G 频谱的需求，到 2020 年在两个运营商的前提下需要继续增加 800～1100MHz 频率。根据 2007 年世界无线通信大会决议，我国为 4G 确定了包括 450～470MHz、698～806MHz、2300～2400MHz 和 3400～3600MHz 在内的 428MHz 频率，这是按照用户流量模型为人与人的通信而设计的，并不包括物联网的频谱需求，而物联网频谱需求的难度远远大于 4G。

4. 组网方面

物联网是网中网，它要借助有线和无线的技术，实现无缝透明的接入。在物联网这个领域，会有更多的技术问题是需要现在或以后要研究的，包括传感网和移动网络。在网络管理方面，采取的是自干预、自配置的方式，是一个层次性的组网结构。物联网是互联网的延伸，物联网核心层面基于 TCP/IP，但在接入层面，其协议类别五花八门，包括 GPRS/CD-MA、短信、传感器、有线等多种通道，因此物联网需要一个统一的协议栈。

5. IP 地址问题

物联网需要更多的 IP 地址，IPv4 资源即将耗尽，现在需要 IPv6 来支撑。IPv4 向 IPv6 过渡是一个漫长的过程。

物联网就是“物物相连的互联网”。然而，真的要把物和物连接起来，除了需要这样那样的传感器，首先要给它们每个都贴上一个标签，也就是每个物体要有自己的 IP 地址，这样用户才能够通过网络访问物体。就像门牌号码一样，每个物体要想在物联网中被找到，那就需要一个地址。未来的物联网将给所有的物体都设定一个标志，实现“IP 到末梢”，这样人们才能随时随地地了解物体的信息。全球人口 60 多亿，如果物联网的概念真能实施，则意味着人与人、人与物，乃至物与物之间，都会建立连接，这就是说，都需要使用到 IP 地址，而目前的 IPv4 受制于资源空间耗竭，已经无法提供更多的 IP 地址，这将限制 Internet 的发展速度，成了物联网发展最大的瓶颈。

对于大量细节、节点信息的感知需要通过更便捷、更可靠、更安全的方式传输汇聚到中心节点或者提供给信息处理单元，在这方面“可以给每一粒沙子都设定一个 IP 地址”的下一代互联网 IPv6 技术为大范围的物联网应用传输提供了可能。IPv6 可以让人们拥有几乎无限大的地址空间，就能构筑一个人人有 IP、物物都联网的物联网世界。

IPv6 是物联网等重要应用的基石。

6. 隐私和安全方面

在隐私和安全方面，对于物联网也提出了很高的要求，主要涉及：一是个人的隐私，二是商业的信任和国家的安全。上网、出去玩或者是身体不舒服了，其实这些都涉及很多个人的隐私，要想获得服务，很多东西都需要交互。另外，例如美国的智慧地球，是希望把 IT 技术和国家的技术建设融合在一起。在建大楼、桥梁时，可以把很多的传感器、信息部件放进去，然而如果国家的基础设施信息可以被任何人获得或拿到，那么还有什么安全可言？在这种情况下，安全怎样考虑？如何保证国家的安全？

做这部分的难点在于两个方面：第一，资源受限，在这样的情况下如何进行加密和认证？第二，人和物体是移动的，在断裂的情况下，怎样做安全和认证？这会带来一系列的问题，而这些问题对于现在的安全技术提出了更高的要求。

7. 标准化方面

标准化是走向产业界的一个重要的部分，其实物联网的称呼更多是社会经济上的称呼。

“一流企业定标准，二流企业做品牌，三流企业卖技术，四流企业做产品”是经济发展的普遍规律。标准之争其实是市场之争，谁掌握了标准，就意味着先行拿到市场的入场券，甚至成为行业的定义者。

物联网的标准化是非常重要的。主要包括两点：第一个是接口的标准化，第二个是数据模型的标准化。不同的网络差距非常大，怎样在语义上去做模型的标准化是物联网行业面临的一个难题。同时，从信息的产生和使用上，应该注意信息的完整性、可靠性。因为对于一个物体会有多个信息感知它，或者是物体在移动的过程中，是断裂的通信，这时怎样保证数据的可信性、完整性？

2.4.2 难点问题

1. 个人隐私与数据安全

安全因素的考虑会影响物联网的设计，避免个人数据受窃听、受破坏的威胁。除此之外，专家称物联网的发展会改变人们对于隐私的理解，以最近的网络社区流行为例，个人隐私是公众热议的话题。

2. 公众信任

信息安全目前是广大群众对物联网的主要关注点。如果物联网的设计没有健全的安全机制，会降低公众对它的信任。所以在设计物联网之初，就有必要考虑其安全层面。

3. 标准化

标准化无疑是影响物联网普及的重要因素。目前 RFID、WSN 等技术领域还没有一套完整的国际标准，各厂家的设备往往不能实现互操作。标准化将合理使用现有标准，或者在必要时创建新的统一标准。

4. 研究发展

物联网相关技术仍处在不成熟阶段，需要各国政府投入大量资金支持科研，进行技术转化。

5. 系统开放

物联网的发展离不开合理的商业模型运作和各种利益投资。对物联网技术系统的开放，将会促进应用层面的开发和各种系统间的互操作性。

6. 终端问题

物联网终端除具有本身功能外还拥有传感器和网络接入等功能，且不同行业需求千差万别，如何满足终端产品的多样化需求，对运营商来说是一大挑战。

埃森哲（全球最大的管理咨询公司和技术服务供应商）认为，物联网解决方案的关键要素包括 5P，即可以连入网络的智能设备（Pods）、无处不在的有线和无线宽带网络（Pipes）、数据管理设备（Plexes）、数字化管理设备（Panels）及应用支撑和运营（Platforms）。可以连入网络的智能设备包括嵌入了传感器、生物测定、RFID、OS（操作系统）、嵌入式射频等技术的实物设备；无处不在的有线和无线宽带网络包括支持 WRAN、WWAN、WLAN、WPAN、Bluetooth、ZigBee、IrDA 等协议的从传感网到广域网的综合网络；数据管理设备包括提供数据服务的数字化内容和中间件等；数字化管理设备包括支持门户、网件等用户界面的设备；应用支撑和运营包括提供注册、展示、设备管理、服务编排、认证和 SaaS 的服务提供平台。

2.5 物联网标准化体系

标准是对技术研发的总结和提升，是国民经济和社会发展的重要技术基础，是国家和地区核心竞争力的基本要素，是产业规模化发展的先决条件。

在前几次高科技产业浪潮中，我国都受制于自主标准缺失而蒙受巨大的经济和技术专利制约等方面的损失。截止到 2009 年 3 月底，全国实有企业 97177 万户。我国企业每年由于使用条码缴纳的专利年费高达百亿元，加上长尾效应和年费时间效应的乘积，这个几何累计费用成了一个天文数字。

2005 年中国科学院和中国标准化研究院合作推进国家传感网的标准化工作，这要早于国际标准的启动。目前，中国与德国、美国、英国、韩国等国一起，成为国际标准制定的主要国家之一。

根据物联网技术与应用密切相关的特点，按照技术基础标准和应用子集两个层次，我们提出引用现有标准、裁剪现有标准或制定新规范等策略，形成了包括体系架构、组网通信协议、接口、协同处理组件、网络安全、编码标志、骨干网接入与服务等技术基础规范和产品、应用子集类规范的标准体系，如图 2-13 所示，以求通过标准体系指导成体系、系统的物联网标准制定工作，同时为今后的物联网产品研发和应用开发中对标准的采用提供重要的支持。

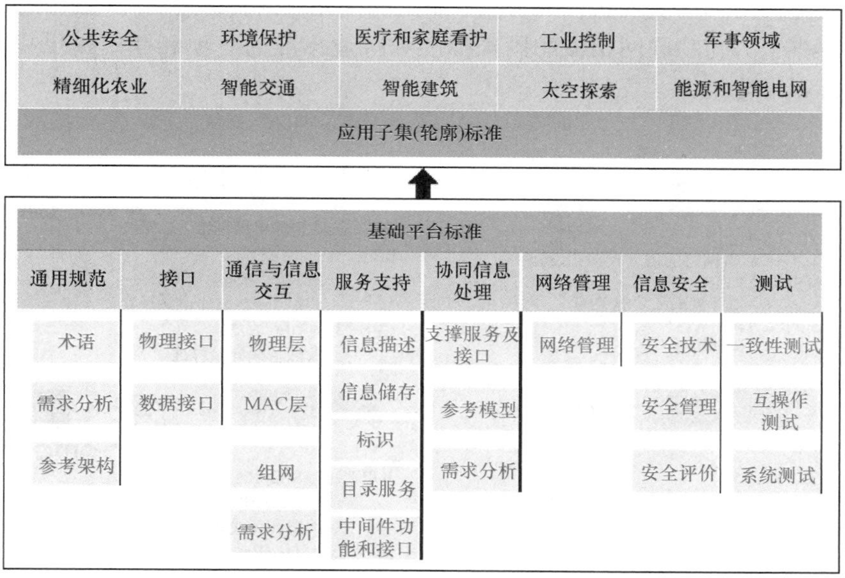

公共安全	环境保护	医疗和家庭看护	工业控制	军事领域
精细化农业	智能交通	智能建筑	太空探索	能源和智能电网
应用子集(轮廓)标准				

↑

基础平台标准							
通用规范	接口	通信与信息交互	服务支持	协同信息处理	网络管理	信息安全	测试
术语	物理接口	物理层	信息描述	支撑服务及接口	网络管理	安全技术	一致性测试
需求分析	数据接口	MAC层	信息储存	参考模型		安全管理	互操作测试
参考架构		组网	标识	需求分析		安全评价	系统测试
		需求分析	目录服务				
			中间件功能和接口				

图 2-13　物联网标准体框架

当前，物联网标准研制有以下两个主要任务：

1. 筹备物联网标准联合工作组，做好相关标准化组织间的协调

目前，物联网的概念和技术架构缺乏统一的清晰描述，一些利益相关方争相进行基于自身利益的解读，使得政府、产业和市场各方对其内涵和外延认识不清，可能使政府对物联网技术和产业的支持方向和力度产生偏差，严重影响物联网产业的健康发展。

本着整合物联网相关标准化资源，协调物联网的整体标准化工作，更好地服务于国家的物联网产业协调发展大局，满足国家信息产业总体发展战略的要求，适应物联网以应用为驱动、以需求为牵引的多种技术紧密融合的特殊需要的原则，同时为政府部门的物联网产业发展决策提供全面的技术和标准化服务支撑。目前由工信部电子标签（RFID）标准工作组、全国信息技术标准化技术委员会传感网标准工作组、工信部信息资源共享协同服务（闪联）

标准工作组、全国工业过程测量和控制标准化技术委员会等产学研用各界公认与物联网技术密切相关的标准工作组共同发起成立物联网标准联合工作组。

物联网标准联合工作组将紧紧围绕产业发展需求，协调一致，整合资源，共同开展物联网技术的研究，积极推进物联网标准化工作，加快制定符合我国发展需求的物联网技术标准，建立健全标准体系，并积极参与国际标准化组织的活动，以联合工作组为平台，加强与欧、美、日、韩等国家和地区的交流和合作，力争成为制定物联网国际标准的主导力量之一。

2. 做好物联网顶层设计，完善物联网标准体系建设

我们需要高度重视物联网标准体系建设，加强组织协调，明确方向、突出重点、统一部署、分步实施，积极鼓励和吸纳有关有物联网应用需求的行业和企业参与标准化工作，稳步推进物联网标准的制定和推广应用，推动相关标准组织形成有效协调、分工合作的工作机制，尽快形成较为完善的物联网标准体系。制定我国物联网标准体系，也需要把国际物联网应用的发展动态和我国物联网发展战略相结合，联合相关部门开展研究，以保证实际需要为目标，结合实际国情和产业现状，给出标准制定的优先级列表，进而为国家的宏观决策和指导提供技术依据，为与物联网相关的国家标准和行业标准的立项和制定提供指南。图 2-14 给出主要国际标准化组织。

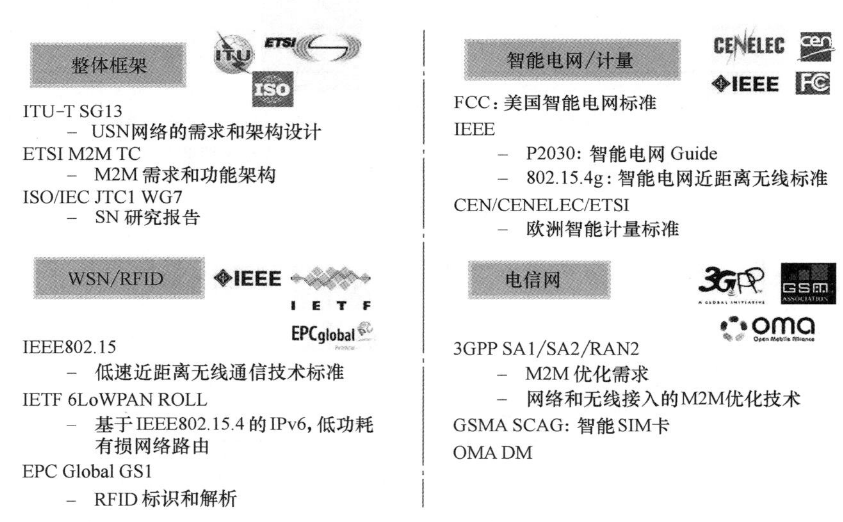

图 2-14　物联网国际标准化组织

习题与思考题

2-1　简述物联网的定义，分析物联网的“物”的条件。

2-2　简述物联网应具备的三个特征。

2-3　名词解释：RFID、传感网、泛在网。

2-4　简要概述物联网的框架结构。

2-5　分析物联网的关键技术和应用难度。

2-6　简述标准化的意义。

第 3 章

感知层技术

物联网本身的结构复杂，但通常来说我们将物联网大致分为三层：感知层、网络层和应用层，如图 3-1 所示。感知层相当于人体的皮肤和五官，网络层相当于人体的神经中枢和大脑，应用层相当于人的社会分工。

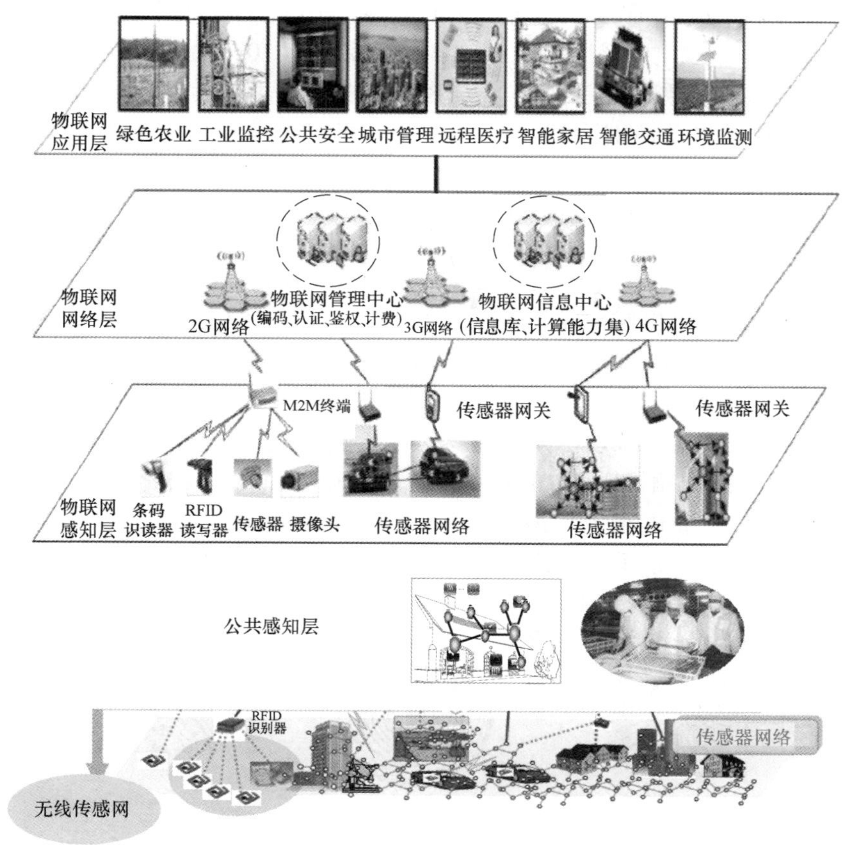

图 3-1　物联网的分层结构及感知层

感知是指对客观事物的信息直接获取并进行认知和理解的过程。感知层承担信息的采集，可以应用的技术包括条码和扫描器、智能卡、RFID 电子标签和读写器、摄像头、GPS、传感器、传感网等。其中条码和 RFID 标签显示身份，传感器捕捉信息状态，摄像头记录图像，GPS 进行跟踪定位，最终实现识别物体、采集信息的目标。人类对事物的信息需求主要

是对事物的识别与辨别、定位及状态和环境变化的动态信息。感知信息的获取需要技术的支撑，对于信息获取的需求促使人们不断研发新的技术来获取感知信息，目前这些技术应用于社会实践活动中的主要有以下几种。

3.1 条码技术

商品外包装上，都印有一组黑白相间的条纹，这就是商品的第一代“身份证”——条码。它是一种商品通行于国际市场的“共同语言”，是商品进入国际市场和超市的“通行证”，是全球统一标志系统和通用商业语言中最主要的标志之一。

3.1.1 条码的发展历史

条码最早出现在20世纪40年代，但得到实际应用和发展还是在70年代左右。现在世界上的各个国家和地区都已普遍使用条码技术，而且它正在快速地向世界各地推广，其应用领域越来越广泛，并逐步渗透到许多技术领域。20世纪40年代，美国乔·伍德兰德（Joe Wood Land）和伯尼·西尔沃（Berny Silver）两位工程师就开始研究用代码表示食品项目及相应的自动识别设备，于1949年获得了美国专利。这种代码的符号如图3-2所示。

该符号很像微型射箭靶，被叫做“公牛眼”代码。靶式的同心圆是由圆条和空绘成圆环形。在原理上，“公牛眼 ”代码与后来的条码很相近，遗憾的是当时的工艺和商品经济还没有能力印制出这种码。然而，10年后，乔·伍德兰德作为IBM公司的工程师成为北美统一代码UPC码的奠基人。以吉拉德·费伊塞尔（Girard Fessel）为代表的几名发明家，于1959年提请了一项专利，描述了数字0~9中每个数字可由七段平行条组成。但是这种码使机器难以识读，使人读起来也不方便。不过这一构想的确促进了后来条码的产生与发展。不久，E·F·布宁克（E. F. B rinker）申请了另一项专利，该专利是将条码标志在有轨电车上。20世纪60年代后期西尔沃尼亚（Sylvania）发明的一个系统，被北美铁路系统采纳。这两项可以说是条码技术最早期的应用。

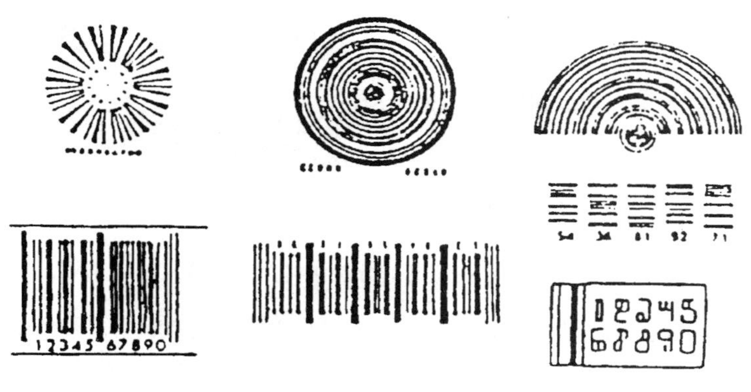

图3-2 早期的条码符号

1970 年美国超级市场 Ad Hoc 委员会制定出通用商品代码 UPC 码，许多团体也提出了各种条码符号方案。UPC 码首先在杂货零售业中试用，这为以后条码的统一和广泛采用奠定了基础。次年布莱西公司研制出布莱西码及相应的自动识别系统，用以库存验算，这是条码技术第一次在仓库管理系统中的实际应用。1972 年蒙那奇·马金（Monarch Marking）等人研制出库德巴（Codabar）码，至此美国的条码技术进入新的发展阶段。

1973 年美国统一编码协会（简称 UCC）建立了 UPC 条码系统，实现了该码制标准化。同年，食品杂货业把 UPC 码作为该行业的通用标准码制，为条码技术在商业流通销售领域里的广泛应用起到了积极的推动作用。1974 年 Intermec 公司的戴维·阿利尔（Davide Allair）博士研制出 39 码，很快被美国国防部所采纳，作为军用条码码制。39 码是第一个字母、数字式相结合的条码，后来广泛应用于工业领域。

1976 年 UPC 码在美国和加拿大超市场上取得了成功的应用，这给人们以很大的鼓舞，尤其是欧洲人对此产生了极大兴趣。次年，欧洲共同体在 UPC-A 码基础上制定出欧洲物品编码 EAN-13 和 EAN-8 码，签署了“欧洲物品编码”协议备忘录，并正式成立了欧洲物品编码协会（简称 EAN）。到了 1981 年由于 EAN 已经发展成为一个国际性组织，改名为“国际物品编码协会”，简称 IAN。但由于历史原因和习惯，至今仍称为 EAN（后改为 EAN-International）。

日本从 1974 年开始着手建立 POS 系统，研究标准化以及信息输入方式、印制技术等。并在 EAN 基础上，于 1978 年制定出日本物品编码 JAN。同年加入了国际物品编码协会，开始进行厂家登记注册，并全面转入条码技术及其系列产品的开发工作，10 年之后成为 EAN 最大的用户。

从 20 世纪 80 年代初，人们围绕提高条码符号的信息密度，开展了多项研究，128 码和 93 码就是其中的研究成果。128 码于 1981 年被推荐使用，93 码于 1982 年使用，这两种码的优点是条码符号密度比 39 码高出近 30%。随着条码技术的发展，条码码制种类不断增加，因而标准化问题显得很突出，为此，人们先后制定了军用标准 1189、交插 25 码、39 码和库德巴码 ANSI 标准 MH10-8M 等，同时一些行业也开始建立行业标准，以适应发展需要。此后，戴维·阿利尔又研制出 49 码，这是一种非传统的条码符号，它比以往的条码符号具有更高的密度（即二维码的雏形）。接着特德·威廉斯（Ted Williams）推出 16K 码，这是一种适用于激光扫描的码制。到 1990 年底为止，共有 40 多种条码码制，相应的自动识别设备和印刷技术也得到了长足的发展。

从 20 世纪 80 年代中期开始，我国一些高等院校、科研部门及一些出口企业，把条码技术的研究和推广应用逐步提到议事日程。一些行业如图书、邮电、物资管理部门和外贸部门已开始使用条码技术。1988 年 12 月 28 日，经国务院批准，国家技术监督局成立了“中国物品编码中心”，该中心的任务是研究、推广条码技术；统一组织、开发、协调、管理我国的条码工作。

在经济全球化、信息网络化、生活国际化、文化国土化的资讯社会到来之时，起源于 20 世纪 40 年代、研究于 60 年代、应用于 70 年代、普及于 80 年代的条码与条码技术，及各种应用系统，引起世界流通领域里的大变革正风靡世界。条码作为一种可印制的计算机语言，未来学家称之为“计算机文化”。20 世纪 90 年代的国际流通领域将条码誉为商品进入国际计算机市场的“身份证”，使全世界对它刮目相看。印刷在商品外包装上的条码，像一条条经济信息纽带将世界各地的生产制造商、出口商、批发商、零售商和顾客有机地联系在一起。这一条条纽带，一经与电子数据交换（Electronic Data Interchange，EDI）系统相联，便形成多项、多元的信息网，各种商品的相关信息犹如投入了一个无形的永不停息的自动导向传送机构，流向世界各地，活跃在世界商品流通领域。

条码技术发展过程中的主要事件如下：

1949 年：最早的条码，是一种同心圆环代码（公牛眼）。美国的 N. J. Woodland 申请了环形条码专利。

1959 年：条码用于有轨电车，是条码最早的应用。

1960 年：提出铁路货车上用的条码识别标记方案。

1970 年：美国制定商品代码 UPC 码，并用于杂货零售业。

1971 年：欧洲的一些图书馆采用 Plessey 码，并用于仓库管理。

1973 年：UPC 码作为美国标准码码制使用。

1974 年：推出 39 码并被采用，在军工及工业上使用较多。

1977 年：欧共体在 UPC-A 码基础上制定欧洲物品编码 EAN-13 码、EAN-8 码，并成立欧洲物品协会 EAN。

1981 年：EAN 成为国际组织，改名“国际物品编码协会”。

1981～1982 年：EAN-128 码推出应用，可多层排列；93 码推出应用，符号密度比 39 码高 30%。

1982 年后：推出交叉 25 码、库德巴码、49 码、16K 码等，先后共有 40 多种不同码制。

1986 年：我国邮政确定采用条码信函分拣体制。

1988 年底：我国成立“中国物品编码中心”。

1991 年 4 月：“中国物品编码中心”代表中国加入“国际物品编码协会”。

3.1.2　条码的构成与工作原理

条码是一种信息的图形化表示方法，可以把信息制作成条码，然后用相应的扫描设备把其中的信息输入到计算机中。条码分为一维码和二维码，一维码比较常见，如日常商品外包装上的条码就是一维码。它的信息存储量小，仅能存储一个代号，使用时通过这个代号调取计算机网中的数据。二维码是近几年发展起来的，它能在有限的空间内存储更多的信息，包括文字、图像、指纹、签名等，并可脱离计算机使用。

条码（Barcode）是将宽度不等的多个黑条和空白，按一定的编码规则排列，用以表达一组信息的图形标志符。常见的一维码是由黑条（简称条）和白条（简称空）排成平行线图案。“条”指对光线反射率较低的部分，“空”指对光线反射率较高的部分，这些条和空组成的数据表达一定的信息，并能够用特定的设备识读，转换成与计算机兼容的二进制和十进制信息。通常对于每一种物品，它的编码是唯一的，对于普通的一维码来说，还要通过数据库建立条码与商品信息的对应关系，当条码的数据传到计算机上时，由计算机上的应用程序对数据进行操作和处理。因此，普通的一维码在使用过程中仅作为识别信息，它的意义是通过在计算机系统的数据库中提取相应的信息而实现的。图 3-3 为常用的条码和条码扫描器（条码识读设备）。

当光电扫描器发出的光束扫过条码时，扫描光线照在浅色的空上容易发射，而照到深色的条上则不反射，这样被调取过的条码会因其长短不一及黑白不同能够发射回来对应的强弱、长短不同的光信号，同时，光电扫描器将其转换成相应的电信号，经过处理后变成计算机可接收的数据，从而读出商品上条码的信息。商品信息输入电子收款机的计算机中后，计算机自动查阅商品数据库中的价格数据，再反馈给电子收款机，随即打印出售款清单和金额，其速度几乎与扫描条码同步完成。可见，条码是一种信息采集的新技术，输入速度快，商店管理可随时掌握商店销售信息和库存情况，以便合理调整进货，加快资金周转。

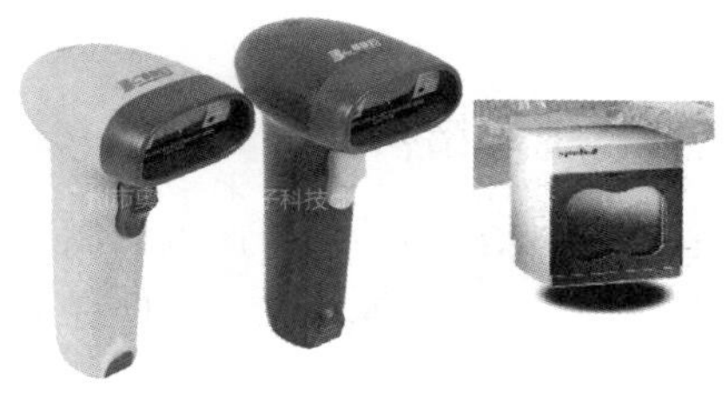

图 3-3　常用的条码和条码识读设备

不言而喻，印刷在商品包装袋上的条码，像一条条商品信息的纽带，将世界各国制造厂商及形形色色的商品有机地联系起来，并清清楚楚地加以识别。它使商品在世界迅速流通，解除了各国文字语言的障碍，给计算机信息采集带来很大方便，为建立起全球性的商品交易网络发挥着很大作用。

条码的种类很多，常见的大概有二十多种码制，其中包括：

code39 码（标准 39 码）、Codabar 码（库德巴码）、code25 码（标准 25 码）、ITF25 码（交叉 25 码）、Matrix25 码（矩阵 25 码）、UPC-A 码、EAN-13 码（EAN-13 国际商品条码）、EAN-8 码（EAN-8 国家商品条码）、中国邮政码（矩阵 25 码的一种变体）、code-B 码、MIS 码、code93 码、ISBN 码、ISSN 码、code128 码（包括 EAN128 码）、code39EMS（EMS 专用的 39 码）等一维码和 PDF417 等二维码。

目前，国际广泛使用的条码种类有：

EAN、UPC 码——商品条码，用于在世界范围内唯一标志一种商品。超市中最常见的就是 EAN 和 UPC 条码。

其中 EAN 码已经成为国际通用的符号体系，是一种长度固定、无含义的条码，所表达的信息全部为数字，主要应用于商品标志，已成为电子数据交换（EDI）的基础；UPC 码主要为美国和加拿大使用。

39 码和 128 码：为目前国内企业内部自定义码制，可以根据需要确定条码的长度和信息，它编码的信息可以是数字，也可以包含字母，主要应用于工业生产线领域、图书管理等。

93 码：是一种类似于 39 码的条码，它的密度较高，能够替代 39 码。

ITF 25 码：主要应用于包装、运输以及国际航空系统的机票顺序编号等。

Codabar 码：应用于血库、图书馆、照相馆和包裹等的跟踪管理。

图 3-4 给出了常见的一维码示意图。

图 3-4　常见的一维码

3.1.3　一维码结构

条码可以标出物品的生产国、制造厂家、商品名称、生产日期以及图书分类号、邮件起止地点、类别、日期等信息，因此在商品流通、图书管理、邮政管理、银行系统等很多领域得到了广泛的应用。

1. 商品编码原则

(1) 唯一性　唯一性是指商品项目与其标志代码一一对应，即一个商品项目只有一个代码，一个代码只标志同一商品项目。商品项目代码一旦确定，永不改变，即使该商品停止生产、停止供应了，在一段时间内（有些国家规定为 3 年）也不得将该代码分配给其他商品项目。

(2) 无含义　无含义是指代码数字本身及其位置不表示商品的任何特定信息。在 EAN 及 UPC 系统中，商品编码仅仅是一种识别商品的手段，而不是商品分类的手段。无含义使商品编码具有简单、灵活、可靠、充分利用代码容量、生命力强等优点，这种编码方法尤其适合于较大的商品系统。

(3) 全数字型　在 EAN 及 UPC 系统中，商品编码全部采用阿拉伯数字。

2. 一维码的结构

标准条码是由厂商识别代码、商品项目代码、校验码三部分组成的 13 位数字代码，分为四种结构。表 3-1 给出了 EAN/UCC-13 代码的三种结构分配。

表 3-1　EAN/UCC-13 代码结构分配

结构种类	前缀码	厂商识别代码	商品项目代码	校验码
结构一	$X_{13}X_{12}X_{11}$	$X_{10}X_9X_8X_7$	$X_6X_5X_4X_3X_2$	X_1
结构二	$X_{13}X_{12}X_{11}$	$X_{10}X_9X_8X_7X_6$	$X_5X_4X_3X_2$	X_1
结构三	$X_{13}X_{12}X_{11}$	$X_{10}X_9X_8X_7X_6X_5$	$X_4X_3X_2$	X_1

注：690、691 采用结构一；692、693 采用结构二；694、695 暂未启用，是否采用结构三视发展待定。

厂商识别代码由 7～10 位数字组成，中国物品编码中心负责分配和管理。厂商识别代码是由前缀和厂商代码构成的。前 3 位代码为前缀码，国际物品编码协会已分配给中国大陆的前缀码为 690～695，分配给中国台湾的前缀码为 471，分配给中国香港特别行政区的前缀码为 489。表 3-1 为商品标志代码之一——EAN/UCC-13 代码结构分配。

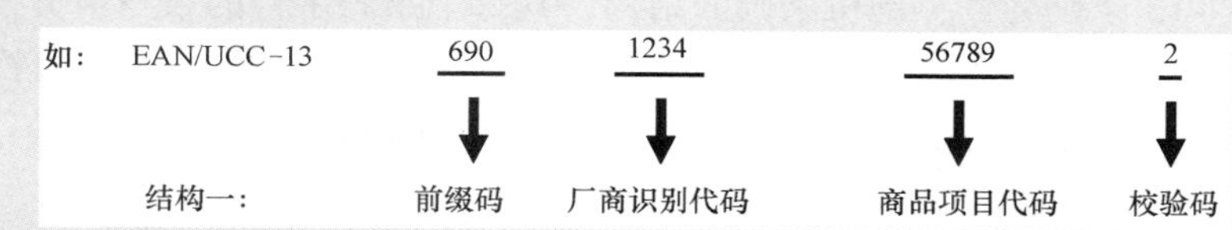

如图 3-5 所示，前 3 位数字代表的是国家或地区的代码，690 代表产地为中国大陆。中间 4 位数是厂商识别代码，它是由商品的厂商自行编码，代表着这个商品的厂商编号。后 5 位是商品项目代码，由各厂自行确定产品号码，代表商品的类别，如日期、年份等。最后一个数字则是校验码。查看商品的前 3 位数字就能辨识是国产产品还是进口产品。

EAN 条码、UPC 条码均属模块式组合型条码。商品条码模块的标准宽度是 0. 33mm，它的一个字符由两个条和两个空构成，每一个条或空由 1 ~4 个标准宽度模块组成。

图 3-5　13 位代码结构

3. 条码的符号特征

条与空由标准宽度的模块组合而成。一个标准宽度的条模块表示二进制的“1”，而一个标准宽度的空模块表示二进制的“0”。条码符号的放大系数：0. 8 ~2. 0。

1）条和空分别由 1 ~4 个同一宽度的深或浅颜色的模块组成。深色模块用“1”表示，浅色模块用“0”表示。

2）数字条码字符：2 条 2 空，共 7 个模块。

3）辅助条码字符：起始、终止符、中间分隔符。

商品条码的条码字符集：0 ~9。条码字符：2 条 2 空，共 7 个模块。每个条或空由 1 ~4 个模块组成。

条码字符集：A 子集、B 子集、C 子集，如图 3-6 所示。

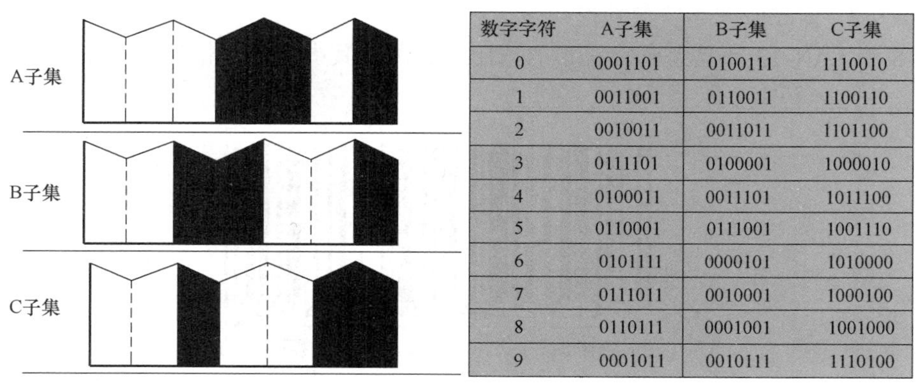

数字字符	A子集	B子集	C子集
0	0001101	0100111	1110010
1	0011001	0110011	1100110
2	0010011	0011011	1101100
3	0111101	0100001	1000010
4	0100011	0011101	1011100
5	0110001	0111001	1001110
6	0101111	0000101	1010000
7	0111011	0010001	1000100
8	0110111	0001001	1001000
9	0001011	0010111	1110100

图 3-6　商品条码的条码字符集示意图

A 子集与 C 子集互为反相，B 子集与 C 子集互为镜像。A 子集中条码字符包含的条模块的个数为奇数，称为奇排列；B、C 子集中为偶数，称为偶排列。

下面以EAN-13条码为例，剖析条码的结构。其每个条码字符的条与空分别由若干个模块组配而成。EAN-13条码由左侧空白区、起始符、左侧数据符、中间分隔符、右侧数据符、校验符、终止符、右侧空白区及前置码组成，如图3-7所示。

图3-7　EAN-13条码构成及符号构成

左侧空白区位于条码符号最左侧的与空的反射率相同的区域，其最小宽度为11个模块宽。起始符位于条码左侧空白区的右侧，表示信息开始的特殊符号，由3个模块组成。左侧数据符位于起始符右侧，表示6位数字信息的一组条码，由42个模块组成。中间分隔符位于左侧数据符的右侧，是平分条码字符的特殊符号，由5个模块组成。右侧数据符位于中间分隔符右侧，表示5位数字信息的一组条码字符，由35个模块组成。校验符位于右侧数据符的右侧，表示校验码的条码字符，由7个模块组成。计算法参见国家标准《商品条码　零售商品编码与条码表示》(GB 12904—2008)。终止符位于校验符的右侧，表示信息结束的特殊符号，由3个模块组成。右侧空白区位于条码符号最右侧的与空的反射率相同的区域，其最小宽度为7个模块宽。

4. EAN-13商品条码字符集的选用

图3-8为EAN-13商品条码字符集的选用示意图。其中左侧数据符字符集的选用规则遵循表3-2。

图3-8　EAN-13商品条码字符集的选用示意图

表 3-2　左侧数据符字符集的选用规则

前置码数值 \ 代码位置序号	12	11	10	9	8	7
0	A	A	A	A	A	A
1	A	A	B	A	B	B
2	A	A	B	B	A	B
3	A	A	B	B	B	A
4	A	B	A	A	B	B
5	A	B	B	A	A	B
6	A	B	B	B	A	A
7	A	B	A	B	A	B
8	A	B	A	B	B	A
9	A	B	B	A	B	A

从表 3-2 可以看出，选用 A 子集还是 B 子集表示左侧数据符取决于前置码的数值。

譬如，图 3-8 中 EAN-13 商品条码确定 13 位数字代码 6901234567892 的左侧数据符的二进制表示。分下面两步查看或编码，第一步：根据表 3-2，前置码为 6 的左侧数据符所选用的字符集依次排列为 ABBBAA。第二步：查表，左侧数据符 901234 的二进制表示见表 3-3。

表 3-3　左侧数据符 901234 的二进制表示

左侧数据符	9	0	1	2	3	4
字符集	A	B	B	B	A	A
字符的二进制表示	0001011	0100111	0110011	0011011	0111101	0100011

5. 一维店内条码的编码规则

在购买散装食品时，会使用一种独特的条码——店内条码。这种条码是工作人员现将商品的名称和保质期输入计算机备案数据库，消费者只要将所选食品放在称重器上，然后输入商品相关的信息后，就可以进行打印了。

在商品条码的盲区里（主要是一些散装的商品）店内条码就成为超市唯一的选择，所以店内条码会一定范围内和商品条码长期共存。

店内条码并不是超市或企业自己随意制定的，也必须遵循相应的国家标准《商品条码　店内条码》（GB/T 18283—2008）。譬如超市店内条码按国家标准必须是以“20 ~24”作为前缀。店内条码的编码分为两种：不包含价格等信息的 13 位代码和包含价格等信息的 13 位代码，如图 3-9 所示。

图 3-9　店内条码

需要说明的是，店内条码是根据商品种类和价格由超市自己去确定的，和能在国际上通用的商品码不同，店内条码只能在超市自己的信息系统内使用，只能用于超市自己的结算、库存、配送和商品的管理。

6. EAN 部分已分配的前缀码

根据“国际物品编码协会”的规定，EAN 码为国际物品通用的商品编码，前 3 位数字代表的是国家或地区的代码，表 3-4 给出了部分国家 EAN-13 商品条码的前缀码。

表 3-4　EAN 部分已分配的前缀码

前缀码	编码组织所在国家(或地区)/应用领域
00～03	美国和加拿大
45、49	日本
880	韩国
885	泰国
888	新加坡
690～695	中国
471	中国台湾
489	中国香港特别行政区
958	中国澳门特别行政区
20～29	店内码
977	连续出版物
978、979	图书

3.1.4　二维码组成与辨识

1. 二维码组成与优势

我们熟悉的一维码只是在一个方向上（一般是水平方向）表达信息，使用时通过这个代号调取计算机网络中的数据。因此一维码有一个明显的缺点，即垂直方向不携带信息，故信息密度偏低。它对两个助手——计算机和数据库相当依赖。没有两个助手的鼎力相助，一维码很难派上用场。在通用商品条码的应用系统中，对商品信息，如生产日期、价格等的描述必须依赖数据库的支持。由于受信息容量的限制，一维码符号仅仅是对物品的标志，而不是对物品的描述。所谓对物品的标志，就是给某物品分配一个代码，代码以条码符号的形式印制在物品上，用来标志该物品以便自动扫描设备的识读，代码或一维码本身不表示该产品的描述性信息，更详细的信息要通过访问数据库才可以了解。

随着社会经济生活的进步，这种仅有身份识别功能的条码，满足不了人们对日益繁多的商品的需求。二维码技术就是在一维码无法满足实际应用需求的前提下产生的。二维码是用某种特定的几何图形按一定规律在平面（水平和垂直二维方向）上分布的条、空相间的图形来记录数据符号信息，作为一种全新的自动识别和信息载体技术，二维码能将图像、声音、文字等信息进行整合，从而增加搭载的信息量，二维码的数据存储量是一维码的几十倍到几百倍，就像一个便携式的数据库。表 3-5 给出了一维码和二维码的比较。

二维码的设计有两个目的：一是为了保证局部损坏的条码仍可正确辨识；二是使扫描容易完成。

表 3-5 一维码和二维码的比较

项目 条码类型	信息密度与信息容量	错误校验及纠错能力	垂直方向是否携带信息	用途	对数据库和通信网络的依赖	识读设备
一维码	信息密度低，信息容量较小	可通过校验字符进行错误校验，没有纠错能力	不携带信息	对物品的标志	多数应用场合依赖数据库及通信网络	可用线扫描器识读，如光笔、线阵 CCD 激光枪等
二维码	信息密度高，信息容量较大	具有错误校验和纠错能力，可根据需求设置不同的纠错级别	携带信息	对物品的描述	不依赖数据库及通信网络而单独应用	对于行排式二维码可用线扫描器的多次扫描识读；对于矩阵式二维码仅能用图像扫描器识读

二维码的优点可归纳如下：

（1）可靠性强 条码的读取准确率远远超过人工记录，平均每 15000 个字符才会出现一个错误。

（2）效率高 条码的读取速度很快，相当于每秒 40 个字符。

（3）成本低 与其他自动化识别技术相比较，条码技术仅仅需要一小张贴纸和相对构造简单的光学扫描仪，成本相当低廉。

（4）易于制作 条码的编写很简单，制作也仅仅需要印刷，被称为“可印刷的计算机语言”。

（5）构造简单 条码识别设备的构造简单，使用方便。

（6）灵活实用 条码符号可以手工键盘输入，也可以和有关设备组成识别系统实现自动化识别，还可和其他控制设备联系起来实现整个系统的自动化管理。

（7）高密度 二维码通过利用垂直方向的堆积来提高条码的信息密度，而且采用高密度图形表示，因此不需事先建立数据库，真正实现了用条码对信息的直接描述。

（8）纠错功能 二维码不仅能防止错误，而且能纠正错误，即使条码部分损坏，也能将正确的信息还原出来。

（9）多语言形式和可图像表示 二维码具有字节表示模式，即提供了一种表示字节流的机制。不论何种语言文字，它们在计算机中存储时都以机内码的形式表现，而内部码都是字节码，可识别多种语言文字的条码。

（10）具有加密机制 可以先用一定的加密算法将信息加密，再用二维码表示。在识别二维码时，再加以一定的解密算法，便可以恢复所表示的信息。

2. 常见的二维码分类

二维码在代码编制上巧妙地利用构成计算机内部逻辑基础的“0”、“1”比特流的概念，使用若干个与二进制相对应的几何形体来表示文字数值信息，通过图像输入设备或光电扫描设备自动识读以实现信息自动处理；具有一定的校验功能等，同时还具有对不同行的信息自动识别及处理图形旋转变化等特点。

二维条码/二维码能够在横向和纵向两个方位同时表达信息，因此能在很小的面积内表达大量的信息，依据码制的编码原理的差异，二维码通常分为以下两种类型，如图 3-10 所示。

PDF417码

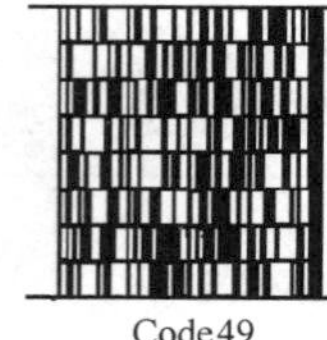
Code49

Code16K

a) 堆叠式二维码

Data Matrix码

Maxi Code

QR码

b) 矩阵式二维码

图3-10　常见的二维码

1）行排式二维码（2D Stacked Bar Code），又称堆积式二维码或层排式二维码。编码原理是建立在一维码的基础上，将一维码的高度变窄，再根据需要堆成多行，其编码设计、检查原理、识读方式等方面都继承了一维码的特点，但由于行数增加，对行的辨识、解码算法及软体则与一维码有所不同。以49码、16K码、PDF417码等为代表，其中PDF是取英文Portable Data File的缩写，意为"便携数据文件"，是目前应用最为广泛的堆叠式二维码。

2）矩阵式二维码（2D Matrix Bar Code），又称棋盘式二维码。它是在一个矩形空间通过黑、白像素在矩阵中的不同分布进行编码。在矩阵相应元素位置上，用点（方点、圆点或其他形状）的出现表示二进制的"1"，点的不出现表示二进制的"0"，点的排列组合确定了矩阵式二维码所代表的意义。矩阵式二维码是建立在计算机图像处理技术、组合编码原理等基础上的一种新型图形符号自动识读处理码制，以Data Matrix码、Maxi Code码、快速响应（Quick Response，QR）码为代表。

目前，我国自主产权的国家标准二维码有《四一七条码》（GB/T 17172—1997）、《快速响应矩阵码》（GB/T 18284—2000）、《紧密矩阵CM码/网格矩阵GM码》、《二维条码　网格矩阵码》（SJ/T 11349—2006）和《二维条码　紧密矩阵码》（SJ/T 11350—2006）。至此，中国人依靠自己的创新能力，成功阻击了国外条码技术长驱直入的垄断局面。

3.1.5　二维码的应用

二维码具有储存量大、保密性高、追踪性好、抗损性强、备援性大、成本便宜等特性，这些特性特别适用于表单、安全保密、追踪、证照、存货盘点、资料备援等方面。

1. 二维码与手机

手机为二维码的应用打开了一片更加宽阔和充满想象力的天地。我们知道，二维码是由黑白方格组成的马赛克矩阵，它可以横向和纵向两个方位同时表达信息，因此能在很小的面积内表达大量的内容，且具有纠错能力强、识别速度快、全方位识读等特点。就是这样一个神奇的图案，配合已越来越高效的网络，借助于手机的扫码功能，即可轻而易举地获得丰富的信息。

手机二维码的出现，为手机和网络的联运创造了无限可能，打开了一条跨媒体的通道，

它轻松地连接起了人们的日常生活和网络世界，尽管它与商业的结合散发出来的魅力因为稚嫩还有所局限，但一个新兴营销国度的开启已势在必然。应用相应的软件，可以实现如“一键上网”、“移动商务”、“二维码导游”、“二维码导购”、“二维码名片”等。

手机二维码就是一种内部存入了有关信息的特殊几何图案，它会随着信息的改变而改变。手机二维码是横纵排列的，大大提高了它的信息容量。在读取上，手机二维码可分为主动读取和被动读取两种：主动读取就是用手机作为拍摄体，去拍摄印刷品上的二维码；被动读取是把二维码传输到手机上显示出来，然后用另外专用的设备去照射。也就是说，如果用手机去拍摄印有二维码的图案就是主动读取；当手机内已经存入一个二维码的图案，用特殊设备来识别它，就是被动读取。

手机二维码在开展应用的时候，都已经采用了非常高级别的安全加密，它是对业务信息进行加密，这样其他用户就无法伪造这个二维码了。譬如，电影票上的二维码是经过高级加密的，如果将这个二维码用扫描设备识别一下，读出来的信息是乱码。在传输过程中，要想破解它的规律伪造另一张合法电影票，基本上是无法实现的。只有传输到后台系统，进行解密之后，才能还原到最初的业务信息。普通的消费者和玩家几乎不可能破解这样的密码。

从技术角度来看，手机二维码用于一般商业用途，基本上不会出现安全隐患，而对于掌握各种二维码生成源程序的厂家来说，都可以在生成手机条码的过程中采用二维码内部的加密，对二维码进行防盗和防伪。在日本市场基于二维码的识读应用，手机二维码占据了80%以上。

2. 主要应用

（1）物流管理　二维码可用于物流中心、仓储中心、联勤中心的货品及固定资产的自动盘点，发挥“立即盘点、立即决策”的作用，如图 3-11 所示；也可用于公文表单、商业表单、进出口报单、舱单等资料的传送交换，减少人工重复输入表单资料，避免人为错误，降低人力成本；还可用于生产线零件自动追踪、客户服务自动追踪、邮购运送自动追踪、维修记录自动追踪、后勤补给自动追踪等。

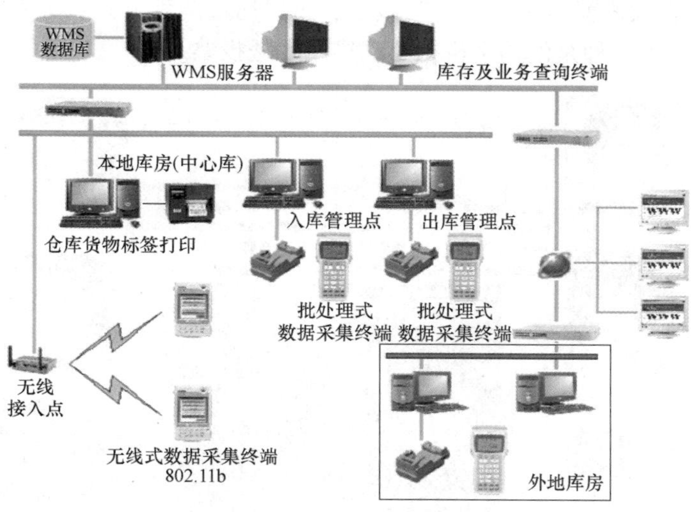

图 3-11　物流跟踪二维码应用

（2）优惠券　图3-12所示为优惠券二维码应用。

（3）火车票实名制　火车票实名制是指乘客在购买火车票和乘坐火车时，需要登记、核查个人的真实姓名和身份的一种制度。从某种角度上讲，火车票实名制可以打击非法贩卖火车票的行为，对预防、减少和打击铁路沿线上的各种犯罪行为、保障乘客的人身安全、加强乘车管理都有一定的作用。火车票实名制的主要目的是为了解决售票难、买票难的问题，如图3-13所示。

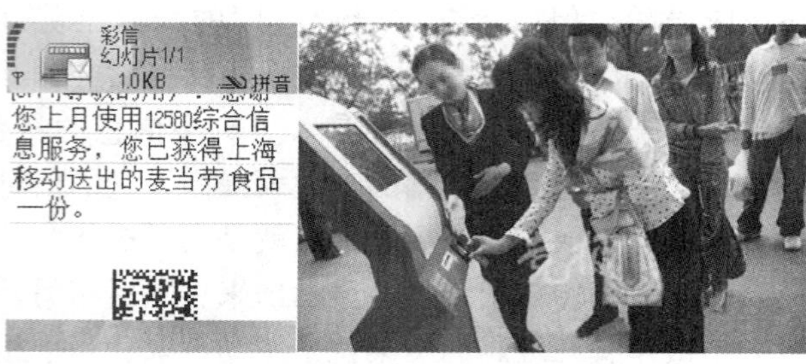

图3-12　优惠券二维码应用

（4）超市商品信息管理　将蔬菜、肉类、奶类等的生产厂家、生产日期、出厂日期、物流等信息生成二维码，贴在包装袋上。

消费者购买产品时，只需用手机扫码或编辑码号发短信，即可随时随地查询产品源信息与质量认证信息等，并可及时举报虚假、错误信息，如图3-14所示。

图3-13　火车票实名制二维码应用

图3-14　超市商品信息管理二维码应用

（5）海报广告　图3-15为2006年北京地铁通道内的广告牌，时下为一种极为新鲜的宣传广告，广告的内容大概就是为“超女”投票，可以通过两种方式：一种是发送特定号码，短信支持“超女”；另一种是使用手机拍照二维码发送投票。

中移动手机二维码提供超女投票新方式

CBS中国·PChome 责编：吴杰平 2006-11-26

2006超女6强成首批拥有二维码名人.据悉，超女粉丝们可以通过手机"扫描"二维码直接进入超女网页，随时随地了解超女最新动态，并可采用这种全新方式为自己的偶像投票。中移动自8月份正式推出手机二维码上网应用以来，它已经逐渐走入人们的日常生活，此前一众知名媒体和厂商都纷纷用上了二维码。而此次06版超女的前六强则成为了第一批拥有个人二维码的名人。

近日，记者在地铁中看到了中国移动手机二维码超女投票新方式的广告牌。

图3-15　北京地铁站内的二维码广告

（6）解析网址　将网址以及下载地址生成二维码，手机解码后，即可快速联网，减少输入网址的麻烦，如图 3-16 所示。

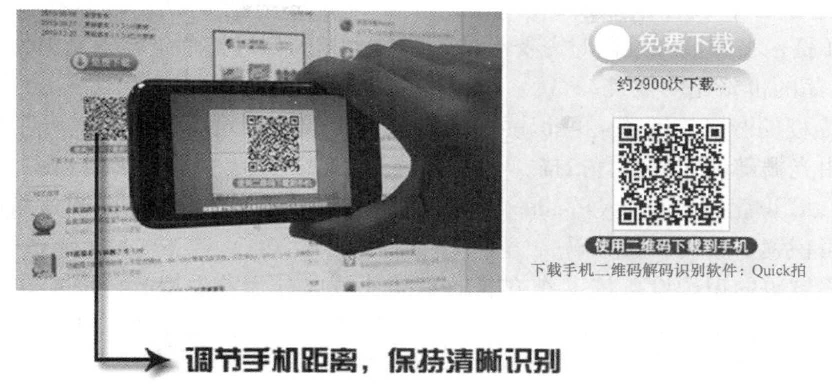

图 3-16　网址生成二维码

（7）购买商品　HomePlus 目前在韩国的地铁站内推出了一种新型的电子虚拟超市。顾客在地铁站内可像逛实体超市一样浏览各种商品，然后使用手机二维码扫描拍下所选择的商品，并通过手机在网上进行结算，超市就会将其所购商品按时送到顾客的家中，如图 3-17 所示。

图 3-17　购买商品二维码应用

（8）防伪　用户在手机终端上安装二维码识别软件，通过手机扫描产品上的二维码或将产品上的二维码编号用短信方式发送到防伪系统平台后，即可获知产品真伪信息的服务。该方式操作更为方便、快捷，如图 3-18 所示。

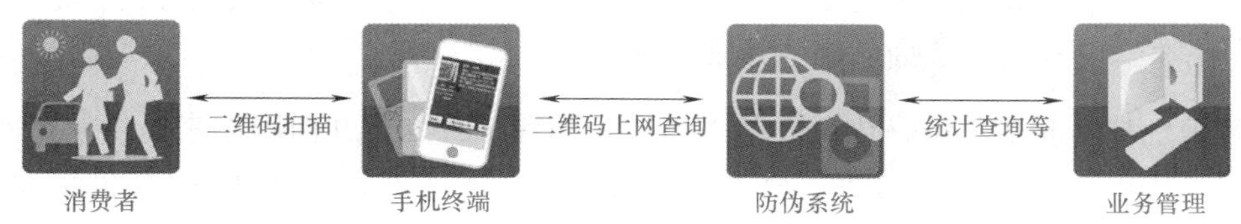

图 3-18　产品防伪二维码应用

（9）证照应用　用于护照、身份证、挂号证、驾照、会员证、识别证、连锁店会员证等证照的资料登记及自动输入，发挥“随到随读”、“立即取用”的资讯管理效果。

（10）备援应用　文件表单的资料若不愿或不能以磁碟、光碟等电子媒体储存备援时，可利用二维码来储存备援，携带方便，不怕折叠，保存时间长，又可影印传真，做更多备份。

3. 二维码的识读设备

依识读原理的不同，二维码的识读设备可分为以下几种：

（1）线性 CCD 和线性图像式识读器（Linear Imager）　可识读一维码和行排式二维码（如 PDF417 码），在阅读二维码时需要沿条码的垂直方向扫过整个条码，又称为“扫动式阅读”，这类产品的价格比较便宜。

（2）带光栅的激光识读器　可识读一维码和行排式二维码。识读二维码时将扫描光线对准条码，由光栅部件完成垂直扫描，不需要手工扫动。

（3）图像式识读器（Image Reader）　采用面阵 CCD 摄像方式将条码图像摄取后进行分析和解码，可识读一维码和二维码。

另外，二维码的识读设备依工作方式的不同还可以分为：手持式、固定式和平板扫描式。二维码的识读设备对于二维码的识读会有一些限制，但是均能识别一维码。

4. 二维码的局限性

尽管二维码作用很大，但还是无法承载图像、视频等超大的流媒体信息。按照二维码编码规范，其图形的面积越大，可以储存的信息量也就越大。但是，由于手机屏幕是有一定大小限制的，尤其是我国的手机种类特别复杂。所以，现在的手机二维码信息，能储存大概 100 个以内的汉字，不会太多。这个长度应付大部分的应用是绰绰有余的。此时，我们需要一个方便快捷的索引介质，二维码作为一个人机交互的理想载体，是可以承担这个功能的。

它可以让你很方便地找到所需要的东西，而不需要在二维码本身里面把所有完整的信息都存进去。

3.2　电子标签——RFID

RFID 是 Radio Frequency Identification 的缩写，即射频识别，常称为感应式电子晶片或近接卡、感应卡、非接触卡、电子标签、电子条码等。射频识别（RFID）是一种非接触式的自动识别技术，可识别高速运动物体并可同时识别多个标签，操作快捷方便，是一种高技术含量的芯片，可视为包装商品的“智能大脑”。

射频识别技术改变了条码技术依靠“有形”的一维或二维几何图案来提供信息的方式，通过芯片来提供存储在其中的数量更大的“无形”信息。它最早出现在 20 世纪 80 年代，最初应用在一些无法使用条码跟踪技术的特殊工业场合，例如在一些行业和公司中，这种技术被用于目标定位、身份确认及跟踪库存产品等。由于射频识别技术起步较晚，至今没有制定出统一的国际标准，但是射频识别技术的推出绝不仅仅是信息容量的提升，它对于计算机自动识别技术来讲是一场革命，它所具有的强大优势会大大提高信息的处理效率和准确度。

与条码识别系统相比，无线射频识别技术具有很多优势：通过射频信号自动识别目标对象，无需可见光源；具有穿透性，可以透过外部材料直接读取数据，保护外部包装，节省开箱时间；射频产品可以在恶劣环境下工作，对环境要求低；读取距离远，无需与目标接触就可以得到数据；支持写入数据，无需重新制作新的标签；使用防冲突技术，能够同时处理多个射频

标签，适用于批量识别场合；可以对 RFID 标签所附着的物体进行追踪定位，提供位置信息。

基于 RFID 技术的可用于单品识别的物联网平台给人们提供了无限的想象空间。随着 RFID 的发展和普及，贴有电子标签的商品随处可见，与一代居民身份证换发为二代身份证一样，商品的身份证也在“升级”。作为物联网的第二代身份证，电子标签将伴随商品从仓库到商店再到购买者，甚至一直到变成垃圾的整个生命过程。同时，顾客还可以通过这种智能标签直接了解他们所需要的商品，并立刻得到带有标签商品的有关信息。

3.2.1 RFID 技术的理论基础

RFID（Radio Frequency Identification，射频识别）是一项利用射频信号通过空间耦合实现无接触信息传递并通过所传递的信息达到识别目的的技术。射频识别系统通常由电子标签和阅读器组成。射频识别系统的数据存储在射频标签之中，其能量供应以及与识读器之间的数据交换不是通过电流而是通过磁场或电磁场进行的。

能量是 RFID 存在的基础，电磁能是自然界存在的一种能量形式。

1. 电磁波与频道分配

电磁波（Electromagnetic Wave，电磁辐射）是由同相振荡且互相垂直的电场与磁场在空间中以波的形式移动，其传播方向垂直于电场与磁场构成的平面，有效传递能量和动量。电磁波是能量的一种表现形式。

电磁辐射可以按照频率分类，从低频率到高频率，包括无线电波、微波、红外线、可见光、紫外光、X 射线和 γ 射线等，如图 3-19 所示。人眼可接收到的电磁辐射，波长为380 ~ 780nm，称为可见光。只要是本身温度大于 0K 的物体，都可以发射电磁辐射，而世界上并不存在温度等于或低于 0K 的物体，因此，人们周边所有的物体时刻都在进行电磁辐射。只有处于可见光频域以内的电磁波，才是可以被人们看到的。

通常，在无线通信领域，人们使用无线电波作为通信介质，其波长大于 1mm，频率小于 300GHz。而在 3kHz ~ 300GHz 这么宽的频谱范围，该怎样使用呢？具体使用哪个频道的波进行信号传输呢？

这里的频谱就是所说的信道，是我们区别各种电磁波的一个重要依据。图 3-19 中，在 3kHz ~ 300GHz 频段上，可以实现调频收音机、广播电视、手机、卫星电视等。由于从几十兆到几千兆的频谱上，集中了各种不同的无线应用，而且这些无线电传播都使用同一个通信媒介——空气，所以为了保证各种无线通信之间互不干扰，正常通信，就需要对无线信道的使用进行必要的管理。无线信道中有些频段是固定为某种通信设备服务的，不能被滥用，而且是需要付费的。信道（频率）管理最基本的规则是无线发送器的使用需要获得许可。

> 各国的无线管理部门也规定了有些频带为免费的，以满足不同的需要，可供开发无线通信设备使用，这些频带通常包括 ISM（Industrial Scientific Medical，工业、科学和医疗）频带。各国的无线电管理不尽相同，譬如，在美国，免许可的频道包括 27MHz、260 ~ 470MHz、902 ~ 928MHz 和 2.4GHz。中国目前可具体使用的 ISM 频率是 315MHz、433 MHz 和 2.4GHz。

ISM Band 是由 ITU-R（ITU Radio Communication Sector，国际通信联盟无线电通信局）定义的。此频段主要是开放给工业、科学、医学三个主要机构使用，属于 Free License（免费许

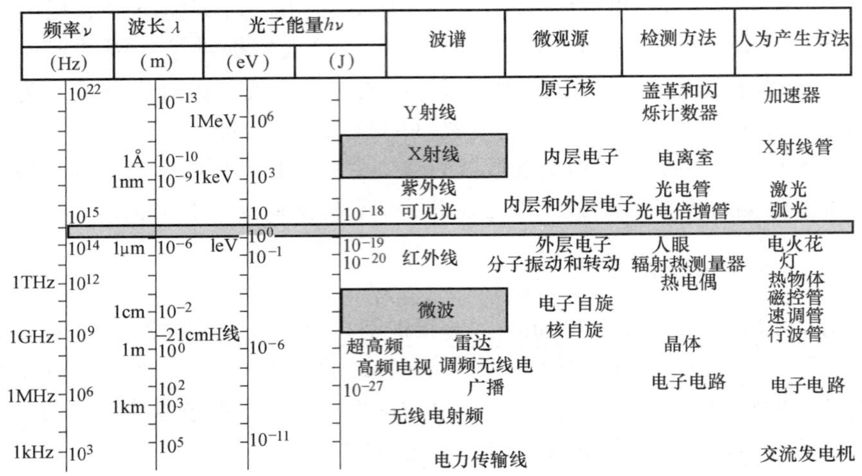

图 3-19　电磁波频谱分布图

可证)，无需授权许可，只需要遵守一定的发射功率（一般低于 1W)，并且不要对其他频段造成干扰即可。

2.4GHz 频段为各国共同的 ISM 频段，因此无线局域网、蓝牙、ZigBee 等无线网络，均可工作在 2.4GHz 频段上。

除 ISM 频段以外，在中国整个低于 135kHz，在北美、南美和日本低于 400kHz，也都是可以使用的免费频段。各国对无线频谱资源的管理，不仅规定了相关的 ISM 开放信道的频率，同时也严格规定了在这些频率上所使用的发射功率，在实际使用这些频率时，需要查阅各国无线频谱管理机构不同的具体技术要求。

2. RFID 技术的源头

RFID 是无线电广播技术和雷达技术的结合。雷达采用的是无线电波的反射和反向散射理论，而无线电广播技术是关于如何使用无线电波发射、传播和接收语音、图像、数字、符号的技术。

RFID 是直接集成雷达的概念，并由此发展起来的一种新的自动识别技术。

1948 年哈利·斯托克曼发表论文“利用能量反射的方法进行通信”奠定了 RFID 的理论基础，成为 RFID 理论发展的里程碑。

20 世纪 60 年代出现了 RFID 技术的第一个商业应用系统——商品电子防盗系统(EAS)，RFID 由理论变为现实。

1977 年，美国开发了“机动车电子牌照”，20 世纪 90 年代 RFID 在美国的公路自动收费系统得到了广泛应用。

21 世纪，RFID 标准已经初步形成，第二代标准于 2004 年底公布。2003 年 11 月 4 日，世界零售商巨头沃尔玛宣布，它将采用 RFID 技术追踪其供应链系统中的商品，并要求其前 100 大供应商从 2005 年起将所有发运到沃尔玛的货盘和外包装箱贴上电子标签。这一重大举动揭开了 RFID 在开放系统中应用的序幕，如图 3-20 所示。

由于 RFID 产品的优点，无线射频识别技术在国外发展得很快，已被广泛应用于工业自

动化、商业自动化、交通运输控制管理等众多领域，例如汽车或火车等的交通监控系统、高速公路自动收费系统、物品管理、流水线生产自动化、门禁系统、金融交易、仓储管理、畜牧管理、车辆防盗等。在澳大利亚，RFID 技术被用于机场旅客行李管理，提高了机场的工作效率，达到了理想的效益；而在地球的另一面，欧共体宣布 1997 年开始生产的新型汽车必须具有基于 RFID 技术的防盗系统；随后，瑞士国家铁路局也将在瑞士的全部旅客列车上安装 RFID 自动识别系统，调度员可以实时掌握火车运行情况，不仅利于管理，还大大减小了发生事故的可能性；德国汉莎航空公司尝试用 RFID 电子标签来代替飞机票，从而改变了传统的机票购销方式。时至今日，射频识别技术的新应用仍然层出不穷。

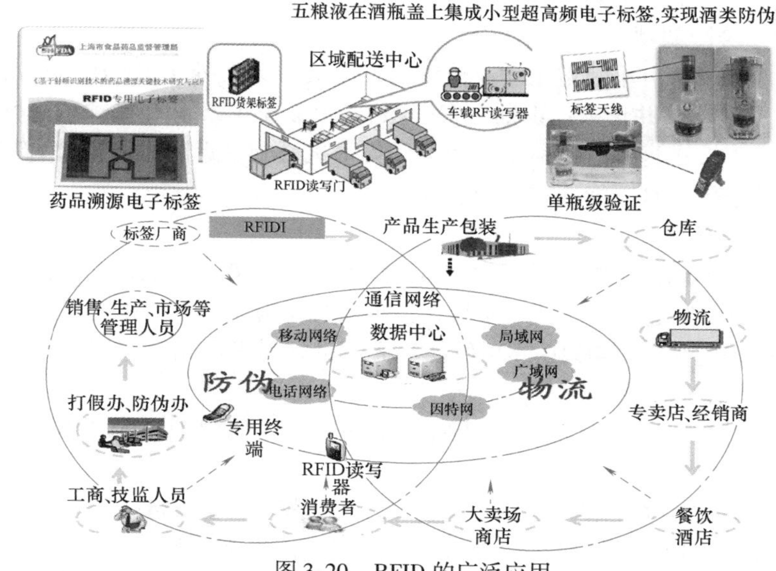

图 3-20 RFID 的广泛应用

3.2.2 RFID 的技术优劣

1. 为每件物品分配唯一的标志

所有的物品都可以享受独一无二的 ID。这对于 ERP（Enterprise Resource Planning，企业资源计划）和 SCM（Supply Chain Management，供应链管理）系统来说是一种革命性的突破。每个标签具有唯一性，意味着系统可以识别单个物体。

2. 扫描速度快

条形码一次只能有一个条码受到扫描；RFID 阅读器可同时辨识读取数个 RFID 标签，不仅具有读写功能，还具备一定的信息处理功能。

RFID 读写器一次性处理多个标签，并将处理的状态写入标签。RFID 读卡器 250ms 便可从电子标签中读出商品的相关数据，将传统的单体处理方式变为批处理方式。

需要注意，“读写器”既可以写也可以读，“读卡器”只能读不能写；“阅读器”除了读写数据之外，还有信息处理的功能。“读卡器”、“阅读器”、“读写器”三者是有区别的，不可混淆。

3. 体积小型化、形状多样化

RFID 在读取上并不受尺寸大小与形状限制，不需要为了读取精确度而配合纸张的固定尺寸和印刷品质。此外，RFID 标签更可向小型化与多样形态发展，以应用于不同产品。

4. 抗污染能力和耐久性

传统条码的载体是纸张，因此容易受到污染，但 RFID 对水、油和化学药品等物质具有很强的抵抗性。此外，由于条码是附于塑料袋或外包装纸箱上，所以特别容易受到折损；RFID 卷标是将数据存在芯片中，因此可以免受污损。

5. 可重复使用

现今的条码印刷上去之后就无法更改，RFID 标签则可以重复地新增、修改、删除 RFID 卷标内储存的数据，方便信息的更新。电子标签寿命可达 10 年以上，读写次数达 10 万次之多。这点对于物流中的节点记载、货物追踪特别有用。

6. 穿透性和无屏障阅读

在被覆盖的情况下，可不断地主动或被动发射电波，只要处于 RFID 读写器的接收范围之内，就可以被“感应”并正确地识别出来。RFID 能够穿透纸张、木材和塑料等非金属或非透明的材质，并能够进行穿透性通信。而条码扫描机必须在近距离而且没有物体阻挡的情况下，才可以辨读条码，且不能穿透铁质金属。

7. 数据的记忆容量大

一维码的容量是 50B，二维码最大的容量可储存 2～3000B，RFID 最大的容量则有数百万字节（Mega Byte）。随着记忆载体的发展，数据容量也有不断扩大的趋势。未来物品所需携带的资料量会越来越大，对 RFID 卷标所能扩充容量的需求也相应增加。

8. 安全性

由于 RFID 承载的是电子式信息，其数据内容可经由密码保护，使其内容不易被伪造及变造。

近年来，RFID 因其所具备的远距离读取、高储存量等特性而备受瞩目。它不仅可以帮助一个企业大幅提高货物、信息管理的效率，还可以让销售企业和制造企业互联，从而更加准确地接收反馈信息，控制需求信息，优化整个供应链。

需要注意，射频技术不一定比条码“好”，它们是两种不同的技术，有不同的适用范围，有时会有重叠。两者之间最大的区别是条码是“可视技术”，扫描仪在人的指导下工作，只能接收它视野范围内的条码；相比之下，射频识别不要求看见目标，射频标签只要在接收器的作用范围内就可以被读取。条码本身还具有其他缺点，如果标签被划破、污染或是脱落，扫描仪就无法辨认目标；条码只能识别生产者和产品，并不能辨认具体的商品，贴在所有同一种产品包装上的条码都一样，无法辨认哪些产品先过期。由此可见，RFID 技术是条码技术的发展和完善，条码技术和 RFID 技术都是现代物流信息系统的重要组成部分。

3.2.3　RFID 的工作原理

1. 系统组成

RFID 的系统组成包括电子标签（Tag）、读写器（Reader，阅读器）以及作为服务器的计算机数据管理系统三部分。其中，电子标签中包含 RFID 芯片和天线（Antenna），RFID 是一种利用无线射频进行非接触双向通信的识别方式，如图 3-21 所示。

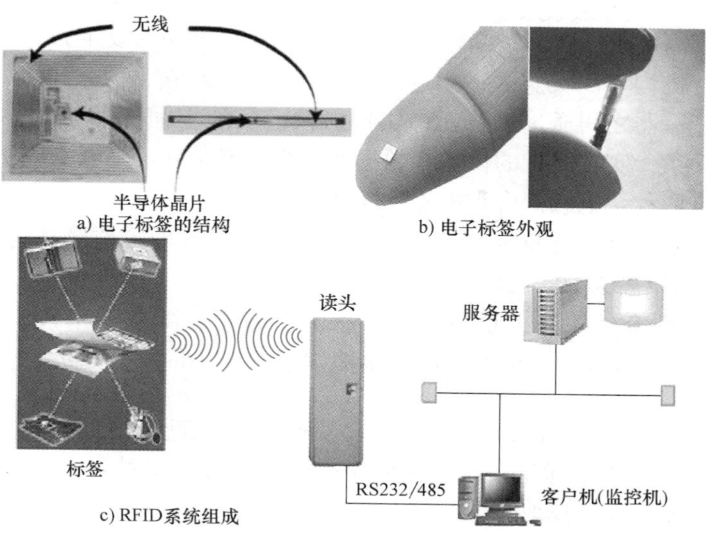

图 3-21　RFID 系统组成

2. 工作过程

电子标签中每个芯片都有一个全球唯一的编码，在为物品贴上 RFID 标签后，需要在系统服务器中建立该物品的相关描述信息，与 RFID 编码相对应，即保持有约定格式的电子数据。当用户使用 RFID 阅读器对物品上的标签进行操作时，阅读器天线向标签发出电磁信号，与标签进行通信对话，标签中的 RFID 编码被传输回阅读器，阅读器再与系统服务器进行对话，根据编码查询该物品的描述信息，如图 3-22 所示。

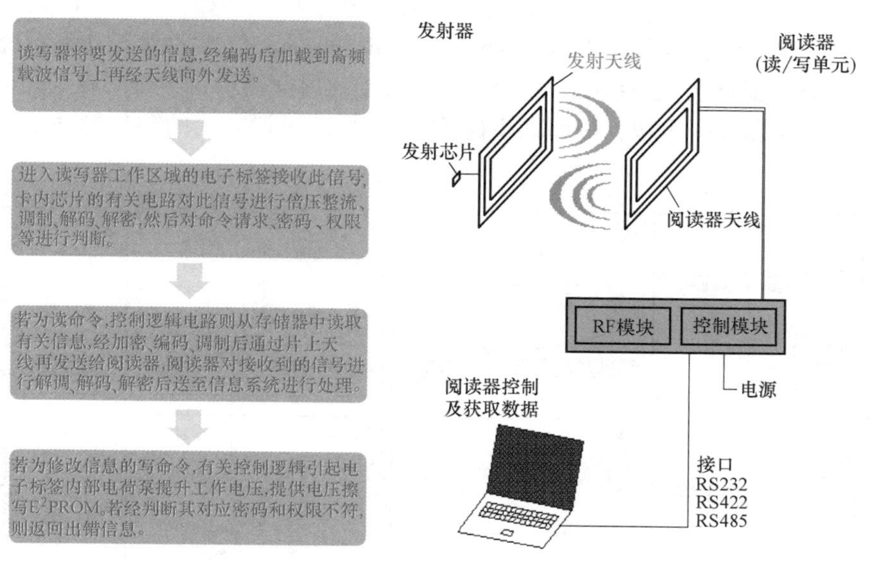

图 3-22　RFID 系统工作过程

RFID 系统的工作流程为：读写器通过发射天线发送一定频率的射频信号，当电子标签进入读写器天线工作区时，电子标签天线产生足够的感应电流，电子标签获得能量被激活，将自身信息通过内置天线发送出去，读写器天线接收载波信号，读写器解调、解码，送至系统高层处理，系统高层根据逻辑判断标签的合法性，针对不同的设定做出相应处理，发出指令信号，控制执行机构动作。

电子标签与读写器之间通过耦合元件实现射频信号的空间（非接触）耦合，在耦合通道内，根据时序关系，实现能量的传递和数据的交换。发生在读写器和电子标签之间的射频信号的耦合类型有两种：电感耦合和电磁反向散射耦合。

电感耦合——依据电磁感应定律，适用于中低频，典型的工作频率为 125kHz、225kHz 和 13.56MHz，作用距离为 10 ~20cm。

电磁反向散射耦合——雷达原理模型，适用于高频、微波频率段，典型工作频率为 433MHz、915MHz、2.45GHz 和 5.8GHz，作用距离为 3 ~10m。

> 需要指出，解读器在同时读取多个标签发射回来的信息时会产生标签冲突的问题，商家采用不同的系统使得标签一次发回一个信息。解读器又能同时读取多个标签，所以，所有的标签能同时被读取。

3. RFID 读写器防碰撞（防冲撞）机理

RFID 分类的一个重要点在于是否需要同时读取复数个（即多个）标签。为了实现这个功能，在通信上所采取的技术是“防碰撞”（防冲撞），同时读取复数个标签是常被人们谈及的 RFID 比图形码远为优越的地方。但是如果没有防碰撞功能，RFID 系统只能读写一个标签。在这种情况下如果有两个以上的标签同时处于可读取的范围内，就会导致读取错误。

下面简单说明防碰撞功能的工作原理。即使是具有防碰撞功能的 RFID 系统，实际上也并非同时读取所有标签的内容。在同时查出有复数个标签存在的情况下，检索信号并防止冲突的功能开始动作。为了进行检索，首先要确定检索条件。例如，13.56MHz 频带的 RFID 系统里应用的 ALOHA（Additive Link on-line Hawaii System，信道的动态分配系统）是使用无线电频率的时分多路包交换系统，站可以在任意给定时间内传输数据。在给定时间之后仍未收到应答，就重新发一个包，因而减少碰撞。ALOHA 协议方式的防碰撞功能的工作步骤如图 3-23 所示。

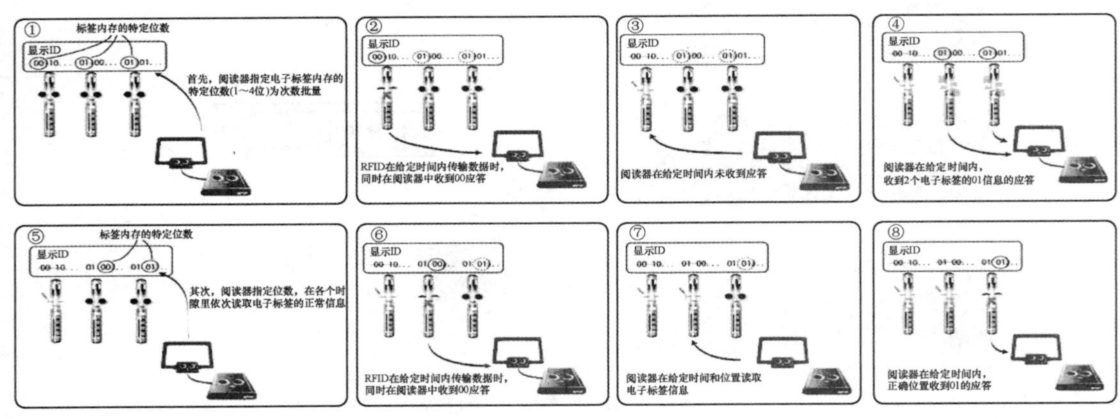

图 3-23　RFID 防碰撞功能的工作步骤

1）首先，阅读器指定电子标签内存的特定位数（1～4 位）为次数批量。

2）电子标签根据次数批量，将响应的时隙离散化。例如在两位数的次数批量为“00、01、10、11”时，读写器将以不同的时隙对这四种可能性逐一进行响应。

3）若在各个时隙里同时响应的电子标签只有一个的场合下才能得到这个电子标签的正常数据。当标签的信息被读取之后阅读器就会向系统发送对该电子标签在一定的时间内不再响应的睡眠的指令（Sleep/Mute），使该标签在一定时间内处于休眠状态，避免再次响应。

4）若在各个时隙内同时由几个电子标签响应，则判别为“冲突”。在这种情况下，内存内的另外两位数所记录的次数批量，重复以上从步骤 2）开始的处理。

5）所有的电子标签都完成响应之后，阅读器向它们发送唤醒指令（Wake Up），从而完成对所有电子标签的信息读取。

在这种搭载有防碰撞功能的 RFID 系统中，为了只读一个标签，几经调整次数批量反复读取进行检索。所以，一次性读取具有一定数量的标签的情况下，所有的标签都被读到为止，其速度是不同的，一次性读取的标签数目越多，完成读取所需时间要比单纯计算所需的时间越长。

具有抗碰撞功能的 RFID 系统的价格比不具有这种功能的系统要昂贵。

4. RFID 与其他方式的比较

表 3-6 给出了 RFID 与其他方式的比较。

表 3-6　RFID 与其他方式的比较

性能 种类	信息载体	信息量	读/写性	读取方式	保密性	智能化	抗干扰能力	寿命	成本
条码/二维码	纸、塑料薄膜、金属表面	小	只读	CCD 或激光束扫描	差	无	差	较短	最低
磁卡	磁条	中	读/写	扫描	中等	无	中	长	低
IC 卡	EEPROM	大	读/写	接触	好	有	好	长	高
RFID 卡	EEPROM	大	读/写	无线通信	最好	有	很好	最长	较高

3.2.4　电子标签的分类与应用

1. 按供电形式分

根据标签的供电形式分为有源标签（主动标签）和无源标签（被动标签）。

1）有源标签自带电池，识别距离较长，可达到 10m 以上，而寿命有限，价格较高，体积较大，应用较少。

2）无源标签重量轻、体积小、寿命长、成本低，应用广泛，但发射距离受限，为 1m 左右，依靠从阅读器发射的电磁场中提取能量来供电，需要有较大的读写器发射功率。

2. 按工作方式分

射频识别系统按基本工作方式分为全双工（Full Duplex）和半双工（Half Duplex）系统

以及时序（SEQ）系统。全双工表示射频标签与读写器之间可在同一时刻互相传送信息。半双工表示射频标签与读写器之间可以双向传送信息，但在同一时刻只能向一个方向传送信息。

在全双工和半双工系统中，射频标签的响应是在读写器发出的电磁场或电磁波的情况下发送出去的。因为与阅读器本身的信号相比，射频标签的信号在接收天线上是很弱的，所以必须使用合适的传输方法，以便把射频标签的信号与阅读器的信号区别开来。在实践中，人们对从射频标签到阅读器的数据传输一般采用负载反射调制技术将射频标签数据加载到反射回波上（尤其是针对无源射频标签系统）。

时序方法则与之相反，阅读器辐射出的电磁场短时间周期性地断开，这些间隔被射频标签识别出来，并被用于从射频标签到阅读器的数据传输。其实，这是一种典型的雷达工作方式。时序方法的缺点是：在阅读器发送间歇时，射频标签的能量供应中断，这就必须通过装入足够大的辅助电容器或辅助电池进行补偿。

3. 按数据量分

射频识别射频标签的数据量通常在几个字节到几千个字节之间。但是，有一个例外，这就是1bit射频标签。它有1bit的数据量就足够了，使阅读器能够作出以下两种状态的判断："在电磁场中有射频标签"或"在电磁场中无射频标签"，这种要求对于实现简单的监控或信号发送功能是完全足够的。因为1bit的射频标签不需要电子芯片，所以射频标签的成本可以做得很低。由于这个原因，大量的1bit射频标签在百货商场和商店中用于商品防盗系统（EAS）。当带着没有付款的商品离开百货商场时，安装在出口的读写器就能识别出"在电磁场中有射频标签"的状况，并引起相应的反应。对按规定已付款的商品来说，1bit射频标签在付款处被除掉或者去活化。

4. 按可编程分

能否给射频标签写入数据是区分射频识别系统的另外一个因素。对简单的射频识别系统来说，射频标签的数据大多是简单的（序列）号码，可在加工芯片时集成进去，以后不能再变。与此相反，可写入的射频标签通过读写器或专用的编程设备写入数据。

射频标签的数据写入一般分为无线写入与有线写入两种形式。目前铁路应用的机车、货车射频标签均采用有线写入的工作方式。

5. 按频率范围分

工作在不同频段或频点上的电子标签具有不同的特点，见表3-7。

表3-7　不同频段射频卡的特点

频段＼特点	工作频率	数据传输速率	读写距离	读写区域
低频	125 ~134kHz	慢	适中(<1m)	较为均匀
高频	13.56MHz	较快	适中(>1m)	较为均匀
超高频	860 ~ 960 MHz	快	远(<10m)	很难定义

（1）低频段电子标签　工作频率范围为30 ~ 300kHz，典型工作频率为125kHz和134kHz，无源标签，电感耦合方式，读写距离小于1m。

主要优势：标签芯片采用普通的互补金属氧化物半导体器件（CMOS）工艺，省电、廉

价，工作频率不受无线电频率管制和约束，可穿透水、有机组织和木材等；非常适合近距离、低速率、数据量较少的识别应用。

典型应用有：畜牧业管理系统、汽车防盗系统、无钥匙开门系统、马拉松赛跑系统、自动停车收费系统、车辆管理系统、自动加油系统、酒店门锁系统、门禁和安全管理系统、货物跟踪系统、动物识别系统、容器识别系统、工具识别系统、电子闭锁防盗（带有内置标签的汽车钥匙）系统等。

（2）高频段电子标签　工作频率范围为 3 ~30MHz，典型工作频率为 13.56MHz，无源标签，电感耦合方式，读写距离大于 1m。

主要优势：标签芯片不再需要线圈绕制，可通过腐蚀印制方式制作天线。通过负载调制方式进行工作，省电、廉价，工作频率不受无线电频率管制和约束，可穿透水、有机组织和木材等；方便制作成卡状，主要用于需传送大量数据的场合。

典型应用有：图书管理系统、瓦斯钢瓶管理系统、服装生产线系统、物流管理系统、三表预收费系统、酒店门锁系统、大型会议人员通道系统、固定资产管理系统、医药物流系统、智能货架系统、电子车票系统、身份证系统、电子闭锁防盗（电子遥控门锁控制器）系统等。

（3）超高频电子标签　工作频率范围为 300MHz ~ 3GHz，典型工作频率为 433.92MHz 和 915MHz，无源标签，电容耦合方式，读写距离为 10m 左右。

主要特点：传送数据速度快，传送数据量大，读写距离远，但耗能，穿透力差，作业区域不能有太多干扰，主要用于需要较长的读写距离和较高的读写速度的场合。

典型应用有：供应链管理系统、生产线自动化管理系统、航空包裹管理系统、集装箱管理系统、铁路包裹管理系统、后勤管理系统、铁路车辆识别系统、集装箱识别系统、公路车辆识别系统、高速公路自动收费系统、自动公路系统等。

（4）微波标签　工作频率范围为微波段，典型工作频率为 2.45GHz 和 5.8GHz，可以是无源标签，也可以是有源标签，电磁耦合方式，读写距离为 4 ~6m。

主要特点：读写天线一般为定向天线，数据存储容量一般限定在 2KB 以内，主要用于标志物品并且为非接触式的识别过程。

典型应用有：移动车辆识别、电子身份证、仓储物流、电子闭锁防盗（电子遥控门锁控制器）等系统。

3.2.5　RFID 标准之争

目前，世界一些知名公司各自推出了自己的很多标准，这些标准互不兼容，表现在频段和数据格式上的差异，这也给 RFID 的大范围应用带来了困难。

目前全球有两大 RFID 标准阵营：欧美的 Auto ID Center 与日本的 Ubiquitous ID Center（UID，泛在识别中心）。

欧美的 EPC（Electronic Product Code）标准采用 UHF 频段，为 860 ~930MHz，日本 RFID 标准采用的频段为 2.45GHz 和 13.56MHz；日本标准电子标签的信息位数为 128 位，EPC 标准的位数则为 96 位。

RFID 标准分为：技术标准、数据标准、性能标准、应用标准。

ISO 18000 系列包含了有源和无源 RFID 技术标准，主要是基于物品管理的 RFID 空中接口参数。

ISO 17363、17364 是一系列物流容器识别的规范，它们还未被认定为标准。

ISO 14443、15693 标准在 1995 年开始操作，其完成则是在 2000 年之后，二者皆以 13.56MHz 交变信号为载波频率。ISO 15693 读写距离较远，而 ISO 14443 读写距离稍近，但应用较广泛。目前的第二代电子身份证采用的标准是 ISO 14443 TYPE B 协议。ISO 14443 定义了 TYPE A、TYPE B 两种类型协议，通信速率为 106kbit/s。

ISO 14443.3 规定了 TYPE A 和 TYPE B 的防冲撞机制。

ISO 15693 采用轮询机制、分时查询的方式完成防冲撞机制。

ISO 技术委员会及联合工作组 TC104/SC4 主要制定有关 ISO/IEC 贸易应用方面的标准，如货运集装箱及包装，制定了 RFID 电子封条（ISO 18185）、集装箱标签（ISO 10374）和供应链标签（ISO 17363）等标准。

全球共有五大标准化组织，制定标签的数据内容和编码标准，分别为 EPC global（Electronic Product Code global，欧美）、泛在识别中心（日本）、国际标准化组织（ISO）/国际电工委员会（IEC）、AIM（自动识别与移动技术）global、IP-X（第三世界标准组织、南非等国家推行）。

3.3　传感器及检测技术

传感器是各种信息处理系统获取信息的一个重要途径，处于物联网构架的感知层，是物联网中获得信息的主要设备、物联网的神经元、人类五官的延伸。随着物联网的发展，对传统的传感器发展带来了前所未有的挑战。作为构成物联网的基础单元，传感器是物联网信息采集层面的关键器件。传感技术与现代化生产和科学技术的紧密相关，几乎渗透到了人类生活的各种领域，发挥着越来越重要的作用。同时，MEMS（微电机系统）、MOEMS（微光机电系统）将成为物联网的技术核心，使无线传感网、光网快速加入物联网的应用系统，提供更明确的应用方向和更丰富的市场机会，物联网也将成为传感器市场的新引擎。

3.3.1　传感器的概念

传感器能感受规定的被测量并按照一定的规律转换成可用的信号或具有相同感应功能的器件，通常由敏感元件和转换元件组成。传感器利用各种机制把被测量转换为一定形式的电信号，然后由相应的信号处理装置来处理，并产生相应的动作。

实际生活中，传感器无处不在，可以说我们的生活被传感器所包围。我们身边所熟悉的传感器有：

全自动洗衣机——浊度传感器。

自动冲水装置——光电传感器和电子系统。

遥控器——红外传感器。

传声器——在弹性膜片后面粘接一个轻小的金属线圈，线圈处于永磁体的磁场中，构成一种动圈式的传感器。

声控灯——压电传感器。

手机的触摸屏——点触摸、面触摸等。

数码产品——MP3、手机等听歌时，用力一摇就换成了下一曲，这就用到了加速度传感器。

电饭锅——温度传感器。

电熨斗——另一种温度传感器。

光电鼠标——光学传感器 + 图像分析芯片（DSP）。

汽车称重——压力传感器。

电子天平——压力传感器 + 电子系统。

电子温度计——红外传感器。

汽车——是个传感器俱乐部：温度、空气流量、压力、转速、位移、水位、曲轴、防抱死制动系统（ABS）、爆震、里程表等多种传感器。

2003 年，美国推出一种高科技马桶传感器。

各种传感器层出不穷，2009 年全球传感器用量达 13 亿个，2010 年用于手机的有 10 多亿个，用于汽车市场的有 420 万个，2013 年汽车市场用量达到 1460 万个。中国传感器年增 15%，未来年用量将超万亿。

3.3.2　传感器的基本组成及检测原理

传感器是把非电学物理量（如位移、速度、压力、温度、湿度、流量、声强、光照度等）转换成易于测量、传输、处理的电学量（如电压、电流、电容等）的一种元件。

在实际应用中，传感器一般由敏感元件、转换元件和测量电路三部分组成，有时还加上辅助电源，如图 3-24 所示。

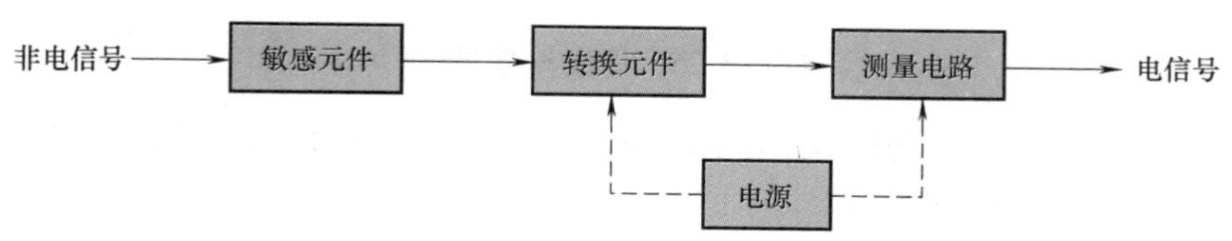

图 3-24　传感器的组成

敏感元件是指传感器中能直接感受或响应被测量的部分，它直接感受被测非电学量，输出与被测量有确定对应关系的、转换元件所能接收的其他物理量，如膜片或膜盒把被测压力变成位移量。敏感元件是传感器的核心。

需要指出，并不是所有的传感器都能明显地区分敏感元件和转换元件两部分，有些传感器转换元件不止一个，有些传感器（如热电偶）将敏感元件和转换元件合为一体。

测量电路是将转换元件输出的信号进行进一步的转换和处理，如放大、滤波、线性化、补偿等，以获得更好的品质特性。

电源是可选项，主要负责为敏感元件、转换元件和测量电路供电。无源型是最简单、最基本的传感器构成形式，它只由敏感元件单独组成。输入量多为力学量（力、湿度、速度、加速度)，输出量一般是电学量。最大特点是还需要外接电源，其敏感元件能够从被测对象直接获取能量，并将能量转换为电量，但一般输出量较弱，如热电偶传感器、压力传感器等通常是无源传感器。有源型通常建立在无源型的基础上，它与无源型的不同之处在于为了确保敏感元件的工作点稳定，使用了辅助能源。辅助能源主要起激励作用，它既可以是电源，也可以是磁源。有源传感器的特点是，不需要测量电路即可有较大的电量输出，如光电管、光敏二极管、霍尔传感器等。

3.3.3　常用传感器的工作特点和应用

常用传感器包括温度、光、压力、湿度、霍尔（磁性）传感器等。

1. 温度传感器

常见的温度传感器包括热敏电阻、半导体温度传感器以及温差电偶，如图 3-25 所示。

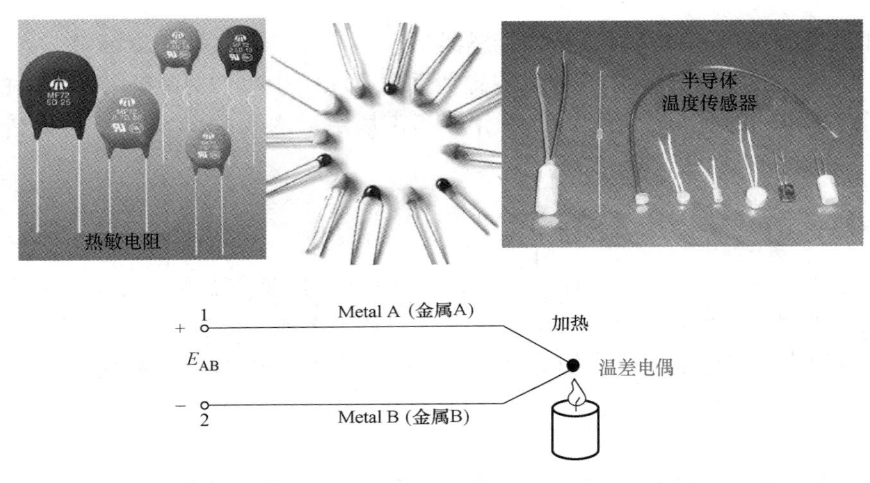

图 3-25　温度传感器

热敏电阻主要是利用各种材料电阻率的温度敏感性，根据材料的不同，热敏电阻可以用于设备的过热保护以及温控报警等。

半导体温度传感器利用半导体器件的温度敏感性来测量温度，具有成本低廉、线性度好等优点。

温差电偶则是利用温差电现象，把被测端的温度转化为电压和电流的变化。由不同金属材料构成的温差电偶，能够在比较大的范围内测量温度，例如 −200 ～2000℃。

2. 光传感器

光传感器可以分为光敏电阻以及光电传感器两个大类，如图 3-26 所示。

光敏电阻主要利用各种材料的电阻率的光敏感性来进行光探测。

光电传感器主要包括光敏二极管和光敏晶体管，这两种器件都是利用半导体器件对光照的敏感性。光敏二极管的反向饱和电流在光照的作用下会显著变大，而光敏晶体管在光照时其集电极、发射极导通，类似于受光照控制的开关。此外，为方便使用，市场上出现了把光敏二极管和光敏晶体管与后续信号处理电路制作成一个芯片的集成光传感器。

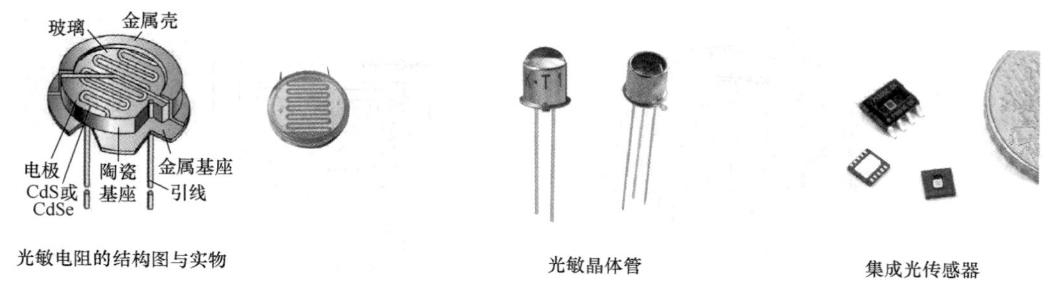

图 3-26 光传感器

光传感器的不同种类可以覆盖可见光、红外线（热辐射）以及紫外线等波长范围的传感应用。

3. 压力传感器

压力传感器是通过测量目标沿地面所产生的压力变化来发现和测定目标的侦察设备。其种类有应变钢丝传感器、平衡压力传感器、振动/磁性电缆传感器、驻极体电缆和光纤压力传感器等。

常见的压力传感器在受到外部压力时会产生一定的内部结构的变形或位移，进而转化为电特性的改变，产生相应的电信号，如图 3-27 所示。

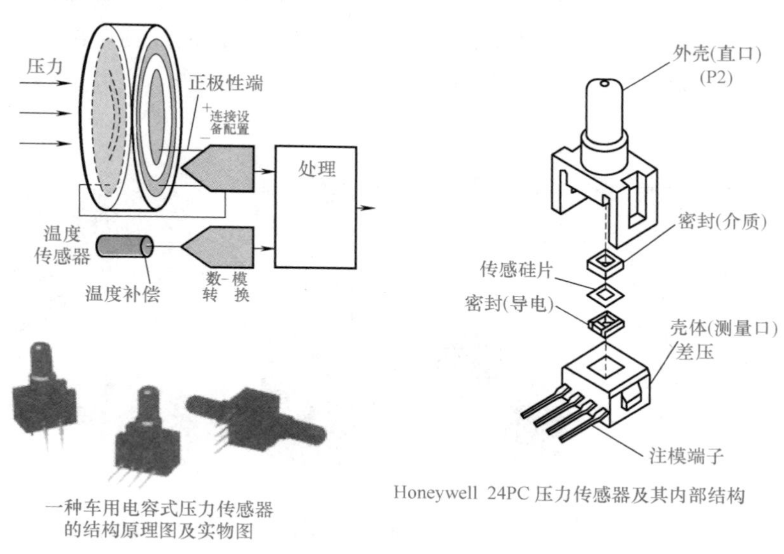

图 3-27 压力传感器

4. 湿度传感器

湿度传感器主要包括电阻式和电容式两个类别，如图 3-28 所示。

电阻式湿度传感器也称为湿敏电阻，利用氯化锂、碳、陶瓷等材料的电阻率的湿度敏感性来探测湿度。

电容式湿度传感器也称为湿敏电容，利用材料的介电系数的湿度敏感性来探测湿度。

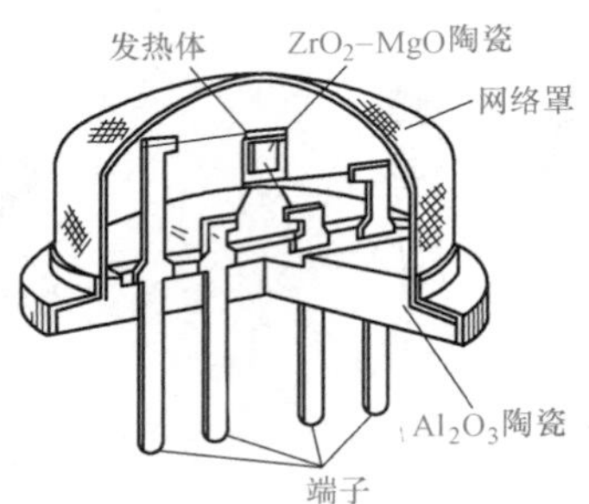

a) 一种电阻式陶瓷湿敏传感器结构图

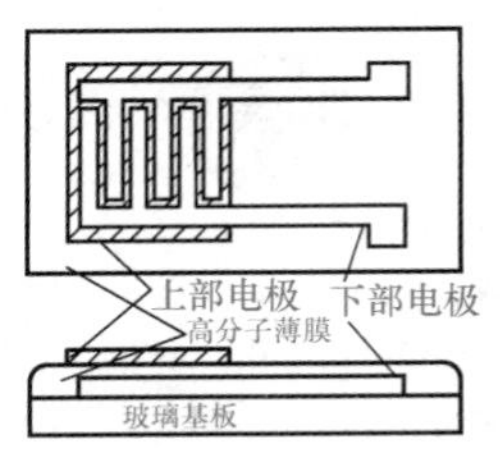

b) 一种电容式湿敏传感器结构图

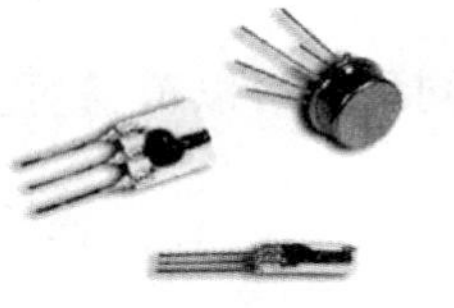

c) 几种湿度传感器

图 3-28　湿度传感器

5. 霍尔（磁性）传感器

霍尔传感器是利用霍尔效应制成的一种磁性传感器。霍尔效应是指：把一个金属或者半导体材料薄片置于磁场中，当有电流流过时，由于形成电流的电子在磁场中运动而受到磁场的作用力，会使得材料中产生与电流方向垂直的电压差。可以通过测量霍尔传感器所产生的电压的大小来计算磁场的强度，如图 3-29 所示。

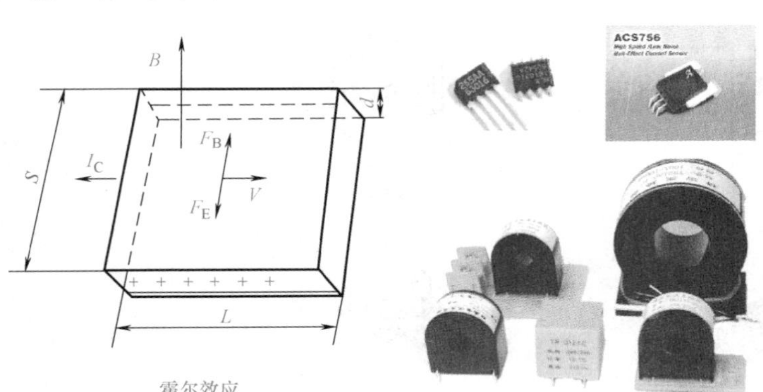

霍尔效应

图 3-29　霍尔传感器

霍尔传感器结合不同的结构，能够间接测量电流、振动、位移、速度、加速度、转速等，具有广泛的应用价值，如图 3-30 所示。

6. 图像传感器

CCD（Charge Coupled Device）是电荷耦合器件图像传感器。它使用一种高感光度的半导体材料制成，能把光线转变成电荷，通过模-数转换器芯片转换成数字信号，数字信号经过压缩以后由相机内部的闪速存储器或内置硬盘卡保存，因而可以轻而易举地把数据传输给

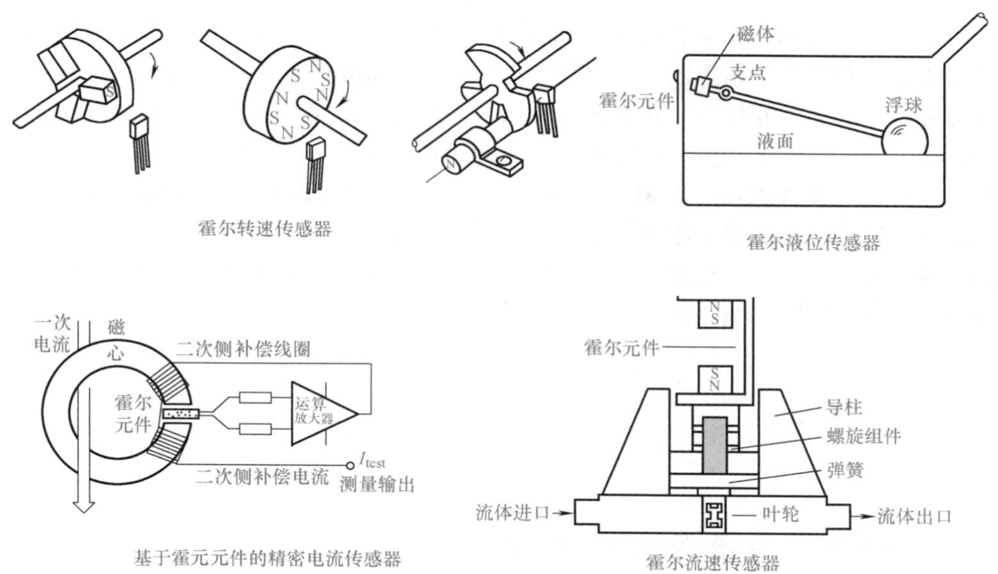

图 3-30　各种霍尔传感器

计算机，并借助于计算机的处理手段，根据需要和想象来修改图像。CCD 由许多感光单位组成，通常以百万像素为单位。当 CCD 表面受到光线照射时，每个感光单位会将电荷反映在组件上，所有的感光单位所产生的信号加在一起，就构成了一幅完整的画面。CCD 和传统底片相比，CCD 更接近于人眼对视觉的工作方式。只不过，人眼的视网膜是由负责光强度感应的杆细胞和色彩感应的锥细胞分工合作组成视觉感应。CCD 经过长达 35 年的发展，大致的形状和运作方式都已经定型。CCD 的组成主要是由一个类似马赛克的网格、聚光镜片以及垫于最底下的电子电路矩阵所组成。

7. 无线传感器应用典型案例

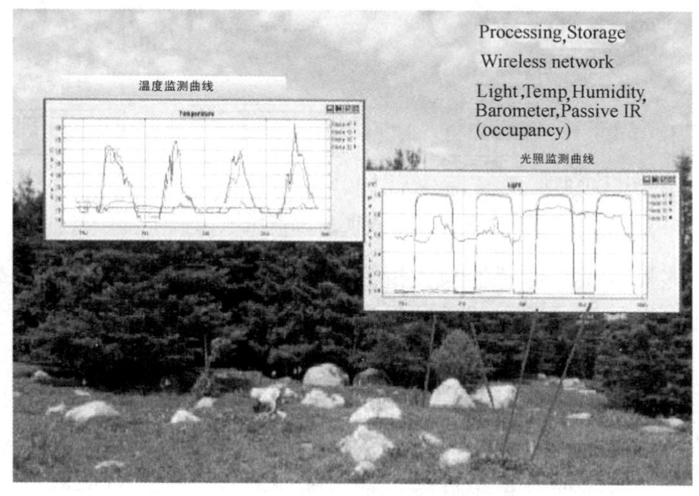

图 3-31　大鸭岛生态环境监测系统

2002年，由英特尔的研究小组和加州大学伯克利分校以及巴港大西洋大学的科学家把无线传感网技术应用于监视大鸭岛海鸟的栖息情况。位于缅因州海岸的大鸭岛由于环境恶劣，海燕又十分机警，研究人员无法采用通常方法进行跟踪观察。为此他们使用了包括光、湿度、气压计、红外传感器、摄像头在内的近10种传感器类型数百个节点，系统通过自组织无线网络，将数据传输到300ft（1ft = 0.3048m）外的基站计算机内，再由此经卫星传输至加州的服务器。在那之后，全球的研究人员都可以通过互联网察看该地区各个节点的数据，掌握第一手的环境资料，为生态环境研究者提供了一个极为有效便利的平台，如图3-31所示。

3.4　智能检测系统

3.4.1　智能检测系统的组成及特征

智能传感器（Smart Sensor）是一种具有一定信息处理能力的传感器，目前多采用把传统的传感器与微处理器结合的方式来制造。

如图3-32所示，在传统的传感器构成的应用系统中，传感器所采集的信号通常要传输到系统中的主机中进行分析处理；而由智能传感器构成的应用系统中，其包含的微处理器MCU（Micro Controller Unit，单片微型计算机）能够对采集的信号进行分析处理，然后把处理结果发送给系统中的主机。

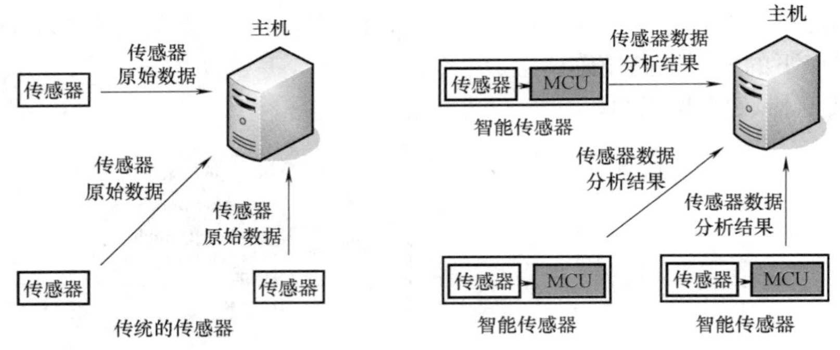

图3-32　智能传感器组成

智能传感器能够显著减小传感器与主机之间的通信量，并简化了主机软件的复杂程度，使得包含多种不同类别的传感器应用系统易于实现；此外，智能传感器常常还能进行自检、诊断和校正。

近年来，智能传感器已经广泛应用在航天、航空、国防、科技和工农业生产等各个领域，特别是随着高科技的发展，智能传感器如同人的五官，可以使机器人具有各种感知功能。已经实用化的智能传感器有很多种类，如智能压力传感器、智能温湿度传感器、智能流量传感器、智能加速度传感器、智能检测传感器、智能位置传感器等。

3.4.2 常用智能检测系统的设计

1. 智能压力传感器

图3-33显示的是Honeywell公司开发的PPT系列智能压力传感器的外形以及内部结构。

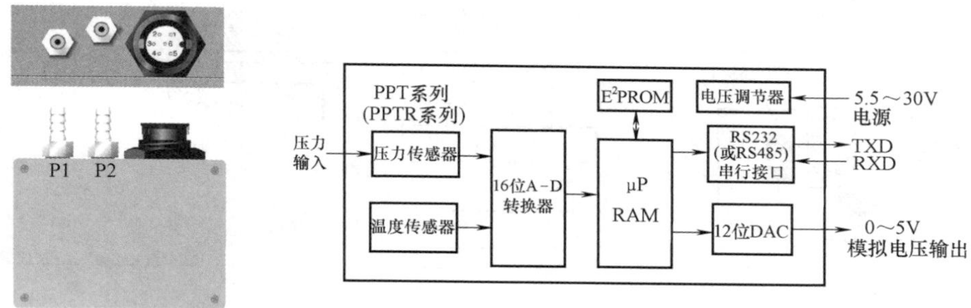

a) PPT系列智能压力传感器　　b) 传感器内部结构

图3-33 智能压力传感器结构设计

2. 智能温湿度传感器

图3-34显示的是Sensirion公司推出的SHT11/15智能温湿度传感器的外形、引脚以及内部框图。

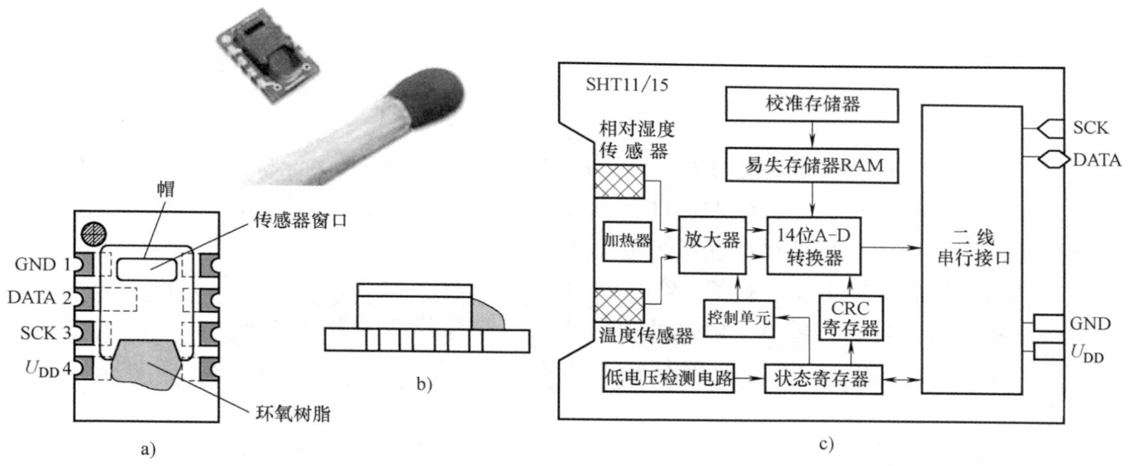

a)　　b)　　c)

图3-34 智能温湿度传感器结构设计

3. 智能液体浑浊度传感器

图3-35显示的是Honeywell公司推出的AMPS-10G型智能液体浑浊度传感器的外形、测量原理以及内部框图。

智能传感器的结构可以是集成的，也可以是分离式的，按结构可以分为集成式、混合式和模块式三种形式。集成智能传感器是将一个或多个敏感元件与微处理器、信号处理电路集成在同一个硅片上，集成度高、体积小，这种集成的传感器在目前的技术水平下还很难实

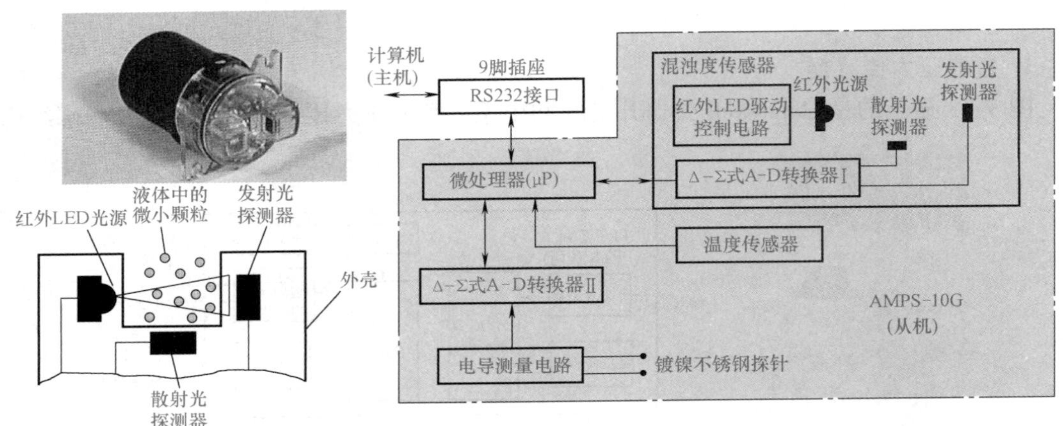

图3-35　智能液体浑浊度传感器结构设计

现。将传感器和微处理器、信号处理电路做在不同的芯片上，则构成混合式的智能传感器（Hybrid Smart Sensor），目前这种结构比较多。初级的智能传感器也可以由许多相互独立的模块组成，如将微处理器、信号调理电路模块、输出电路模块、显示电路模块和传感器装配在同一壳体内，体积较大，但在目前的技术水平下，仍不失为一种实用的结构形式。

3.5　MEMS技术

微机电系统的英文名称是Micro Electro Mechanical Systems，简称MEMS，是一种由微电子、微机械部件构成的微型器件，多采用半导体工艺加工，其概念始于20世纪80年代末。它一般泛指特征尺度在微米范围的装置。

MEMS是由微加工技术制备，特征结构在微米尺度（1～100μm范围）的，集成有微传感器、微执行器、微电子信号处理与控制电路等部件的微型系统。其中微传感器获取外部信息，微电子信号处理与控制电路处理信息并作出决策，微致动器执行决策。

MEMS技术是一种全新的、必须同时考虑多种物理场混合作用的研发领域。

完整的MEMS是由微传感器、微执行器、信号处理与控制电路、通信接口和电源等部件组成的一体化的微型器件系统。其目标是把信息的获取、处理和执行集成在一起，组成具有多功能的微型系统，并集成于大尺寸系统中，从而大幅度地提高系统的自动化、智能化和可靠性水平。

MEMS在整个20世纪90年代都由汽车工业主导，在过去的几年中，由于iPhone的出现，全世界的工程师都看到运动传感器（触屏滑动感应）带来的创新，使MEMS在消费电子产业出现爆炸式的增长，成为改变终端产品用户体验以及实现产品差异化的核心要素，从而预见了系统及产品小型化、智能化、集成化的发展方向。

3.5.1　MEMS 的特点及应用

MEMS 除了在尺度上很小外，它将是一种高度智能化、高度集成的系统。同时在用材上，MEMS 突破了原来以钢铁为主，而采用硅、CaAs、陶瓷以及纳米材料，具有较高的性价比，而且增加了使用寿命。由于 MEMS 的体积小、集成度高、功能灵活而强大，使人类的操作、加工能力延伸到微米级空间。系统具有微小的质量和消耗、微小的尺寸，通常还为 MEMS 器件带来更高的灵敏度和更好的动态特性。80% 以上的 MEMS 采用硅微工艺进行制作，使其具有大批量生产模式，制造成本因而得以大大降低。在单一芯片内实现机电集成也是 MEMS 独有的特点。单片集成系统能够避免杂合系统中由各种连接所带来的电路寄生效应，因此可达到更高的性能并更加可靠，单片集成有利于节约成本。MEMS 组件装配特别困难，目前许多 MEMS 都是设计成不需要装配或者具有自装配功能的系统。MEMS 构件的加工绝对误差小，但使用的材料较为单一，三维加工能力也明显不足。

基于 MEMS 技术制作的微传感器、微执行器、微型构件、微机械光学器件、真空微电子器件、电力电子器件等在航空、航天、汽车、生物医学、环境监控、军事以及几乎人们所接触到的所有领域中都有着十分广阔的应用前景。MEMS 技术正发展成为一个巨大的产业，就像近 20 年来微电子产业和计算机产业给人类带来的巨大变化一样，MEMS 也正在孕育一场深刻的技术变革并对人类社会产生新一轮的影响。目前 MEMS 市场的主导产品为压力传感器、加速度计、微陀螺仪、墨水喷嘴和硬盘驱动头等。大多数工业观察家预测，未来 5 年 MEMS 器件的销售额将呈迅速增长之势，年平均增加率约为 18%，因此对机械电子工程、精密机械及仪器、半导体物理等学科的发展提供了极好的机遇和严峻的挑战。

3.5.2　常用的 MEMS 传感器

1. 微机电压力传感器

微机电压力传感器是最早开发研制的微机械产品，也是微机械技术中最成熟、最早开始产业化的产品。从信号检测方式来看，微机电压力传感器分为压阻式和电容式两类，分别以微机电加工技术和牺牲层技术为基础制造。从敏感膜结构来看，有圆形、方形、E 形等多种结构。目前，压阻式传感器的精度可达 0.01% ~0.05%，年稳定性达 0.1%/F·S（位移测量精度），温度误差为 0.0002%，耐压可达几百兆帕，过电压保护范围可达传感器量程的 20 倍以上，并能进行大范围内的全温补偿。

图 3-36 为某轮胎压力传感器的内部结构以及外观图。该压力传感器利用传感器中的硅

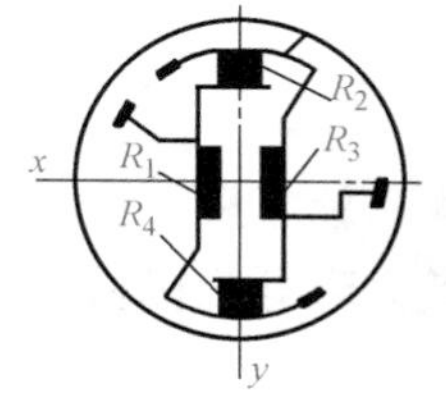

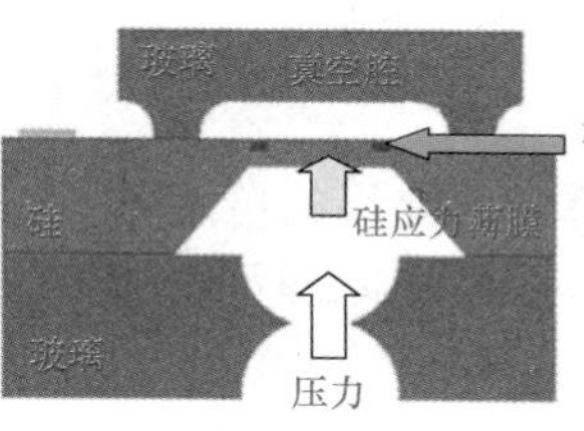

a) MEMS压力传感器结构

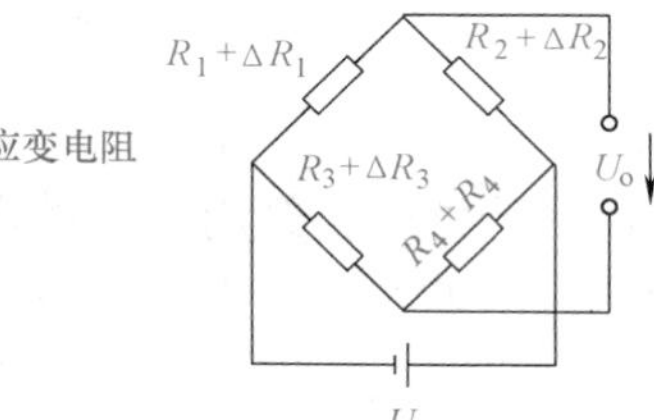

b) 传感器中集成的测量电桥

c) 传感器外形

图 3-36　微机电压力传感器

应变电阻在压力作用下发生形变而改变电阻来测量压力，测试时使用了传感器内部集成的测量电桥。

2. 微机电加速度传感器

微机电加速度传感器是继微机电压力传感器之后，第二个进入市场的微机械传感器。主要通过半导体工艺在硅片中加工出可以在加速运动中发生形变的结构，并且能够引起电特性的改变，如变化的电阻和电容，如图3-37所示。

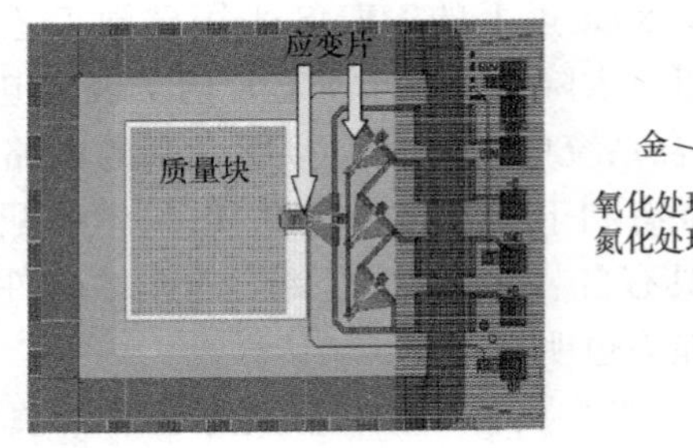

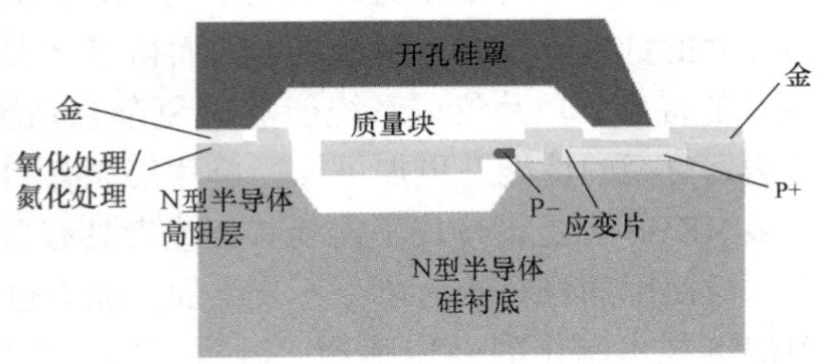

图3-37 应变电阻式MEMS加速度传感器的平面与剖面结构图

3. 微机电气体流速传感器

图3-38中的气体流速传感器可以用于空调等设备的监测与控制。图3-38中也给出了气流感应温度分布特征。

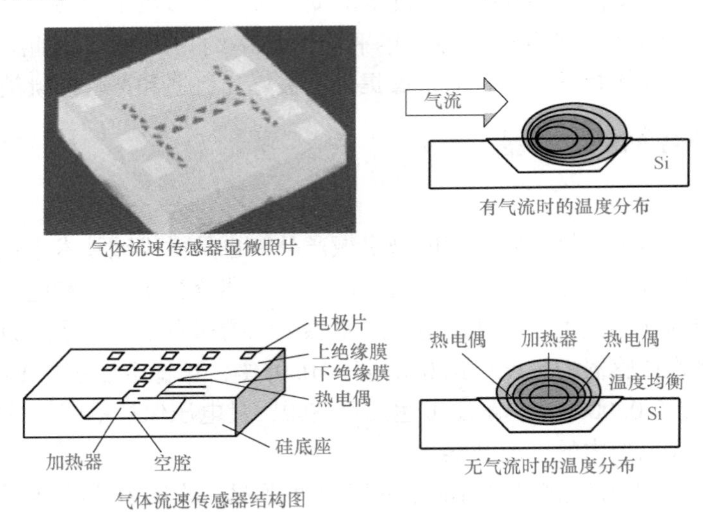

图3-38 微机电气体流速传感器

4. 微机械陀螺仪

陀螺仪也称为角速度传感器，是用来测量物体旋转快慢的传感器。它在运输系统，如导航、制动调节控制和加速度等方面有很多应用。按照制作原理及结构可将其大致分为机械式陀螺仪、光学陀螺仪、微机械陀螺仪三类。

微机械陀螺仪（MEMS Gyroscope）主要有转子式、振动式微机械陀螺仪和微机械加速度计陀螺仪三种，目前，MEMS陀螺仪基本都是振动式的。图3-39所示为一种采用超小LGA（Land Grid Array，栅格阵列封装）封装的多轴陀螺仪。

图 3-39　采用超小 LGA 封装的多轴陀螺仪

陀螺仪能够测量沿一个轴或几个轴运动的角速度，而 MEMS 加速计则能测量线性加速度，这两者在技术上是一对理想的互补。事实上，如果组合使用加速计和陀螺仪这两种传感器，系统设计人员可以跟踪并捕捉三维空间的完整运动，为最终用户提供现场感更强的用户使用体验、精确的导航系统以及其他功能。例如被用在 iPhone 中，通过对旋转时运动的感知，iPhone 可以自动地改变横竖屏显示，以便消费者能够以合适的水平和垂直视角看到完整的页面或者数字图片。图 3-40 为三轴陀螺仪和距离感应器应用于数字图片。

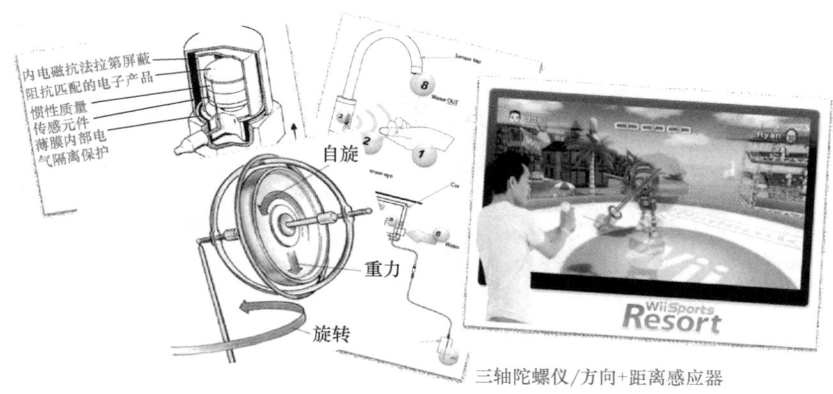

图 3-40　三轴陀螺仪 + 距离感应器

它们是高新技术产物，具有体积小、能耗低等多种优势。消费电子设备早在几年前就开始使用 MEMS 加速计，从游戏机到手机，从笔记本电脑到白色家电，运动控制式用户界面和增强的保护系统给所有的消费电子产品带来很多好处。可见，它们在民用消费领域和国防领域都具有广泛的应用前景。

习题与思考题

3-1　感知层的定义是什么？

3-2　感知层主要涉及哪些方面的技术？它们分别所涉及的应用场合是什么？

3-3　简述条码技术的分类和应用特点。

3-4　简述 EAN-13 码编码规则。

3-5　简述二维码的组成与辨识。

3-6　RFID 技术的理论基础是什么？

3-7　简述 RFID 定义和工作原理。

3-8　电子标签分为哪几种？简述每种标签的工作原理。

3-9　简述 RFID 天线的工作原理。

3-10　传感器的定义是什么？它们是如何分类的？

3-11　试分析传感器在各领域里的应用。

3-12　传感器的主要特性有哪些？

3-13　什么叫传感器？由哪几部分组成？它们的作用与相互关系怎样？

3-14　常见的传感器有哪些？

3-15　什么是智能传感器？它们有哪些实现方式？常见的智能传感器有哪些？

3-16　触摸式数字平面显示采用了什么技术？

3-17　MEMS 的英文名是什么？

3-18　MEMS 的定义是什么？

3-19　MEMS 的优点和特点是什么？

3-20　描述常用的几种 MEMS 的特征和应用领域。

第 4 章

网络传输层技术

网络传输层是物联网的神经中枢和大脑——承担数据可靠传递的功能，通过网络将感知的各种信息进行实时可靠传送。

网络传输层包括各种通信网络与互联网的融合网络、网络管理中心和信息处理中心等。网络传输层将感知层获取的信息无障碍、可靠地、安全地进行传送，类似于人体结构中的神经中枢和大脑，如图 4-1 所示。涉及的关键技术包括互联网、移动通信、异构网融合、短距离无线通信、下一代承载网、远程控制等，即通过现有的互联网、广电网、通信网或者下一代互联网（IPv6），实现数据的传输和计算。它要解决的是感知层所获得的数据在一定范围内，尤其是远距离的传输问题。

通信网络按传输方式分类：有线网络和无线网络；按传输距离分类：长距离通信和短距离通信。

有线通信传输层包括：三网融合和现场总线。按距离又分为中、长距离（WAN）的广域网络（包括 PSTN、ADSL 和 HFC 数字电视 Cable 等）和短距离的现场总线（Field Bus，也包括 PLC 电力线载波等技术）。

无线通信传输层包括：短距离无线通信和长距离无线通信。

短距离无线通信传输涉及 ZigBee、WiFi（Wlan）、Bluetooth（蓝牙）；长距离无线通信传输涉及 GPRS、WCDMA、TD-CDMA、GSM。物联网传输层的主要技术分类见表 4-1。

表 4-1　传输层技术分类

传输方式	传输距离	主要技术
有线	中、长距离有线通信	广域网络（即 WAN，包括 PSTN、ADSL 和 HFC 数字电视 Cable 等）
	短距离有线通信	现场总线（Field Bus，也包括 PLC 电力线载波等技术）
无线	长距离无线通信	GPRS、WCDMA、TD-CDMA、GSM
	短距离无线通信	ZigBee、WiFi（Wlan）、Bluetooth（蓝牙）、NFC（近距离红外）等
	卫星通信	北斗定位系统、GPS 导航

各种通信网络与互联网形成的融合网络是最成熟的部分，但需要解决大规模 M2M（Machine to Machine）应用普及后，新的业务模型对系统容量、QoS（Quality of Service，服务质量）的特别要求，还包括物联网管理中心、信息中心、云计算平台、专家系统等对海量信息进行智能处理的部分。也就是说，网络传输层不但要具备网络运营的能力，还要提升信息

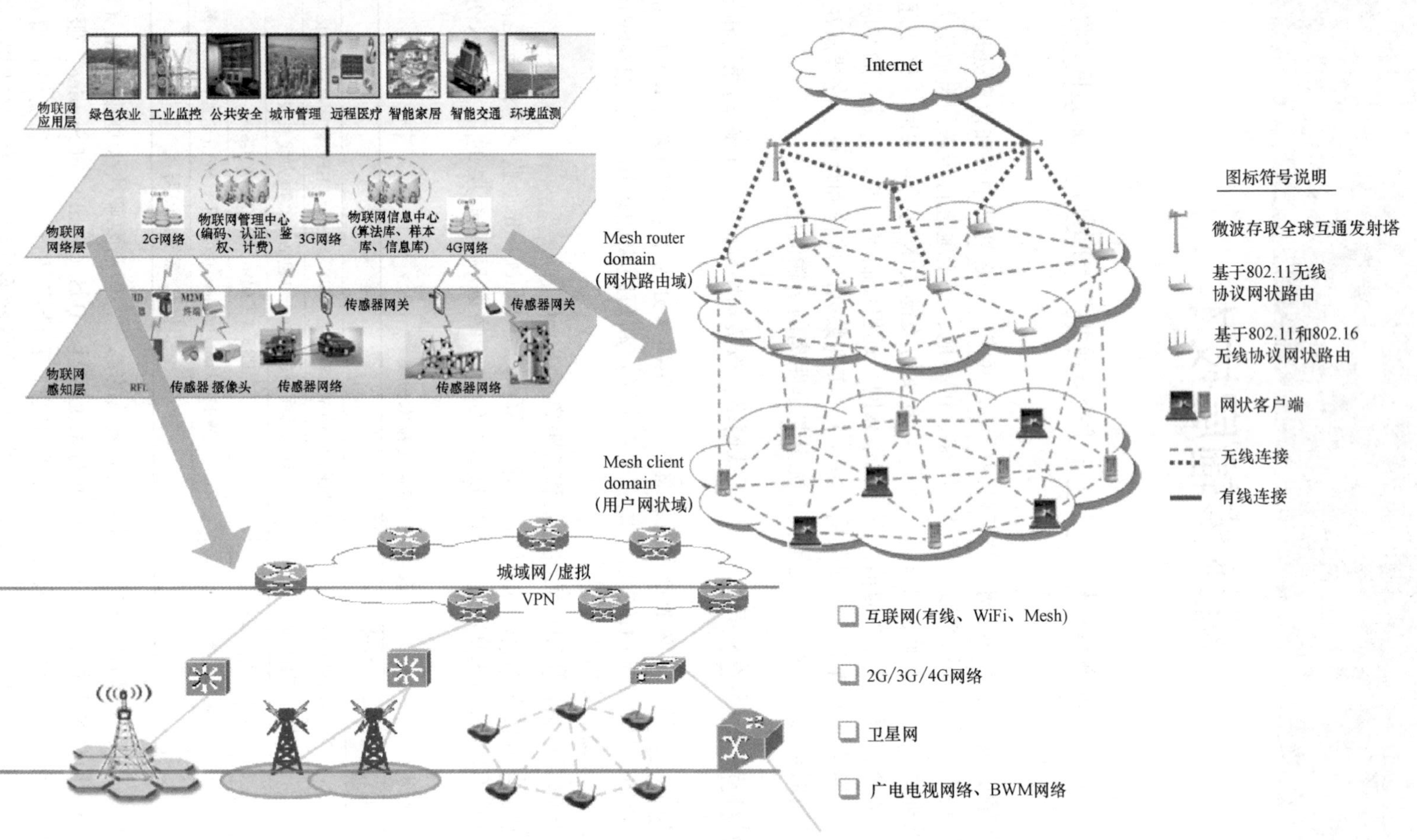

图 4-1　物联网网络传输层

运营的能力。网络传输层是物联网成为普遍服务的基础设施，有待突破的方向是向下与感知层的结合，向上与应用层的结合。

网络传输层可以理解为搭建物联网的网络平台，建立在现有的移动通信网、互联网和其他专网的基础上，通过各种接入设备与上述网络相连，如图 4-2 所示。如手机付费系统中由刷卡设备将内置手机的 RFID 信息采集上传到互联网，网络传输层完成后台鉴权认证并从银行网络划账。

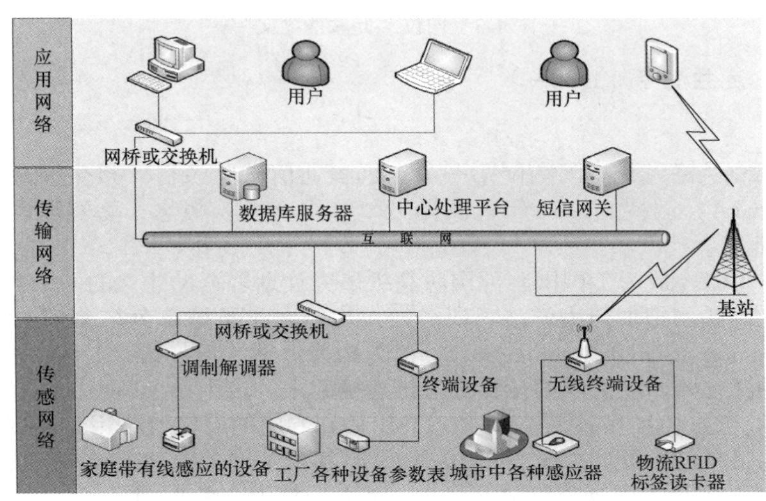

图 4-2　物联网结构示意图

4.1　互联网

Internet 将作为物联网主要的传输网络之一，它将使物联网无所不在、无处不在地深入社会每个角落。

互联网连接的是虚拟世界网络，物联网连接的是物理的、真实的世界网络。物以网聚是形成开放产业生态体系的关键，且物联网需要对接的大量资源都已经存在于互联网之上，基于 IPv6 地址体系，规模化地引入物联网设备才能形成物联网体系。因此，互联网是物联网灵感的来源，是物联网产业化规模发展的网络基础。同时，物联网是互联网发展的延伸，其发展又必将推动互联网向一种更为广泛的“互联网”演进。

4.1.1　互联网的发展历程及关键技术

Internet 最早起源于美国国防部高级研究计划署 DARPA（Defence Advanced Research Projects Agency）的前身 ARPAnet（阿帕网），该网于 1969 年投入使用。由此，阿帕网成为现代计算机网络诞生的标志。在此过程中承担了至关重要角色的四位“互联网之父”，如图 4-3 所示，他们在互联网创立中作出了不同的贡献。

1.雷纳德·克兰洛克

2.劳伦斯·罗伯茨

3.罗伯特·卡恩

4.温顿·瑟夫

图4-3 四位“互联网之父”

1. 雷纳德·克兰洛克（1934—）

雷纳德·克兰洛克是为阿帕网第一节点远程通信试验亲自“接生”的加州大学洛杉矶分校（UCLA）教授。1964年首次提出“分组交换”概念，为互联网奠定了最重要的技术基础。

1969年，UCLA成为美国国防部国防高级研究计划署资助建立的一个名为阿帕网的第一个节点，阿帕网把加州大学洛杉矶分校、加州大学圣塔芭芭拉分校、SRI（Signal Related Information（Signals Intelligence），信号相关信息（信号情报））传递的接口以及位于盐湖城的犹他州州立大学的计算机主机连接起来，位于各个节点的大型计算机采用分组交换技术，通过专门的通信交换机（IMP）和专门的通信线路相互连接。这个阿帕网就是互联网最早的雏形，并于当年10月29日实现了网上第一个报文的传输。

2008年他被授予美国国家科学家奖章，被人们称为“数据网之父”。

2. 劳伦斯·罗伯茨（1937—）

劳伦斯·罗伯茨是互联网前身“阿帕网”的项目技术负责人，无可争议的“阿帕网之父”，发表了阿帕网的构想《多计算机网络与计算机间通信》的设计论文，提出“资源子网”与“通信子网”分开的概念，并正确地为阿帕网选择了“分组交换”通信方式。

1968年，劳伦斯·罗伯茨提交了一份题为《资源共享的计算机网络》的报告，提出首先在美国西海岸选择4个节点进行试验。1969年10月29日，他最终促成了“天下第一网”阿帕网的诞生，标志着人类社会正式进入网络时代。

3. 罗伯特·卡恩（1938年—）

罗伯特·卡恩是阿帕网总体结构设计者，担任最重要的系统设计任务，承揽了阿帕网接口消息处理器（IMP）项目，就是今天网络最关键的设备——路由器的前身。

1972年10月，他主持并成功实现了美国各地40台计算机通过网络互联。

他设计出了第一个“网络控制协议”（NCP），并参与了美国国家信息基础设施（俗称“信息高速公路”）的设计。

4. 温顿·瑟夫（1943 年—）

温顿·瑟夫是克兰洛克教授的学生，有幸参加阿帕网中第一台节点交换机安装、调试、运行的全过程。

1973 年，他负责建立一种能保证计算机之间进行通信的标准规范（即“通信协议”）。

1974 年，他与罗伯特·卡恩共同发表名为《分组网络互联协议》的论文，被媒体称为“互联网之父”。他提出了真正的 TCP/IP 协议（传输控制协议/互联网协议），这标志着互联网正式诞生。

1977 年 7 月，瑟夫和卡恩做了一次具有里程碑意义的试验：他们驱使阿帕网、无线电信包网和卫星包网三大网络一致运作，“信息包”从美国旧金山海湾，通过卫星线路直达挪威，又沿电缆到达伦敦，然后返回美国加州大学，行程 15 万公里，没有丢失一个比特。为表彰瑟夫和卡恩对发展互联网的杰出贡献，1997 年 12 月，克林顿政府为他们颁发了“美国国家技术奖”。

4.1.2 IPv6 与 NGI

时至今日，网络已经渗透进人们生活的各个环节，当你浏览网页、登录 QQ 或是更新博客时，或许没有意识到，经过 30 多年的发展，第一代互联网已经“不堪重负”。然而在已有的互联网已构成信息基础设施的一部分时，对它的维护就变得非常重要，而了解何时对它进行升级以及如何以最少的混乱、最低的代价进行升级则显得尤为重要。

IP 解决的最根本问题是如何把网络连接在一起，即如何把计算机连接在一起，除了计算机的网络地址之外，这些连接起来的计算机无需了解任何的网络细节。这就有以下三个要求：

首先，每个连接在互联网上的计算机必须具有唯一的标志；其次，所有计算机都能够与所有其他计算机以每个计算机都能识别的格式进行数据的收发；最后，一台计算机必须能够在了解另一台计算机的网络地址后把数据可靠地传至对方。

我们现在所用的 IP 协议是 IPv4，起源于 1968 年开始的阿帕网的研究。IPv4 是一个令人难以置信的成功的协议，它可以把数十个或数百个网络上的数以百计或数以千计的主机连接在一起，并已经在全球互联网上成功地连接了数以千万计的主机。

IP 协议的地址长度设定为 32 个二进制数位，经常以 4 个两位十六进制数字表示，也常常以 4 个 0～255 间的数字表示，数字间以小数点间隔。32 位地址限制了互联网的地址数量不能超过 2^{32}，理论上可以提供接近于 40 亿个网络地址，和电话号码一样，由于一些号码被保留或具备了特殊意义，而真正可用的地址远远少于理论值。

每个 IP 主机地址包括两部分：网络地址，用于指出该主机属于哪一个网络（属于同一个网络的主机使用同样的网络地址）；主机地址，它唯一地定义了网络上的主机。

32 位 IP 地址分成五类，只有三类用于 IP 网络，这三类地址在互联网发展的前期曾被一度认为足以应付将来的网络互联。A类，用于大型企业；B类，用于中型企业；C类，用于小型企业。A类、B类、C类地址可以标志的网络个数分别是128、16384、2097152，每个网络可容纳的主机个数分别是16777216、65536、256，这就出现A类利用率不高、B类分配殆尽、C类容量不能满足越来越多的网络用户群体。

与此同时，一些解决地址危机的办法开始得以广泛使用，其中包括无类别域间路由选择（CIDR）、网络地址转换（NAT）和使用非选路由网络地址，然而IPv4自身局限性仍无法从根本上解决地址分配的不足。为了克服IPv4的不足，IETF从20世纪90年代初开始制定IPv6协议。

IPv6继承了IPv4的端到端和尽力而为的基本思想，其设计目标就是要解决IPv4存在的问题，并取代IPv4成为下一代互联网的主导协议。IPv6的地址长度由IPv4的32位扩展到128位，提供了充分大的空间，以满足各种设备的需求，使其传递的信息具有更大、更快、更安全、可控可管的特征，如图4-4所示。

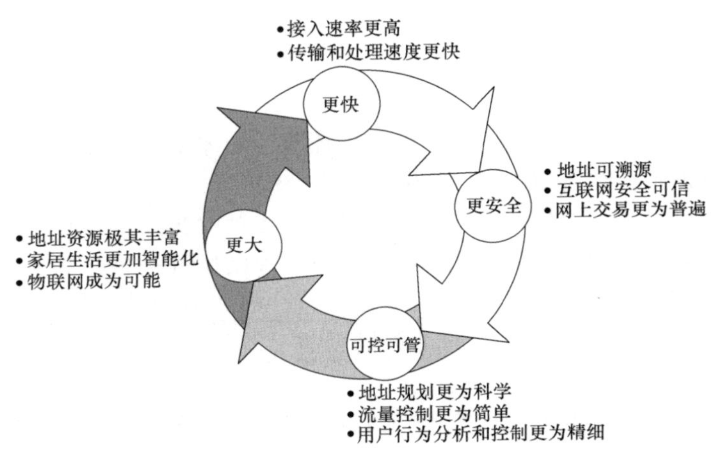

图4-4　IPv6的特征描述

虽然IPv6并不等同于下一代互联网（Next Generation Internet，NGI），但它是下一代互联网（NGI）的核心和灵魂。NGI与现在使用的互联网相比，具有革命性的优势。

IPv6的地址能产生2^{128}个IP地址，地址资源极为丰富，其数量至多可以这么形容：如果地球表面铺上一层沙子，那么每一粒沙子都可以拥有一个IP地址。

4.1.3　Web 2.0服务

互联网应用的发展经历了几个阶段：萌芽期、Web 1.0时代、Web 2.0时代和Web 3.0（移动互联网）时代。

毫无疑问，我们正处在Web 2.0的时代。Web 2.0是一种新的互联网方式，通过网络应用（Web Applications）促进网络上人与人之间的信息交换和协同合作，其模式更加以用户为中心。典型的Web 2.0站点有：网络社区、网络应用程序、社交网站、博客、Wiki等。

1. Web 2.0 的诞生

图4-5　戴尔·多尔蒂

在 Web 1.0 时代，用户通过浏览器获取信息。门户网站成为互联网的主流，如新浪、搜狐等网站开始崭露头角，这一时期最突出的问题是网站内容奇缺。2001 年，有人质疑互联网被过分炒作。

2004 年，在一场头脑风暴论坛上，身为互联网先驱和 O′Reilly 副总裁的戴尔·多尔蒂（见图4-5）指出：伴随着令人激动的新程序和新网站间惊人的规律性，互联网不仅远没有“崩溃”，甚至比以往更重要。

两家公司联合召开了全球第一次 Web 2.0 主题会议，次年，会议上又总结了他们认为表现 Web 2.0 应用特色的一些关键原则，“Web 2.0”的概念由此诞生了。

随着互联网的进一步发展，人们渐渐发现，互联网是最大的舞台，一个人人可以参与的舞台，而在这当中，“群众的力量”还远远未被挖掘出来。至此，Web 2.0 悄然而至，互联网进入“信息爆炸”的阶段。Web 2.0 则更注重用户的交互作用，用户既是网站内容的浏览者，也是网站内容的制造者。所谓网站内容的制造者是说互联网上的每一个用户不再仅仅是互联网的读者，同时也成为互联网的作者；不再仅仅是在互联网上冲浪，同时也成为波浪制造者；在模式上由单纯的“读”向“写”以及“共同建设”发展；由被动地接收互联网信息向主动创造互联网信息发展，从而更加人性化。社区、博客、消费者对消费者（Customer to Customer，C2C）电子商务大行其道，它们的共同特点是：搭建一个平台，方便用户的参与——用户参与创建内容、提供信息、进行交易、进行传播。从互联网的发展历程来看，互联网是在不断“进化”的，而在进化的过程中，是围绕一个“中心”、一个“特征”展开的——一个“中心”就是“以用户的需求”为中心，一个“特征”就是互联网特征：开放、平等、分享、互动、创新。

互联网从萌芽期到 Web 2.0 时代，可谓众人拾柴火焰高，代表着互联网由静态网页集合向提供软件服务载体的演进。博客服务、简易信息聚合（RSS）、社区信息资源共享服务、集体编辑服务和社会性书签服务的发展与普及，标志着一种以用户为中心的 Web 现象，正在改变在互联网上生成、共享和分发信息的传统概念。

2. Web 2.0 的特征

（1）多人参与　Web 1.0 里，互联网内容是由少数编辑人员定制的，譬如各门户网站；而在 Web 2.0 里，每个人都是内容的供稿者。在 Web 2.0 信息获取渠道里，真正简易聚合（Really Simple Syndication，RSS）订阅扮演着一个很重要的作用，如图4-6所示。

（2）人是灵魂　在互联网的新时代，信息是由每个人贡献出来的，每个人共同组成互联网信息源。Web 2.0 的灵魂是人。

（3）可读可写互联网　在 Web 1.0 里，互联网是“阅读式互联网”，而 Web 2.0 是“可读可写互联网”，如图4-7所示。Web 2.0 更加注重交互性，用户在发布内容的过程中不仅实现了与网络服务器之间的交互，而且也实现了同一网站不同用户之间的交互，以及不同网站之间信息的交互。虽然每个人都参与信息供稿，但在大范围里看，贡献大部分内容的是小部分的人。

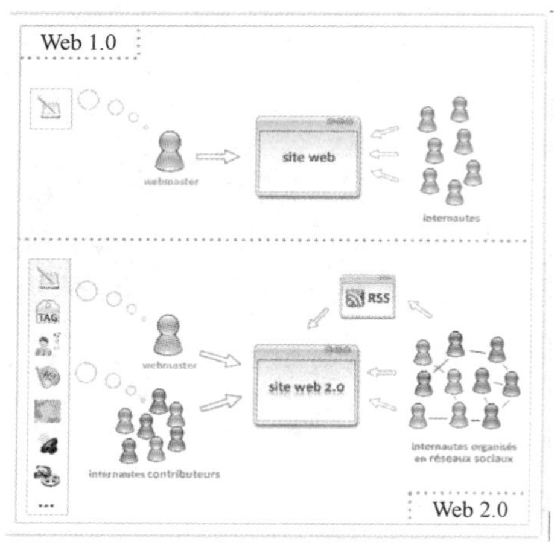

图 4-6　多人参与

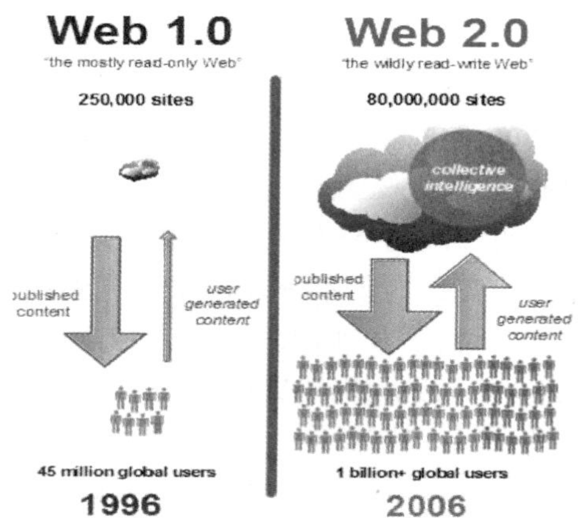

图 4-7　Web 2.0 是“可读可写互联网”

（4）Web 2.0 的元素　Web 2.0 包含了我们经常使用到的服务，例如 RSS、博客、播客、维基、P2P 下载、SNS、社区、分享服务等。博客是 Web 2.0 里十分重要的元素，因为它打破了门户网站的信息垄断，在未来，博客的地位将更为重要，如图 4-8 所示。

Elements of the Web′s Next Generation

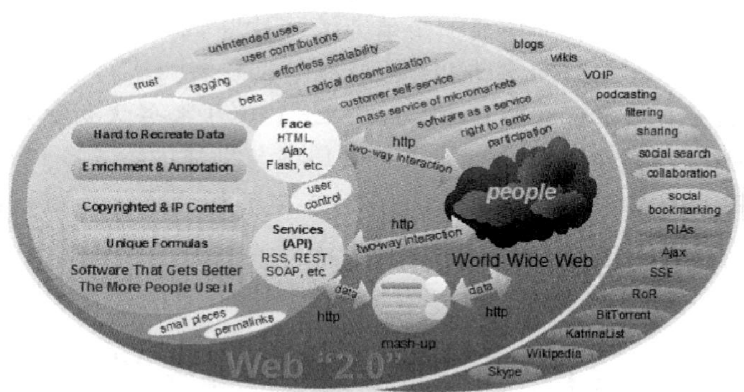

Source:http://web2.wsj2.com

图 4-8　Web 2.0 的元素

Web 2.0 实际上是对 Web 1.0 的信息源进行扩展，使其多样化。表 4-2 给出了 Web 1.0 与 Web 2.0 的对比。

表 4-2　Web 1.0 与 Web 2.0 的对比

浏览页版本	Web 1.0	Wed 2.0
使用年代	199？—2003	200—20??
实现功能	通过浏览器阅读网页	网页和其他通过 Web 分享的内容，更互动，像程序而不像“网页”
模式	“读”	“写”的贡献
主要内容单元	网页	篇/记录
形态	静态	动态
浏览方式	浏览器	浏览器、RSS 阅读器、其他
体系结构	Client Server(C/S)	Web Server(W/S)
内容创建者	网页编写者	任何人
主导者	IT 精英	精英和业余人士

4.1.4　移动互联网

1. 概述

当今，掌上电脑、智能手机、手机上网、移动 QQ、飞信、微信、手机网购、手机游戏等层出不穷、千变万化，令人眼花缭乱的移动互联网服务充斥着我们的生活，到处都是移动互联网的世界。移动和固定的融合，不仅仅是一个趋势，而已经是一个事实，如图 4-9 所示。

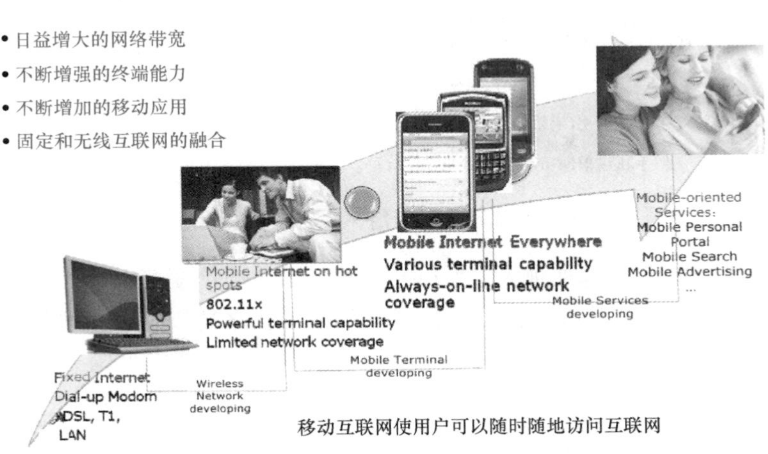

图 4-9　移动和固定的融合

2009 年中国 3G 牌照的发布正式拉开了中国移动互联网的序幕。经过几年的发展，中国正在从移动互联网的萌芽期逐步向成长期过渡。2011 年 10 月 31 日至 11 月 1 日，中国移动在北京成功举办了“2011 移动互联网国际研讨会”，会上提到“手机网民占全部网民比例已经达到 65.5%，移动互联网正在成为主流互联网发展趋势”。

2012 年是中国移动互联网大力发展的一年，移动互联网用户人数超过 4 亿，移动互联网应用全面开花。在移动互联网应用领域，2012 年热点层出不穷：微信用户破 3 亿，盖过了 QQ 的发展势头；基于 LBS（Location Based Service，基于位置的服务）的 O2O（Online To Offline，线上线下电子商务）应用兴盛一时；位置社交异军突起；……

截至 2013 年 2 月，全国移动电话用户总数已达到 11.3 亿户。1～2 月份，中国移动互联网接入流量同比增长了 53.2%，其中手机上网是主要拉动因素，同比增长了 70.5%。其次，以快拍二维码、微信等为代表的自动识别软件加速了二维码在国内的应用和大规模普及，二维码已成为连接线上线下的重要途径。到 2013 年 2 月底，快拍二维码用户规模已突破 4500 万，每月扫码量超过 1 亿，快拍二维码应用呈现爆发式增长的趋势。在北京等大城市的一些经营特色餐饮的商家，推出了扫一下本店的二维码就给予一定就餐优惠的活动。……截至 2013 年 3 月底，使用微信的用户规模已向着 4 亿迈进，移动互联网用户移动增值服务使用如图 4-10 所示。

移动互联网的出现正在改变人们在信息时代的生活，用户对于移动应用，特别是其中的

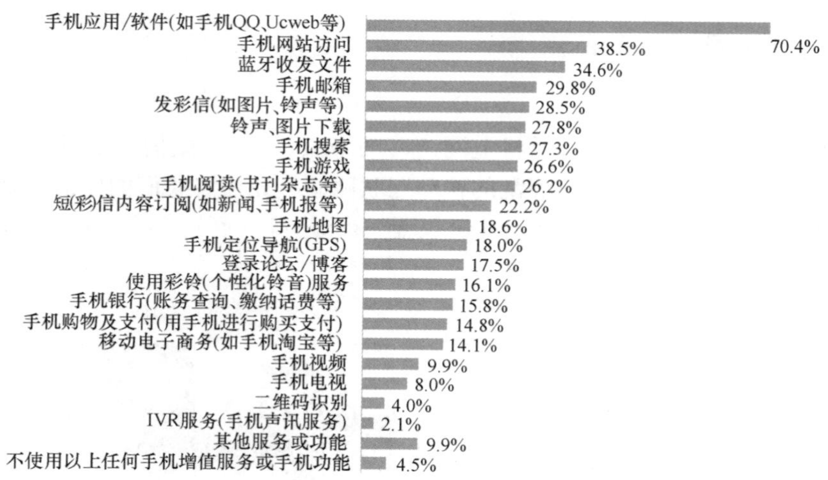

图4-10　移动互联网用户移动增值服务使用

互动、生活辅助应用的需求越来越大。“小巧轻便”及“通信便捷”两个特点，决定了移动互联网与PC互联网的根本不同之处、发展趋势及相关联之处。随着中国的互联网产业进入一个持续、快速、稳定的发展时期，丰富多彩的互联网应用已成为国人生活中必不可少的部分。

2. 移动互联网≠互联网+移动

到底什么是移动互联网？华登国际的李文飙先生认为“移动互联网承担着对我们整个社会经济转型升级一个非常大的促进作用”。比如物流，中国物流费用占到整个GDP的15%~16%，等于美国物流费用的2倍。原因是由于整个物流信息化不足，移动互联网没有发展到一定程度。移动互联网是“互联网、移动、传统行业”三维发展，会直接影响到传统产业，促使整个产业结构升级和转型。

因此，不是单纯地将现有互联网上的业务转到移动设备上去（如在手机上搜索、收发邮件等），而是从移动终端着手，开发用户界面，注重交互性，多用语音（如Siri、人工智能，而不是简单的语音输入）、动作等手段，这才是移动互联网。

另外，移动互联网≠简单的无线接入+互联网内容服务。移动互联网体现的是融合——移动和互联网的融合，发生的不是物理变化，而是化学变化，二者有机结合出现新的产业形态，用数学的方法来表示就是：移动×互联网。它继承了移动随时、随地、随身和互联网分享、开放、互动的优势，是整合二者优势的“升级版本”。它将延伸至PC和任何可移动终端，如手机、个人数字助理（PDA）、MP3、手持游戏终端等。移动互联网强调使用蜂窝移动通信网接入并使用互联网业务，而无线接入互联网强调的是采用各种无线接入技术接入互联网的方式。

互联网带来信息沟通的革命，移动无线互联网将给媒体带来传播的革命。移动互联网的未来很精彩，让我们拭目以待。

3. 移动互联网发展的两个阶段

（1）封闭发展阶段　1997年开发出的无线应用协议（WAP），是为手机量身定制的“互联网”。这期间移动互联网在很大程度上复制了传统的互联网，手机相当于计算机，

手机号码就像是互联网络的 IP 地址，移动运营商的 GSM 和 CDMA 网络就像是互联网，而短信网址是移动互联网的中文实名，用户可以不去记网站的手机号码，直接进行网站的访问。但 WAP 在平台层面并没有实现其与互联网的无缝对接，WAP 网络完全是一个封闭的网络，是一个“有围墙的花园”，可理解为一个面向手机客户的巨大的“局域网”。

（2）融合发展阶段　WAP 阶段只能算是移动互联网的雏形。而融合发展阶段，一个重大的变革是通道和应用实现了分离，从而导致在应用层面，业务和平台从封闭走向了开放，花园的围墙被推倒了，移动网络和互联网之间的隔阂没有了，世界变平了。

这期间，电信运营商最大的挑战就是：在移动互联网时代，手机号码不再是客户身份识别的唯一手段，应用识别码也可成为用户的识别码，如 QQ 号码未来就可能成为通用的用户识别码。运营商通过一些应用来强化手机号码作为认证的手段，如飞信、手机邮箱等基于手机号码的黏性新业务，将手机号码打造成未来的“网络身份证”。

互联网的核心特征是开放、分享、互动、创新，而移动通信的核心特征是随身。显然，移动互联网的基本特征就是用户身份可识别、随时随地、开放、互动和用户更方便地参与，使用户身份可以不再局限于以往的户籍身份证了，还可以是别的什么，如手机号码或 QQ 号码等，类似生活中常用的口袋中的新型互联网。

移动互联网代表着五大趋势（3G、社交、视频、网络电话和日新月异的移动装置）的融合。

4. 移动互联网基本网络架构

从上面的阐述可以简单推断而知，移动互联网是在无线网络的基础上，将通信网络、有线网络、无线网络中的设备连接访问的一种方式。

在移动互联网架构中，通常可使用的设备包括台式计算机、便携式计算机 PDA（个人数字助理）、移动电话、手写输入设备等。

在移动互联网体系中，移动式设备成为终端设备的主要客户端。

移动互联网的终端特点，使得 Internet、WAN、LAN、WLAN、GSM、GN、PAN 等网络体系成为一个有机联系的整体，如图 4-11 所示。

在图 4-11 中，实线（粗实线为有线，细实线为无线）为传统网络连接方式，虚线（绿色）为移动互联网新增添的连接方式。

在移动互联网体系中，设备可以通过蓝牙、红外、无线局域网 WiFi、移动上网 GPRS、WCDMA 等方式接入网络，使得台式计算机、便携式计算机、移动电话等设备之间交互成为现实。

移动互联网并不仅局限于 GPRS、CDMA、WCDMA 等移动上网方式，蓝牙（Bluetooth）、WiFi、CSD（Circuit Switch Data，电路交换数据业务）均是移动互联网接入的方式。接入方式可由用户根据成本与便利性选择使用。

移动互联网下，从 PAN 个人区域网至局域网 LAN、广域网 WAN 或 Internet 之间的接入具有双向性，即用户可根据终端由 Internet 接入 LAN 或 PAN，也可由 PAN 接入到 LAN 或 Internet，提高了接入的广度与深度。

小型的PAN可为移动设备用户提供更为低廉的接入访问方式，即利用了短距离接入的无线方式，也利用了局域网共享的优势。

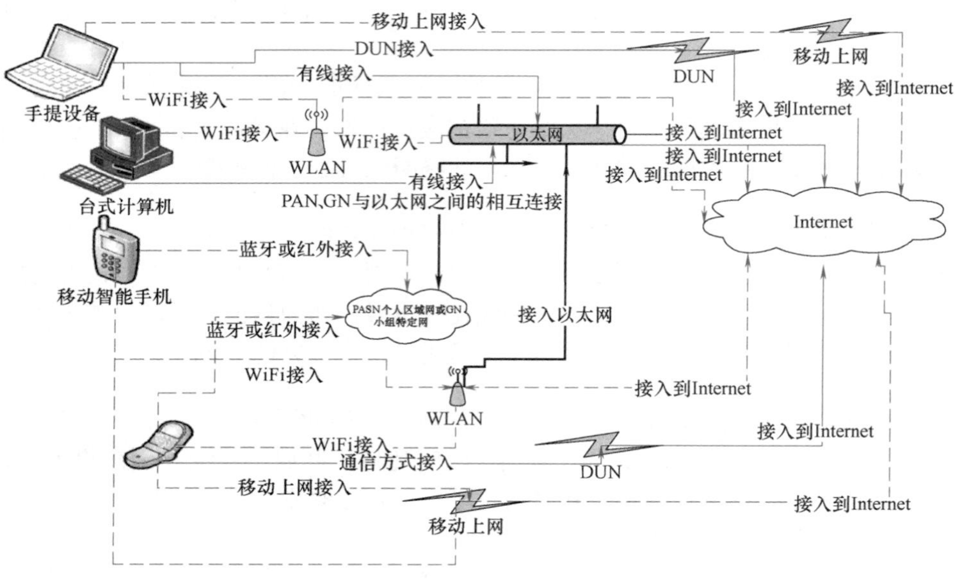

图4-11　移动互联网的基本构建

从各种接入方式与网络组成形式分析，移动互联网是包括小到PAN、GN（一种移动通信接口）、大到LAN与WAN等网络的有机整合体，既可以相互独立，也可以相互联系共享。因此移动互联网各终端之间的交互方式更为丰富，既可以是Http通道的Web交互，也可以是以太网之间的对等访问，更可以在通信线路与网络之间交互访问，在此基础上实现多种多样的服务。

5. 移动互联网的技术特征

移动互联网继承了PC互联网的开放协作的特征，又继承了传统移动网络实时、隐私、便携、准确、可定位的特点，如图4-12所示。

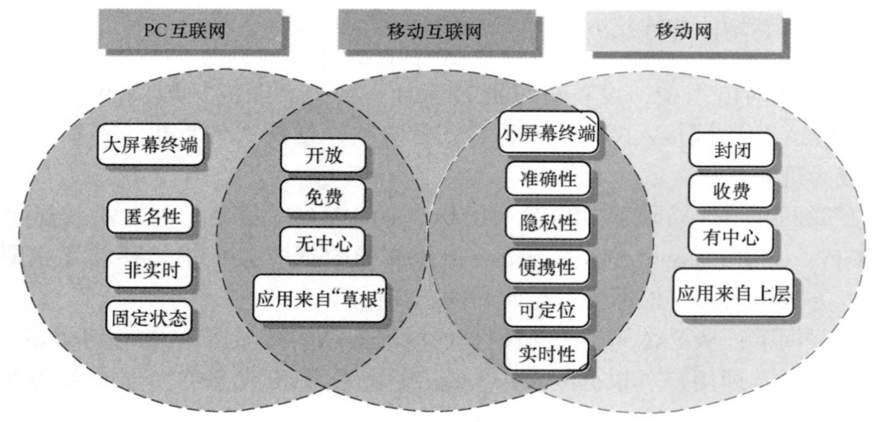

图4-12　移动互联网的技术特征

4.2　移动通信网

移动通信是指通信双方有一方或两方处于运动中的通信，包括陆、海、空移动通信。采用的频段遍及低频、中频、高频、甚高频和特高频。

移动通信网由无线接入网、核心网和骨干网三部分组成。无线接入网主要为移动终端提供接入网络服务，核心网和骨干网主要为各种业务提供交换和传输服务。

移动通信网为人与人之间的通信、人与网络之间的通信、物与物之间的通信提供服务。

在移动通信网中，当前比较热门的接入技术有 3G、WiFi 和 WiMAX。

一个完整的移动通信信息传输实体有：移动交换子系统（SS）、操作维护管理子系统（OMS）、基站子系统（BSS）和移动台（MS），如图 4-13 所示。

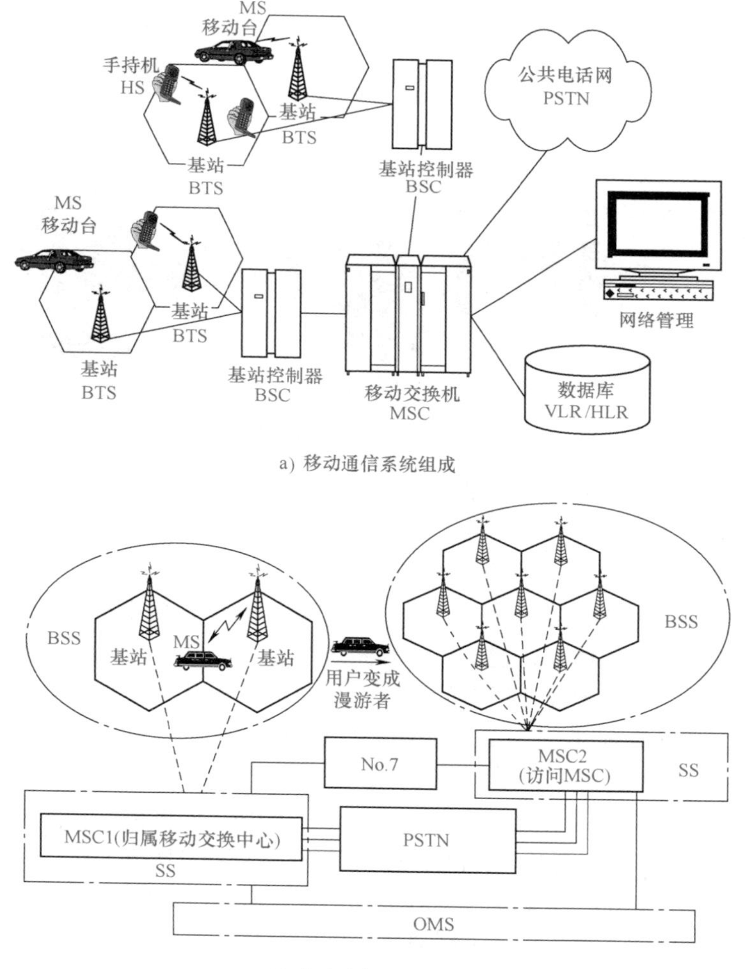

a) 移动通信系统组成

b) 移动通信系统工作过程

图 4-13　移动通信系统

基站子系统（BSS）：基站（BTS）和基站控制器（BSC）。基站负责无线信号的收发；基站控制器负责完成对各个基站的控制。

移动台也称移动子系统（MS）：手持台、车载台。

移动交换子系统（SS）：移动交换机（MSC）、位置寄存器（HLR、VLR）、鉴权中心（AUC）等。

操作维护管理子系统（OMS）：负责管理控制整个移动网。

4.2.1　移动通信的发展历程

移动通信历经了以下几个阶段：1G 只能进行语音通话；2G 增加了数据接收功能（如短信、电子邮件等）；3G 就是"一条宽大通畅的高速公路"，可以视频通话、收发邮件、浏览网页、看电视、看电影和高速下载音乐等。移动通信的发展历程如图 4-14 所示。

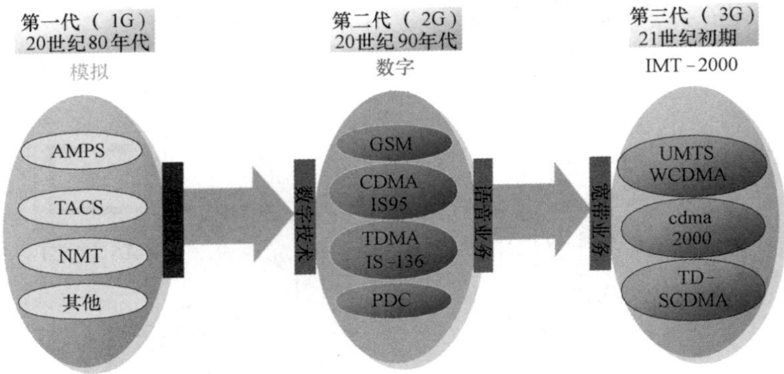

图 4-14　移动通信的发展历程

1G：模拟制式的移动通信系统，得益于 20 世纪 70 年代的两项关键突破：微处理器的发明和交换及控制链路的数字化。AMPS 是美国推出的世界上第一个 1G 移动通信系统，充分利用了 FDMA 技术实现国内范围的语音通信。

2G：风靡全球十几年的数字蜂窝通信系统，20 世纪 80 年代末开发。2G 是包括语音在内的全数字化系统，新技术体现在通话质量和系统容量的提升。GSM（Global System for Mobile Communication）是第一个商业运营的 2G 系统，GSM 采用 TDMA 技术。

2.5G：2.5G 在 2G 基础上提供增强业务，如 WAP。

3G：3G 是移动多媒体通信系统，提供的业务包括语音、传真、数据、多媒体娱乐和全球无缝漫游等。NTT 和爱立信 1996 年开始开发 3G（ETSI 于 1998 年），1998 年国际电信联盟推出 WCDMA 和 cdma2000 两商用标准（我国 2000 年推出 TD-SCDMA 标准，2001 年 3 月被 3GPP 接纳，起源于李世鹤带头搞的 SCDMA），第一个 3G 网络于 2001 年在日本运营。3G 技术提供 2Mbit/s 标准用户速率（高速移动下提供 144kbit/s 速率）。

4G：4G 是真正意义的高速移动通信系统，用户速率可达 20Mbit/s。4G 支持交互多媒体业务、高质量影像、3D 动画和宽带互联网接入，是宽带大容量的高速蜂窝系统。2005 年初，NTTDOCOMO 演示的 4G 移动通信系统在 20km/h 下实现 1Gbit/s 的实时传输速率，该系

统采用4×4天线MIMO（输入输出分别为4个天线，也称多输入多输出）技术和VSF-OFDM（可变扩频因子—正交频分和码分复用）接入技术。

根据移动通信的发展历程，可以看出其发展速度基本上为10年一代。

然而，3G与2G业务的关系是长期共存，协调发展，保证业务连续性，业务量在3G、2G两网间合理分配及吸收。2G和3G最大程度地共用现网通信资源，保证2G投资得到最大回报。同时，3G与GSM/GPRS网络应协调发展，合理分配业务量。

4.2.2　GSM和CDMA

1. GSM风靡全球

1982年，北欧国家向欧洲邮政电信管理部门会议（CEPT）提交了制定900MHz频段的公共欧洲电信业务规范，并成立移动特别小组（GSM），1990年完成GSM900的规范，共产生大约130项的全面建议书。1991年将GSM更名为“全球移动通信系统”，从此跨入了第二代数字移动通信系统，分为两个频段系统：GSM900和DCS1800，GSM系统的核心技术是时分多址（TDMA）。

截止到2009年，全球共有39.3亿GSM和WCDMA/HSPA（High Speed Uplink Packet Access，高速上行链路分组接入技术）用户。GSM用户占了83.5%，在往后相当长的时间内GSM的规模效应不会有特别明显的改变。

GSM系统的重要特点：

1）防盗拷能力佳。

2）网络容量大。

3）手机号码资源丰富。

4）通话清晰。

5）稳定性强。

6）不易受干扰。

7）信息灵敏。

8）通话死角少。

9）手机耗电量低。

我国GSM系统发展过程：1992年，在嘉兴地区建设了全数字移动电话（GSM）演示系统。1994年10月25日，时任邮电部部长吴基传在中国国际通信设备技术发展年会上拨通了第一个GSM数字移动电话，被视为中国进入数字移动电话的一个标志性事件。

目前，我国主要的两大GSM系统为GSM900（中国移动）及GSM1800（中国联通）。前者发展较早，使用得较多，频谱较低，波长较长，穿透力较差，但传送的距离较远，手机发射功率较强，耗电量较大，待机时间较短；后者发展较晚，频谱较高，波长较短，穿透力较佳，但传送的距离较短，手机发射功率较小，待机时间相应较长。很多双频手机都可支持这两大系统。

2. 高通缔造 CDMA 神话

CDMA 技术的出现源自于人类对更高质量无线通信的需求，最初应用在军事领域。CDMA 移动通信系统是一个保密通信系统，它的码址总共有 4.4 万亿种可能的排列，可防止窃听，保密性强。

图 4-15 艾文·雅各布

CDMA 技术是美国高通公司的缔造者艾文·雅各布提出的，如图 4-15 所示。艾文·雅各布博士基于对 Shannon 理论的浓厚兴趣，和他的团队创造了 CDMA 技术和标准。

“全线通”的诞生——美国高通公司研制开发的车辆跟踪调度管理系统，是移动信息管理领域的主流产品，占全球 80% 的市场份额。

CDMA 的核心技术——扩频技术可以增加网络的用户容量并重复利用频率资源，具备更强的安全性，基站数量可以大大减少，节省运营商的网络运营成本。

CDMA 技术的优点：优异的语音质量、更高的保密性和更可靠的接通率，同时系统具有容量大、配置灵活、通话质量更佳、频率规划简单、建网成本低等优势。

> 高通公司初期清一色的工程技术人员也许不懂经营，但是他们做了最重要的两件事：①把 CDMA 技术提交到美国标准组织和世界标准组织，申请被确立为世界移动通信标准；②把 CDMA 研发过程中所有大大小小的技术都申请了专利——确立了后来 CDMA 技术的“专利霸主”，成为一家专门经营和销售知识产权的公司。

CDMA 技术已经成为全球 3G 标准的核心技术。

4.2.3 3G 技术体系

3G 的真名是“IMT-2000”（International Mobile Telecom System-2000，国际移动电话系统-2000），由 ITU 于 1985 年提出，考虑到该系统将于 2000 年左右进入商用市场，工作的频段在 2000MHz，且最高业务速率为 2000kbit/s，故于 1996 年正式更名为 IMT-2000（International Mobile Telecommunication-2000），所以IMT-2000 是第三代移动通信系统（3G）的统称。

第三代移动通信技术的主动权受到四个支配力量的驱使：

1）国际移动通信 IMT-2000 进程（1985 年启动）。

2）日益增长的无线业务需求，许多系统如 D-AMPS、GSM、PDC、PHS 已经超出容量。

3）希望更高质量的语音业务。

4）希望在无线网络中引入高速数据和多媒体业务。

> 3G 标准制定的指导思想是，系统中的网元可分别独立演进，网络尽可能实现平滑过渡，最终实现全 IP 化的全球宽带移动通信网络——系统中无线接入网技术与核心交换网技术可各自遵循自己的演进路线。特别是空中接口，3GPP（3rd Generation Partership Project，第三代合作伙伴计划）致力于不断提高频谱利用率，除 WCDMA 作为首选

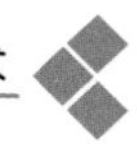

空中接口技术获得不断完善外，UMTS（通用移动通信系统）还相继引入 TD-SCDMA、高速下行链路数据分组接入（HSDPA）技术和高速上行两路数据分组接入（HSUPA）技术。

3G 在核心网技术方面，引入了分组软交换技术，进而顺应 IP 多媒体应用的发展趋势，引入了 IP 多媒体域，以实现全 IP 多业务移动网络的最终发展目标。

第三代移动通信系统是一种能提供多种类型、高质量多媒体业务，能实现全球无缝覆盖，具有全球漫游能力，与固定网络相兼容，并以小型便携式终端在任何时候、任何地点进行任何种类通信的通信系统。

时至 2007 年 10 月 19 日，我国 TD-SCDMA、欧洲 WCDMA、美国 cdma2000 和全球微波互联接入（WiMAX）一并构成 3G 四大最主流的技术。

1. 美国 cdma2000

美国 cdma2000 是一种宽带 CDMA 技术，室内最高速率大于 2Mbit/s，步行环境时为 384kbit/s，车载环境时大于 144kbit/s。

cdma2000 是由高通公司提出，摩托罗拉、朗讯和三星等厂商先后参与。目前使用 CDMA 的地区只有日、韩、北美和中国。由于 cdma2000 是 CDMA 标准的延伸，它与 WCDMA 互不兼容，如图 4-16 所示。

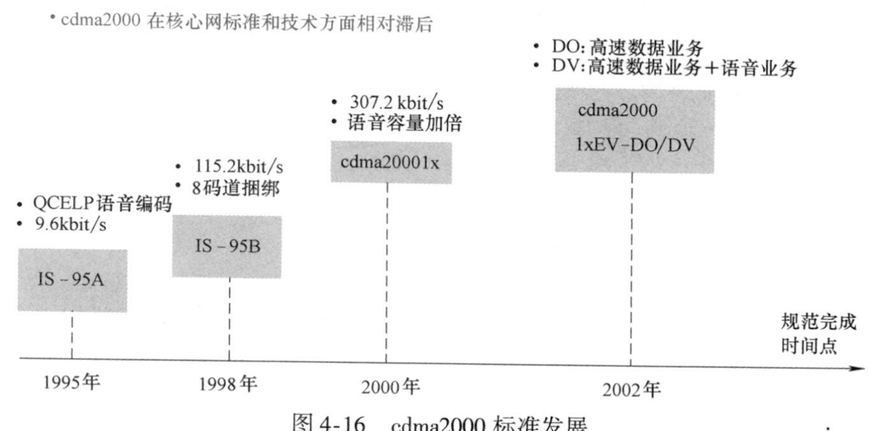

图 4-16　cdma2000 标准发展

2. 欧洲 WCDMA

WCDMA 主要由欧洲和日本提出，其核心网基于 GSM 系统的移动应用部分（MAP），可以保持与 GSM/通用分组无线业务（GPRS）网络的兼容性，带宽 5MHz，由此称为 WCDMA，W 即宽带，以区别于源于北美的窄带 CDMA（带宽 1.25MHz）标准，WCDMA 标准发展如图 4-17 所示。

WCDMA 可有效支持电路交换业务、分组交换业务。灵活的无线协议可在一个载波内对同一用户同时支持语音、数据和多媒体业务，通过透明或非透明传输快速支持实时和非实时业务。

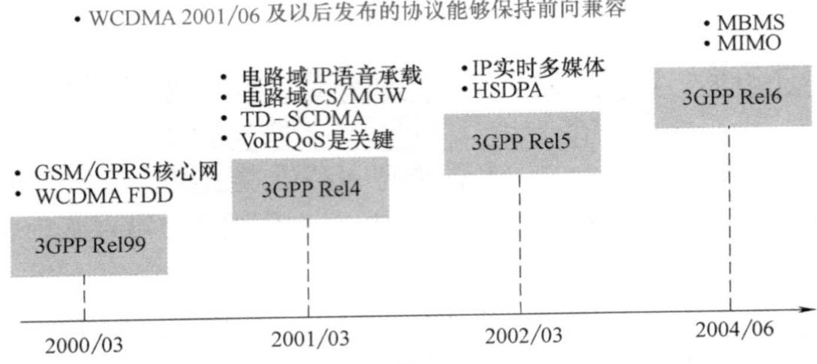

图 4-17　WCDMA 标准发展

3. 中国 TD-SCDMA

在1G、2G 阶段，中国的企业曾对外分别支付了专利使用费2500 亿人民币与5000 亿人民币，如果在3G 的竞争上，中国民族通信业仍然不在标准上超前，那么1G 和2G 的被动局面将会再现。TD-SCDMA 标准由中国无线通信标准组织 CWTS 提出，图 4-18 为 TD-SCDMA 发展历程。

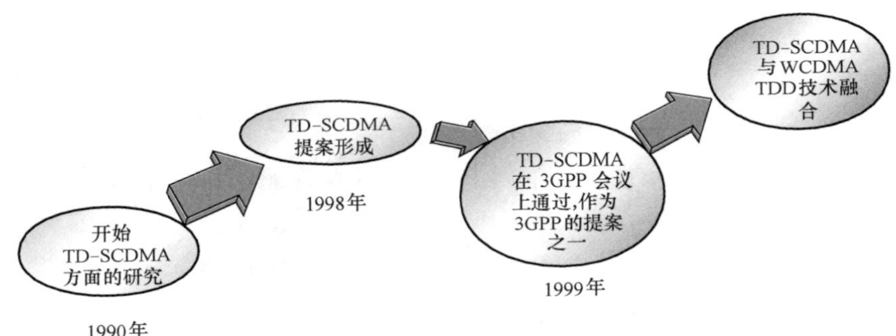

图 4-18　TD-SCDMA 发展历程

TD-SCDMA 全称为 Time Division Synchronous CDMA（时分同步 CDMA），时任电信科学研究院（大唐电信）副院长的李世鹤（1941 年出生于重庆）提出在 SCDMA 技术的基础上引入时分多址技术，并命名为 TD-SCDMA 技术，该标准于1999 年6 月29 日，由中国原邮电部电信科学技术研究院（大唐电信）向 ITU 提出。该标准将智能无线、同步 CDMA 和软件无线电等当今国际领先技术融于其中，有独特的优势。

全球一半以上的设备厂商都宣布可以支持 TD-SCDMA 标准。该标准提出不经过2.5 代的中间环节，直接向3G 过渡，非常适用于 GSM 系统向3G 升级。目前已经融合到3GPP 关于 WCDMA-TDD 的相关规范中，被国际电信联盟采纳为3G 标准之一，目前中国移动正在采用这一方案。由此李世鹤被誉为“中国3G 之父”。

4. WiMAX

WiMAX 的全名是全球微波互联接入（Worldwide Interoperability for Microwave Access），

又称为 802.16 无线城域网，是又一种为企业和家庭用户提供“最后一英里”的宽带无线连接方案。

> 1999 年 7 月，IEEE 成立了 802.16 工作组专门研究宽带无线接入技术规范，目标是要建立一个全球统一的宽带无线接入标准。推出了 IEEE 802.16 系列标准，弥补了 IEEE 在无线城域网标准上的空白。WiMAX 能实现的最大传输距离为 50km，远远大于无线局域网 200m 左右的覆盖范围，接入速率最高达到 120Mbit/s。IEEE 802.16 提供完善的服务质量支持和安全性机制，相对于无线局域网有了本质上的发展。其中具有深远意义的标准有两个：固定宽带无线接入标准 802.16d 和支持移动特性的宽带无线接入标准 802.16e，工作频段为 6GHz 以下。

将 WiMAX 技术与需要授权或免授权的微波设备相结合之后，由于成本较低，将扩大宽带无线市场，改善企业与服务供应商的认知度。2007 年 10 月 19 日，国际电信联盟在日内瓦举行的无线通信全体会议上，经过多数国家投票通过，WiMAX 正式被批准成为继 WCDMA、cdma2000 和 TD-SCDMA 之后的第四个全球 3G 标准。

目前，采用 WIMAX 标准的运营商，主要用于解决宽带无线连接方案。严格来说，WiMAX 应该算是 4G 技术。

5. 3G 频谱分配

依据国际电信联盟有关第三代公众移动通信系统（IMT—2000）频率划分和技术标准，按照我国无线电频率划分规定，3G 频谱分配如图 4-19 所示。结合我国无线电频谱使用的实际情况，我国第三代公众移动通信系统频率规划结果如下。

1）主要工作频段：

频分双工（FDD）方式：1920 ~ 1980MHz/2110 ~ 2170MHz；

时分双工（TDD）方式：1880 ~ 1920MHz / 2010 ~ 2025MHz。

2）补充工作频率：

频分双工（FDD）方式：1755 ~ 1785MHz/1850 ~ 1880MHz；

时分双工（TDD）方式：2300 ~ 2400MHz，与无线电定位业务共用，均为主要业务，共用标准另行制定。

3）卫星移动通信系统工作频段：1980 ~ 2010MHz/2170 ~ 2200MHz。

4.2.4 向 4G 演进

每一代无线通信网络进步核心标志是什么？——“速度!”。图 4-20 给出了各标准的演进路线。

尽管 3G 要比 2G 优越得多，但仍存在一些尚未解决或仅解决了一部分的问题。在支持爆炸式增长的多媒体方面，3G 还存在着一定的局限性。3G 的局限性和困难主要体现在：难以支持更高速率的业务，频谱资源的缺乏和带宽饱和，在支持 IPv6 方面存在困难；要实现在不同频段间的不同业务环境中的漫游显得非常困难，无法提供全范围的多速率业务，缺乏端到端的无缝传输机制，费用昂贵。

2008 年 3 月国际电信联盟无线电部门发出征集 IMT-Advanced（B3G，宽带 3G，即 4G）候选技术的通函，共收到 6 项提案：一是基于 IEEE 802.16m（WiMAX）技术的 3 个

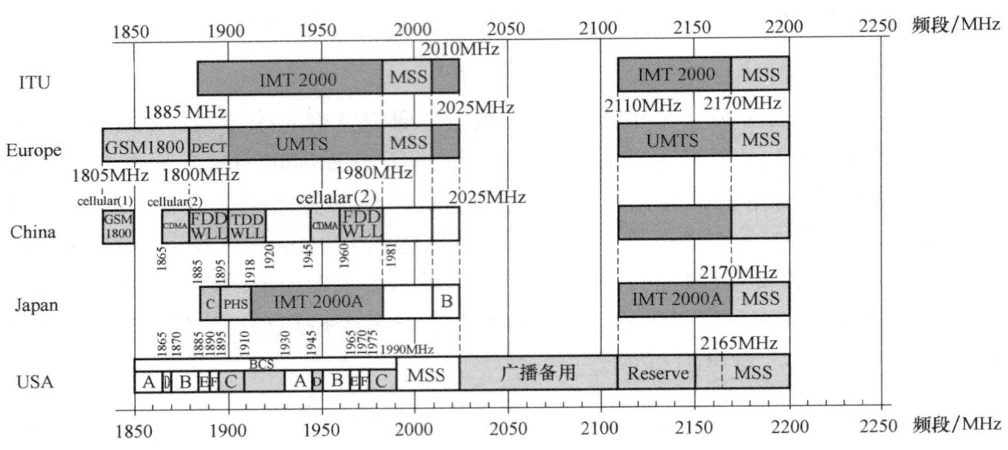

图 4-19　3G 频谱分配

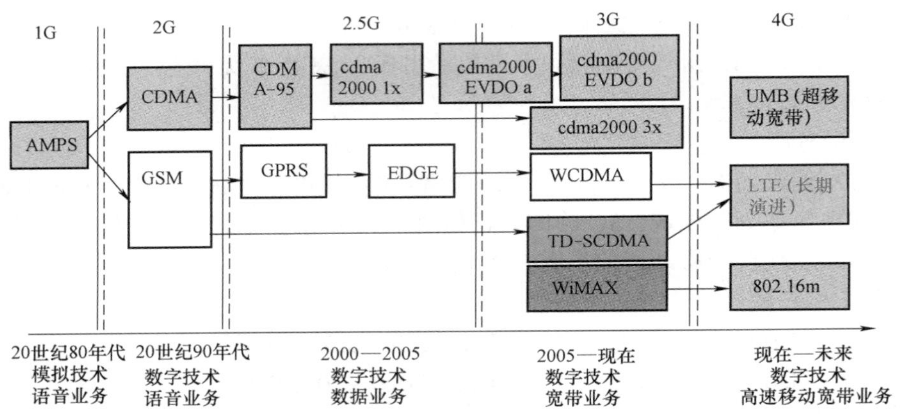

图 4-20　各标准的演进路线

提案，分别来自 IEEE、日本和韩国。另一个是基于 LTE-Advanced（Long Term Evolution，长期演进技术，LTE 也被通俗地称为 3.9G）技术的 3 个提案，分别来自 3GPP、日本和中国。

1. 4G 网络的定义

4G 通信一种被人们较广泛认同的定义是：4G 是一种宽带接入和分布式的全 IP 架构网络，是集成多功能的宽带移动通信系统。到目前为止，4G 的定义、技术参数、国际标准、网络结构乃至业务内容依然没有完全统一。

4G 即 IMT-A（International Mobile Telecommunications-Advanced，第四代移动通信系统）技术的目标是：低速移动、热点覆盖场景下峰值速率为 1Gbit/s，高速移动、广域覆盖场景下峰值速率为 100Mbit/s。

2. 4G 网络的特点

1）多网络融合：多种无线通信技术系统共存。

2）全 IP 化网络：从单纯的电路交换向分组交换过渡，并最终演变为基于分组交换的全网络。

3）用户容量更大：预计其容量为 3G 系统的 10 倍。

4）无缝的全球覆盖：用户可在任何时间、任何地点使用无线网络。

5）带宽更宽：更高的单位信道带宽和频谱传输效率。

6）智能灵活性：用户的无线网络可以通过其他网络扩展其应用业务，自适应地变换不同信道，提供更高质量和个性化的服务。

7）兼容性：兼容多种制式的通信协议和终端应用环境及各种终端硬件设备。

总之，4G 网络必须实现更灵活的兼容性，如图 4-21 所示。

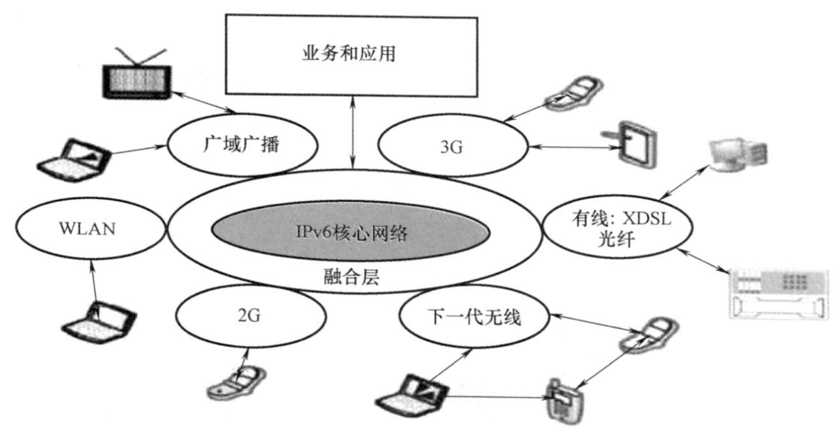

图 4-21　4G 网络实现更灵活的兼容性

4G 的未来是泛在网的必然趋势，即 4G 技术的多网融合网络，如图 4-22 所示。我国的 4G 业务主要以中国移动推出的 TD-LTE 技术为主，目前已在杭州进行小范围试运行，中国移动 2013 年实现了 TD-SCDMA 向 TD-LTE 的平滑过渡，并建立 TD-LTE 基站 20 万个以上。2013 年中国移动 4G 网络覆盖超过 100 个城市，4G 终端采购超过 100 万部。2014 年，我国将进一步加大宽带建设，目标新增 FTTH 覆盖家庭超过 3000 万户，新增 TD-LTE 基站 30 万个。2014 年 3G 与 4G 终端并举，2015 年以 4G 终端为主，推动多模多频的 TD-LTE（4G）手机终端，实现高中低端产品线的全面发展。

4.3　短距离无线通信

随着网络及通信技术的飞速发展，人们对无线通信的需求越来越大，也出现了许多的无线通信协议。物联网背景下连接的物体，更多的情况要求适应物联网中那些能力较低的节点低速率、低通信半径（短距离）、低计算能力和低能量，要对物联网中各种各样的物体进行操作的前提是先要将它们连接起来，然后实现彼此互联互通，这就是低速网络协议。因此，在物联网结构中，其传输层主要应用技术为无线网络技术，所以各类网络中最具增长潜力的是无线网络。图 4-23 给出了通信网络区间范围界定。

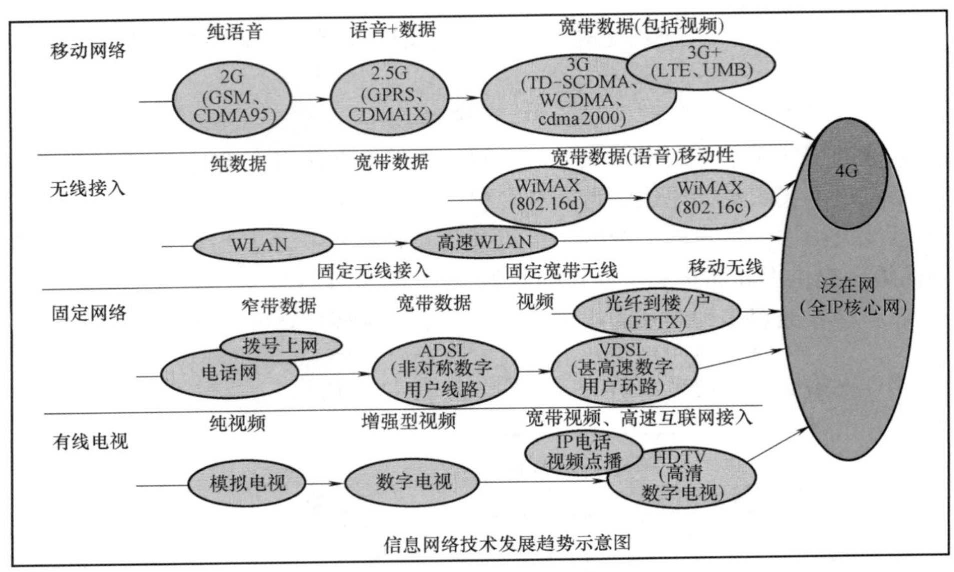

图 4-22　泛在网发展趋势示意图

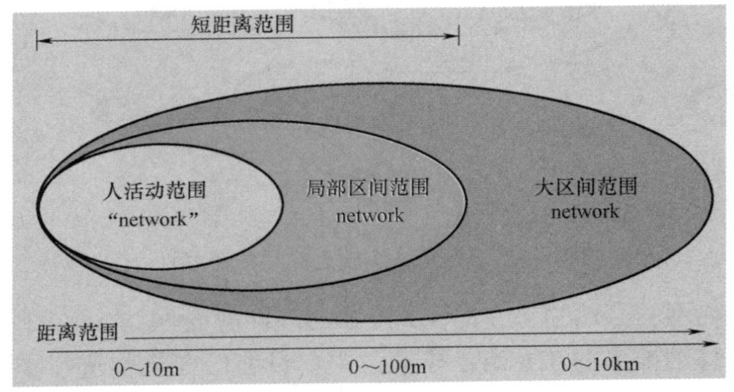

图 4-23　通信网络区间范围界定

典型的无线低速网络协议有 WiFi（802.11 协议，Wireless Fidelity，无线局域网）、蓝牙（802.15.1 协议）、ZigBee（802.15.4 协议紫蜂）、IrDA（Infrared Data Association，红外线数据协会）无线协议及 WSN（Wireless Sensor Network，无线传感网）等无线低速网络技术。另外，在物联网中还涉及物体目标跟踪和定位。图 4-24 给出了 IEEE 802 协议框架下无线通信空间划分。本节分别对这些典型的无线通信技术作介绍。

4.3.1　蓝牙技术

蓝牙技术（Bluetooth）是一种支持设备短距离通信（一般 10m 内）的无线电技术，能在包括移动电话、PDA（手持个人终端）、无线耳机、笔记本电脑、相关外设等众多设备之间进行无线信息交换。

利用“蓝牙”技术，能够有效地简化移动通信终端设备之间的通信，也能够成功地简化设备与互联网之间的通信，从而使数据传输变得更加迅速高效，为无线通信拓宽道路。

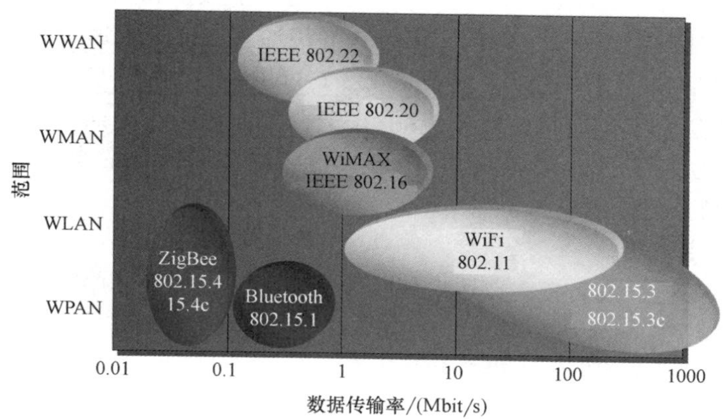

图 4-24　IEEE 802 无线通信空间划分

蓝牙技术使用高速跳频和时分多址等先进技术，在近距离内最廉价地将几台数字化设备呈网状连接起来。

蓝牙技术采用分散式网络结构，支持点对点及点对多点通信，工作在全球通用的 2.4GHz ISM（即工业、科学、医学）频段，其数据速率为 1Mbit/s，采用时分双工传输方案实现全双工传输。

1. 蓝牙技术的起源

1998 年 5 月，爱立信、诺基亚、东芝、IBM 和英特尔公司等五家著名厂商，在联合开展短程无线通信技术的标准化活动时提出了蓝牙技术，其宗旨是提供一种短距离、低成本的无线传输应用技术。

蓝牙的名字来源于 10 世纪丹麦国王 Harald Blatand，英译为 Harold Bluetooth（因为他十分喜欢吃蓝梅，所以牙齿每天都带着蓝色）。他将当时的瑞典、芬兰与丹麦统一起来，用他的名字来命名这种新的技术标准，含有将四分五裂的局面统一起来的意思。

2. 蓝牙技术的应用

蓝牙技术可以应用于日常生活的各个方面，例如，引入蓝牙技术，就可以去掉移动电话与膝上型电脑之间的令人讨厌的连接电缆而通过无线使其建立通信。

打印机、PDA、台式计算机、传真机、键盘、游戏操纵杆以及所有其他的数字设备都可以成为蓝牙系统的一部分。

3. 蓝牙技术的规范及特点

蓝牙技术是一种无线数据与语音通信的开放性全球规范，它以低成本的近距离无线连接为基础，为固定与移动设备通信环境建立一个特别连接。其程序写在一个 9mm×9mm 的微芯片中。蓝牙工作在全球通用的 2.4GHz ISM（即工业、科学、医学）频段。

蓝牙的标准是 IEEE 802.15，工作在 2.4GHz 频带，带宽为 1Mbit/s，以时分方式进行全双工通信，其基带协议是电路交换和分组交换的组合。一个跳频频率发送一个同步分组，每个分组占用一个时隙，使用扩频技术也可扩展到 5 个时隙。同时，蓝牙技术支持 1 个异步数据通道或3个并发的同步语音通道，或1个同时传送异步数据和同步语音的通道。

每一个语音通道支持64kbit/s的同步语音；异步通道支持最大速率为721kbit/s、反向应答速率为57.6 kbit/s的非对称连接，或者是432.6 kbit/s的对称连接。

依据发射输出电平功率不同，蓝牙传输有三种距离等级：Class1 约为100m；Class2 约为10m；Class3 约为2.3m。一般情况下，其正常的工作范围是10m半径之内。在此范围内，可进行多台设备间的互联。

4. 蓝牙匹配规则

两个蓝牙设备在进行通信前，必须将其匹配在一起，以保证其中一个设备发出的数据信息只会被经过允许的另一个设备所接收。

蓝牙技术将设备分为两种：主设备和从设备。

1）蓝牙主设备。主设备一般具有输入端。在进行蓝牙匹配操作时，用户通过输入端可输入随机的匹配密码来将两个设备匹配。

> 蓝牙手机、安装有蓝牙模块的PC等都是主设备。例如，蓝牙手机和蓝牙PC进行匹配时，用户可在蓝牙手机上任意输入一组数字，然后在蓝牙PC上输入相同的一组数字，来完成这两个设备之间的匹配。

2）蓝牙从设备。从设备一般不具备输入端。因此从设备在出厂时，在其蓝牙芯片中，固化有一个4位或6位数字的匹配密码。

> 蓝牙耳机、UD数码笔等都是从设备。例如，蓝牙PC与UD数码笔匹配时，用户将UD笔上的蓝牙匹配密码正确地输入到蓝牙PC上，完成UD笔与蓝牙PC之间的匹配。

3）主设备与主设备之间、主设备与从设备之间，是可以互相匹配在一起的；而从设备与从设备是无法匹配的。

> 例如，蓝牙PC与蓝牙手机可以匹配在一起，蓝牙PC也可以与UD笔匹配在一起，而UD笔与UD笔之间是不能匹配的。
>
> 一个主设备可匹配一个或多个其他设备。例如，一部蓝牙手机一般只能匹配7个蓝牙设备，而一台蓝牙PC可匹配十多个或数十个蓝牙设备。

在同一时间，蓝牙设备之间仅支持点对点通信。

4.3.2 WiFi

WiFi（Wireless Fidelity，无线高保真）也是一种无线通信协议，正式名称是IEEE 802.11b，与蓝牙一样，同属于短距离无线通信技术。WiFi速率最高可达11Mbit/s。虽然在数据安全性方面比蓝牙技术要差一些，但在电波的覆盖范围方面却略胜一筹，可达100m左右，不用说家庭、办公室，就是小一点的整栋大楼也可使用。

最初的IEEE 802.11规范是在1997年提出的，称为802.11b，主要目的是提供WLAN（Wireless Local Area Networks，无线局域网）接入，也是目前WLAN的主要技术标准，它的工作频率也是2.4GHz，与无绳电话、蓝牙等许多不需频率使用许可证的无线设备共享同一

频段。起初，WiFi 元件昂贵，兼容性不好，安全性也不能令人满意。随着时间的推移，这些问题逐步得到解决，且随着 WiFi 协议新版本如 802.11a 和 802.11g 的先后推出，WiFi 的应用将越来越广泛。图 4-25 为 WiFi 总体拓扑结构。

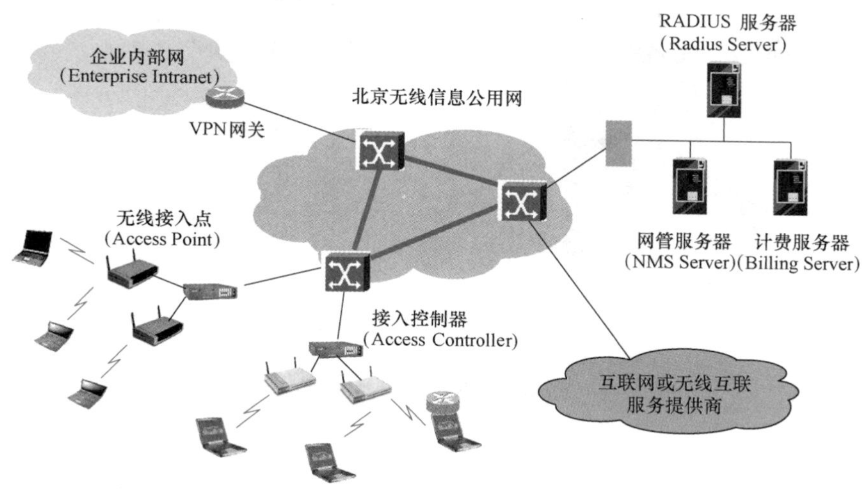

图 4-25　WiFi 总体拓扑结构

1. WiFi 的技术特点

802.11a 标准还没有被工业界广泛接受。它工作在 5GHz 频率范围，传输速率为 54Mbit/s，使用正交频分多路复用（Orthogonal Frequency Division Multiplexing，OFDM）调制技术，比 802.11b 采用的补码键控（Complementary Code Keying，CCK）调制方案快，但它不向后兼容 802.11b。

WiFi 是以太网的一种无线扩展，理论上只要用户位于一个接入点四周的一定区域内，就能以最高约 11 Mbit/s 的速度接入 Web。但实际上，如果有多个用户同时通过一个点接入，带宽被多个用户分享。WiFi 的连接速度一般将只有几百 kbit/s。WiFi 信号不受墙壁阻隔，但在建筑物内的有效传输距离小于户外。

WiFi 技术的最具诱惑力的方面在于将 WiFi 与基于 XML（Extensible Markup Language，可扩展标记语言）或 Java 的 Web 服务融合起来之后，可以大幅度减少企业的 IT 成本。例如，许多企业选择在每一层楼或每一个部门配备 802.11b 的接入点，而不是采用电缆线把整幢建筑物连接起来。这样一来，可以节省大量敷设电缆所需花费的资金。

2. 用户 WiFi 的接入和通信

1）WiFi 接入，如图 4-26 所示。

2）WiFi 语音通信，如图 4-27 所示。

3. WiFi 技术的应用

WLAN 未来最具潜力的应用将主要在 SOHO（Small Office Home Office，在家办公）、家庭无线网络以及不便安装电缆的建筑物或场所。目前这一技术的用户主要来自机场、酒店、商场等公共热点场所，以及有线通信不便实施的场地，如煤炭矿井泄漏、感应、透地等方面的监控与通信。

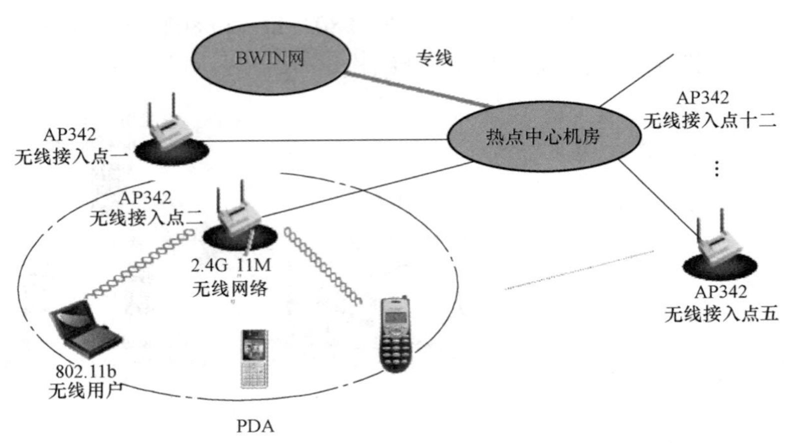

图 4-26　WiFi 接入示意图

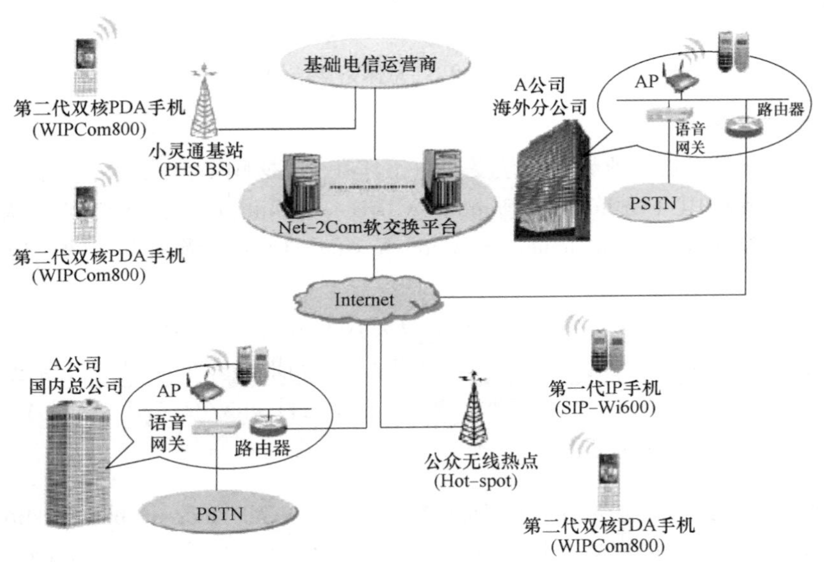

图 4-27　WiFi 语音通信

（1）无线 AP + LAN 应用于私网　通过无线 AP（Access Point，无线访问节点、会话点或存取桥接器）+ LAN 的应用可形成无线办公环境及家庭私网，以防止非内部人员进入网络。

（2）无线 + LAN + Internet 应用于专网　VPN（Virtual Private Network，虚拟专用网络）：公司之间异地互联的专用网络，基于 Internet 的公司局域网。

网络电话：NetPhone、IpPhone，基于 VPN 全面实现语音通话。

网络视频：基于 Iweb 的视频会议监控，基于 Internet 的数据流的解决。

由于投资 802.11b 的费用降低，许多厂商介入这一领域。Intel 公司推出了集成 WLAN 技术的笔记本电脑芯片组，不用外接无线网卡，就可实现无线上网。国内的联想、清华同方、方正等公司都推出无线网卡等无线网络解决方案。

一些厂商为了争夺市场，推出同时支持 802.11a、802.11b 和 802.11g 的芯片，这种芯片可以在 2.4GHz 和 5.2GHz 的波段以 54Mbit/s 的速率传输数据。

4.3.3　紫蜂

紫蜂（ZigBee）可以说是蓝牙的同族兄弟，它使用 2.4GHz 波段，采用跳频技术。与蓝牙相比，ZigBee 更简单、速率更慢、功率及费用也更低。它的基本速率是 250kbit/s，当降低到 28kbit/s 时，传输范围可扩大到 134m，并获得更高的可靠性。另外，它可与 254 个节点联网。能比蓝牙更好地支持游戏、消费电子、仪器和家庭自动化应用。人们期望能在工业监控、传感网、家庭监控、安全系统和玩具等领域拓展 ZigBee的应用。

1. 概述

ZigBee 这个名字来源于蜂群的通信方式：蜜蜂之间通过跳 Zigzag 形状的舞蹈来交互消息，以便共享食物源的方向、位置和距离等信息。借此意义 ZigBee 作为新一代无线通信技术的命名。

ZigBee 技术是一种近距离、低复杂度、低功耗、低速率、低成本的双向无线通信技术，主要用于距离短、功耗低且传输速率不高的各种电子设备之间进行数据传输以及典型的有周期性数据、间歇性数据和低反应时间数据传输的应用。

ZigBee 采用 DSSS（直接序列扩频）技术调制发射，用于多个无线传感器组成网状网络，新一代的无线传感网将采用 802.15.4（ZigBee）协议。

ZigBee 是一种高可靠的无线数据传输网络，类似于 CDMA 和 GSM 网络。ZigBee 数据传输模块类似于移动网络基站。通信距离从标准的 75m 到几百米、几公里，并且支持无限扩展。

ZigBee 是一个由多达 65000 个无线数据传输模块组成的无线网络平台，在整个网络范围内，每一个网络模块之间可以相互通信，每个网络节点间的距离可以从标准的 75m 无限扩展。

与移动通信的 CDMA 网或 GSM 网不同的是，ZigBee 网络主要是为工业现场自动化控制数据传输而建立，因而，它必须具有简单、使用方便、工作可靠、价格低的特点。

移动通信网主要是为语音通信而建立，每个基站价值一般都在百万元人民币以上，而每个紫蜂网络“基站”却不到 1000 元人民币。

2. 技术特点

ZigBee 是一种无线连接，可工作在 2.4 GHz（全球流行）、868 MHz（欧洲流行）和 915MHz（美国流行）三个频段上，分别具有最高 250kbit/s、20kbit/s 和 40kbit/s 的传输速率，它的传输距离在 10.75m 的范围内，但可以继续增加。作为一种无线通信技术，ZigBee 具有功耗低、成本低、时延短、网络容量大、可靠、安全等特点。

3. 应用领域

1）家庭和建筑物的自动化控制：照明、空调、窗帘等家具设备的远程控制。
2）消费性电子设备：电视、DVD、CD机等电器的远程遥控。
3）PC外设：无线键盘、鼠标、游戏操纵杆等。
4）工业控制：使数据的自动采集、分析和处理变得更加容易。
5）医疗设备控制：医疗传感器、病人的紧急呼叫按钮等。
6）交互式玩具。

4. 紫蜂（ZigBee）联盟

ZigBee联盟成立于2002年8月，由英国Invensys公司、日本三菱电气公司、美国摩托罗拉公司以及荷兰飞利浦半导体（Philips）公司组成，如今已经吸引了上百家芯片公司、无线设备公司和开发商的加入。该联盟是一个高速成长的非盈利业界组织，它制定了基于IEEE 802.15.4，具有高可靠、高性价比、低功耗的网络应用规格。

IEEE 802.15.4定义了两个物理层标准，分别是2.4GHz物理层和868/915MHz物理层。两者均基于直接序列扩频（DSSS）技术。

868MHz只有一个信道，传输速率为20kbit/s；902 ~928MHz频段有10个信道，信道间隔为2MHz，传输速率为40kbit/s。这两个频段都采用BIT/SK调制。

2.4 ~2.4835 GHz频段有16个信道，信道间隔为5MHz，能够提供250kbit/s的传输速率，采用O-QPSK（恒包络正交相移键控）调制。

5. ZigBee网络组成与结构

低数据速率的WPAN中包括两种无线设备：全功能设备（Full Function Device，FFD）和精简功能设备（Reduced Function Device，RFD）。

FFD可以当做一个网络协调器或者一个普通的传感器节点，它可以和任何其他的设备通信，传递由RFD发来的数据到其他设备，即充当了路由的功能。而RFD只能是传感器节点，它只能和FFD进行通信，经过FFD可以将自己测得的数据传送出去。在ZigBee网络中大多是这两种设备，网络中节点数理论上最多可达65536个，可以组成三种类型网络：星形、网状和树状网络，如图4-28所示。

网状（Mesh）网一般是由若干个FFD连接在一起形成，它们之间是完全的对等通信，每个节点都可以与它的无线通信范围内的其他节点通信。Mesh网中，一般将发起建立网络的FFD节点作为PAN协调点。

Mesh网是一种高可靠性网络，具有“自恢复”能力，它可为传输的数据包提供多条路径，一旦一条路径出现故障，则存在另一条或多条路径可供选择。

Mesh网可以通过FFD扩展网络，组成Mesh网与星形网构成的混合网。混合网中，终端节点采集的信息首先传到同一子网内的协调点，再通过网关节点上传到上一层网络的PAN协调点。混合网都适用于覆盖范围较大的网络。

6. ZigBee网络配置

低数据速率的WPAN中，FFD可以和FFD、RFD通信，而RFD只能和FFD通信，RFD

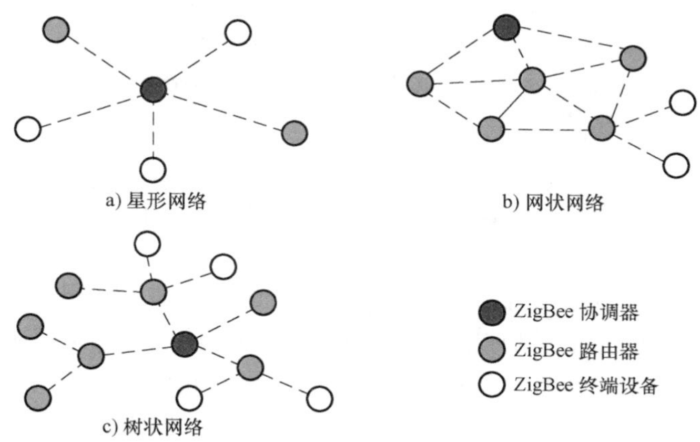

图 4-28　ZigBee 网络拓扑结构

之间是无法通信的。RFD 的应用相对简单，例如在传感网中，它们只负责将采集的数据信息发送给它的协调点，并不具备数据转发、路由发现和路由维护等功能。RFD 占用资源少，需要的存储容量也小，成本比较低。

在一个 ZigBee 网络中，至少存在一个 FFD 充当整个网络的协调点，即 PAN 协调点，如图 4-29 所示。通常，PAN 协调点是一个特殊的 FFD，它具有较强大的功能，是整个网络的主要控制者，它负责建立新的网络、发送网络信标、管理网络中的节点以及存储网络信息等。

FFD 和 RFD 都可以作为终端节点加入 ZigBee 网络。此外，普通 FFD 也可以在它的个人操作空间（POS）中充当协调点，但它仍然受 PAN 协调点的控制。

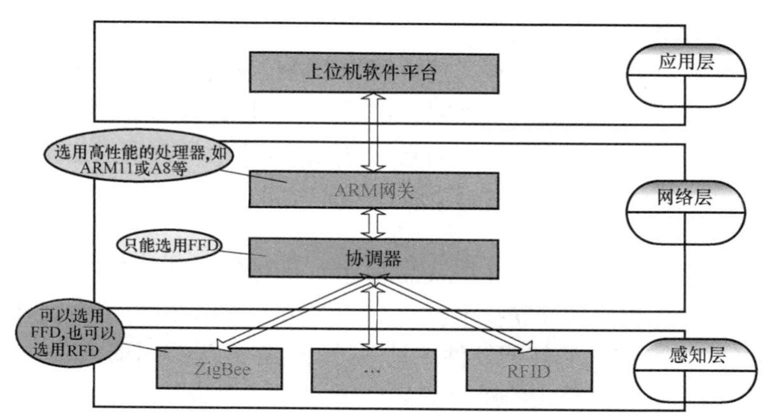

图 4-29　ZigBee 网络配置

ZigBee 中每个协调点最多可连接 255 个节点，一个 ZigBee 网络最多可容纳 65 535 个节点。

7. ZigBee 组网技术

当 ZigBee PAN 协调点希望建立一个新网络时，首先扫描信道，寻找网络中的一个空闲信道来建立新的网络。如果找到了合适的信道，ZigBee 协调点会为新网络选择一个 PAN（Personal Area Network，个人局域网络）标志符，PAN 标志符必须在信道中是唯一的。一旦选定了 PAN 标志符，就说明已经建立了网络。另外，这个 ZigBee 协调点还会为自己选择一个 16bit 网络地址。

ZigBee 网络中的所有节点都有一个 64bit IEEE 扩展地址和一个 16 bit 网络地址，其中，16bit 的网络地址在整个网络中是唯一的，也就是 802.15.4 中的 MAC（Media Access Control，介质访问控制）短地址。

ZigBee 协调点选定了网络地址后，就开始接受新的节点加入其网络。当一个节点希望加入该网络时，它首先会通过信道扫描来搜索它周围存在的网络，如果找到了一个网络，它就会进行关联过程加入网络，只有具备路由功能的节点可以允许别的节点通过它关联网络。

如果网络中的一个节点与网络失去联系后想要重新加入网络，它可以进行孤立通知过程重新加入网络。

网络中每个具备路由器功能的节点都维护一个路由表和一个路由发现表，它可以参与数据节点来扩展网络。

ZigBee 网络中传输的数据可分为三类：

1）周期性数据，例如传感器网中传输的数据，这一类数据的传输速率根据不同的应用而确定。

2）间歇性数据，例如电灯开关传输的数据，这一类数据的传输速率根据应用或者外部激励而确定。

3）反复性的、反应时间低的数据，例如无线鼠标传输的数据，这一类数据的传输速率是根据时隙分配而确定的。

为了降低 ZigBee 节点的平均功耗，ZigBee 节点有激活和睡眠两种状态，只有当两个节点都处于激活状态时才能完成数据的传输。

在有信标的网络中，ZigBee 协调点通过定期地广播信标为网络中的节点提供同步。

在无信标的网络中，终端节点定期睡眠，定期醒来，除终端节点以外的节点要保证始终处于激活状态，终端节点醒来后会主动询问它的协调点是否有数据要发送给它。

4.3.4　近距离通信（NFC）技术

近距离无线通信 NFC 是 Near Field Communication 的缩写，即近距离无线通信技术。

NFC 是一种非接触式识别和互联技术，由 Philips 公司和 Sony 公司共同开发，可以在移动设备、消费类电子产品、PC 和智能控件工具间进行近距离无线通信。

NFC 提供了一种简单、触控式的解决方案，可以让消费者简单直观地交换信息、访问内容与服务。

1. 概述

近距离无线通信（NFC），又称近场通信，是一种短距离的高频无线通信技术，允许电子设备之间进行非接触式点对点数据传输交换数据。

这个技术由免接触式射频识别（RFID）演变而来，并向下兼容 RFID，最早由 Philips、Nokia 和 Sony 主推，主要用于手机等手持设备中。由于近场通信具有天然的安全性，因此，

NFC 技术被认为在手机支付等领域具有很大的应用前景。NFC 将非接触读卡器、非接触卡和点对点（Peer to Peer）功能整合进一块单芯片，为消费者的生活方式开创了不计其数的全新机遇。

这是一个开放接口平台，可以对无线网络进行快速、主动设置，也是虚拟连接器，服务于现有蜂窝状网络、蓝牙和无线 802.11 设备。和 RFID 不同，NFC 采用了双向的识别和连接。在 20cm 距离内工作于 13.56MHz 频率范围。

NFC 最初仅仅是遥控识别和网络技术的合并，但现在已发展成无线连接技术。它能快速自动地建立无线网络，为蜂窝设备、蓝牙设备、WiFi 设备提供一个“虚拟连接”，使电子设备可以在短距离范围进行通信。

2. NFC 技术原理

NFC 的设备可以在主动或被动模式下交换数据。

在被动模式下，启动 NFC 通信的设备，也称为 NFC 发起设备（主设备），在整个通信过程中提供射频场。它可以选择 106kbit/s、212kbit/s 或 424kbit/s 其中一种传输速率，将数据发送到另一台设备。

另一台设备称为 NFC 目标设备（从设备），不必产生射频场，而使用负载调制（Load Modulation）技术，即可以以相同的速率将数据传回发起设备。

移动设备主要以被动模式操作，可以大幅降低功耗，并延长电池寿命。电池电量较低的设备可以要求以被动模式充当目标设备，而不是发起设备，如图 4-30 所示。

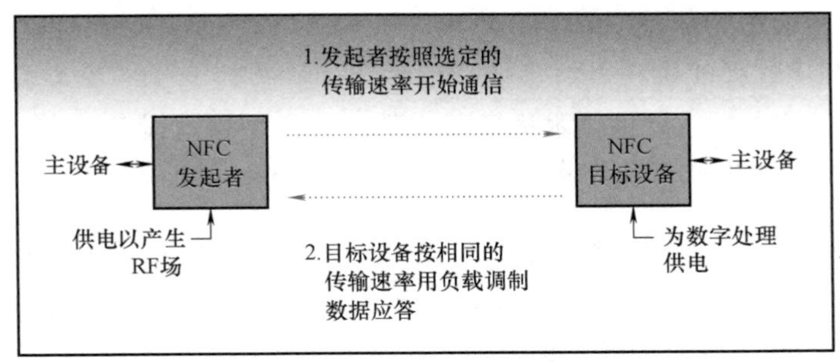

图 4-30　NFC 被动通信模式

在主动模式下，每台设备要向另一台设备发送数据时，都必须产生自己的射频场。这是对等网络通信的标准模式，可以获得非常快速的连接设置，如图 4-31 所示。

3. 技术优势

1）NFC 具有距离近、带宽高、能耗低等特点。

2）NFC 与现有非接触智能卡技术兼容。

3）NFC 是一种近距离连接协议。

4）NFC 是一种近距离的私密通信方式。

5）NFC 在门禁、公交、手机支付等领域内发挥着巨大的作用。

6）NFC 还优于红外和蓝牙传输方式。

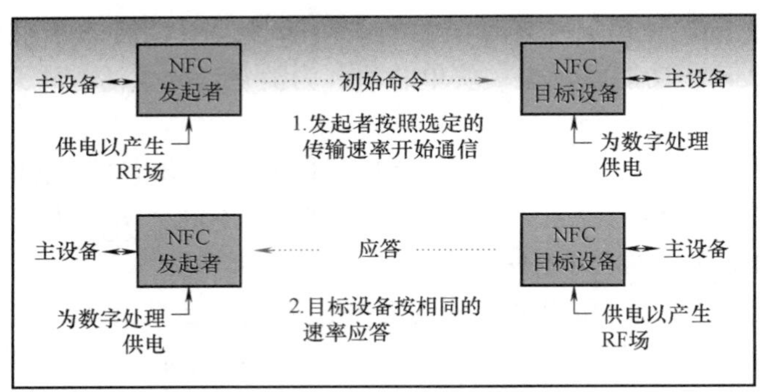

图4-31　NFC主动通信模式

7）NFC技术支持多种应用，包括移动支付与交易、对等式通信及移动中信息访问等。

8）NFC设备可以用作非接触式智能卡、智能卡的读写器终端以及设备对设备的数据传输链路，其应用主要可分为以下四个基本类型：付款和购票、电子票证、智能媒体以及交换、传输数据。

4.3.5　IrDA

红外线数据协会IrDA（Infrared Data Association）成立于1993年，是致力于建立红外线无线连接的非营利组织。起初，采用IrDA标准的无线设备仅能在1m范围内以115.2kbit/s的速率传输数据，很快发展到4 Mbit/s的速率，后来又达到16Mbit/s。通信介质为波长900nm左右的近红外线。目前4Mbit/s速率的FIR技术已被广泛使用，16Mbit/s速率的VFIR（超高红外）技术已经发布。

IrDA是一种利用红外线进行点对点通信的技术，它也许是第一个实现无线个人局域网（PAN）的技术。目前它的软硬件技术都已很成熟，在小型移动设备，如PDA、手机上广泛使用。当今每一个出厂的PDA及许多手机、便携式计算机、打印机等产品都支持IrDA。

IrDA的主要优点是无需申请频率的使用权，因而红外通信成本低廉。它具有小角度（30°锥角以内）、短距离、点对点直线数据传输；保密性强；传输速率较高。它是目前在世界范围内被广泛使用的一种无线连接技术，通过数据电脉冲和红外光脉冲之间的相互转换实现无线的数据收发。同时，它还具有移动通信所需的体积小、功耗低、连接方便、简单易用的特点。由于数据传输速率较高，适于传输大容量的文件和多媒体数据。

IrDA的不足在于它是一种视距传输，两个相互通信的设备之间必须对准，中间不能被其他物体阻隔，因而该技术只能用于两台（非多台）设备之间的连接。而蓝牙就没有此限制，且不受墙壁的阻隔。IrDA目前的研究方向是如何解决视距传输问题及提高数据传输速率。

4.4　无线传感网及相关技术

在第3章的介绍中，我们已经知道传感器技术是作为信息获取最重要和最基本的技术，

传感器信息获取技术已经从过去的单一化逐渐向集成化、微型化、智能化和网络化方向发展，并将会带来一场信息革命。在实际应用中，无线传感网是一种可以将非常小的、独立的无线传感器安装在楼房、道路、衣服、身体等物理空间，通过无线可以感知周边的温度、光线、加速度、磁场等信息的技术。这样的无线传感器节点内，安装了传感器、传感器控制电路、CPU、无线通信模块、天线、电源等，具备与周边传感器节点协作、通过通信手段将传感数据传送到收集节点的功能。本节侧重介绍无线传感网及相关技术。

4.4.1　概述

我们知道，计算机网络是指将地理位置不同的具有独立功能的多台计算机及其外部设备通过通信线路连接起来，在网络操作系统、网络管理软件及网络通信协议的管理和协调下，实现资源共享和信息传递的计算机系统。而所谓无线网络，就是利用无线电波作为信息传输媒介构成的无线局域网（WLAN），与有线网络的用途十分类似，最大的不同在于传输媒介的不同，利用无线电技术取代网线，可以和有线网络互为备份。

无线传感网（Wireless Sensor Network）是综合了微电子技术、嵌入式计算技术、现代网络及无线通信技术、分布式信息处理技术等先进技术，能够协同地实时监测、感知和采集网络覆盖区域中各种环境或监测对象的信息，通过嵌入式系统对信息进行处理，处理后的信息通过随机自组织无线通信网络以多跳中继方式将所感知信息传送到用户终端或传送给观察者。现代微型传感器，如图 4-32 所示。

图 4-32　现代微型传感器

无线传感网是由大量部署在作用区域内的、具有无线通信与计算能力的微小传感器节点通过自组织方式构成的能根据环境自主完成指定任务的分布式智能化网络系统。它能够实现数据的采集量化、处理融合和传输应用，也是物联网的关键技术之一。

传感网络的节点间距离很短，一般采用多跳（Multi Hop）的无线通信方式进行通信。传感网可以在独立的环境下运行，也可以通过网关连接到 Internet，使用户可以远程访问。

4.4.2　无线传感网的体系结构

无线传感网是一种由大量小型传感器所组成的网络。这些小型传感器一般称为 Sensor Node（传感器节点）或者 Mote（灰尘）。此种网络中一般也有一个或几个基站（称作 Sink）用来集中从小型传感器收集的数据。总之，传感网的三个基本要素：传感器、感知对象、观察者。传感网的基本功能：协作地感知、采集、处理和发布感知信息。

在传统的感知方法中，传感器接近感知对象，传感器仅产生数据流，无计算能力，无传感器间通信能力，如图4-33所示。

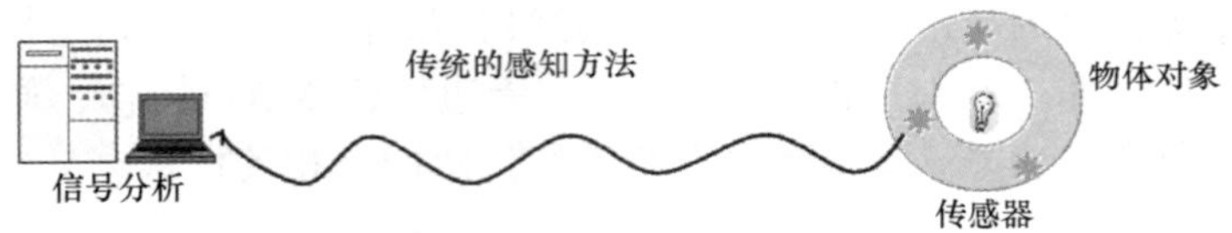

图4-33　传统的感知方法

然而，在现代的感知方法中，传感网覆盖感知对象区域，每个传感器完成其临近感知对象的观测，多传感器协同完成感知区域的大观测任务，使用多跳路由算法向用户报告观测结果，如图4-34所示。

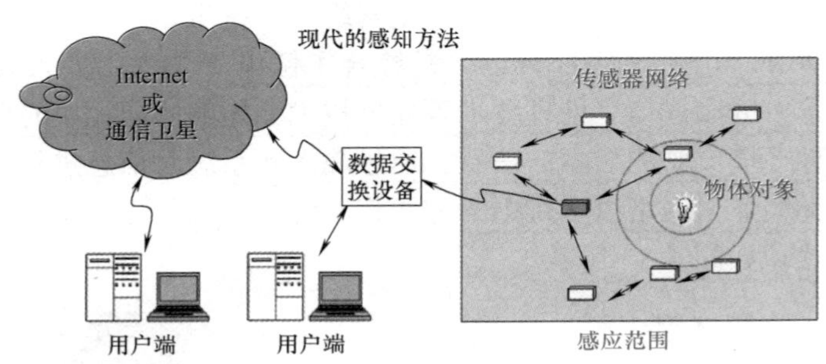

图4-34　现代的感知方法

传感网系统通常包括传感器节点（Sensor Node）、汇聚节点（Sink Node）和管理节点。大量传感器节点随机部署在监测区域内部或附近，能够通过自组织方式构成网络，如图4-35所示。

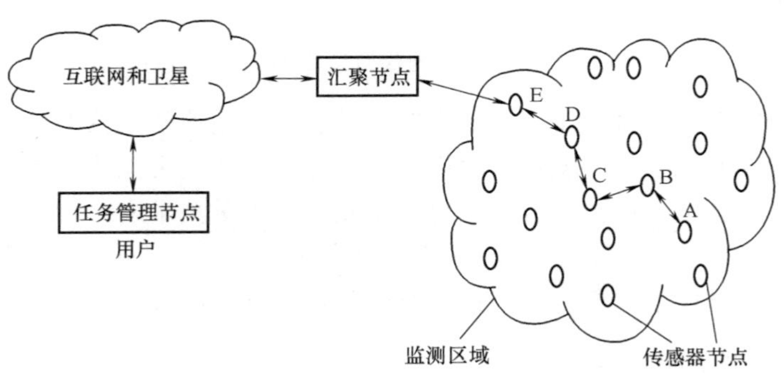

图4-35　传感网的网络结构

传感器节点监测的数据沿着其他传感器节点逐跳进行传输，在传输过程中监测数据可能被多个节点处理，经过多跳后路由到汇聚节点，最后通过互联网或卫星到达管理节点。用户通过管理节点对传感网进行配置和管理，发布监测任务以及收集监测数据。

4.4.3　传感器节点

传感器节点由传感器模块、处理器模块、无线通信模块和能量供应模块四部分组成。此外，可以选择的其他功能单元，包括定位系统、运动系统以及发电装置等，如图 4-36 所示。

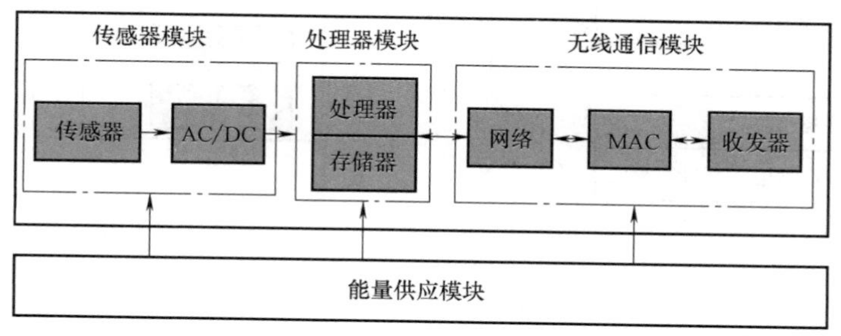

图 4-36　传感器节点

（1）传感器模块　由传感器和模-数转换功能模块组成，负责区域内信息的采集和数据转换。

（2）处理器模块　由嵌入式系统构成，包括 CPU、存储器、嵌入式操作系统等，负责控制整个传感器节点的操作，存储和处理本身采集的数据以及其他节点发来的数据。

（3）无线通信模块　由网络、MAC 和收发器等模块组成，负责与其他传感器节点进行无线通信，交换控制信息和收发采集数据。

（4）能量供应模块　为传感器节点提供运行所需的能量，通常采用微型电池。

在传感网中，节点通过各种方式大量部署在被感知对象内部或者附近。传感器节点的限制有：电源能量有限；通信能力有限；计算和存储能力有限。

这些节点通过自组织方式构成无线网络，以协作的方式感知、采集和处理网络覆盖区域中特定的信息，可以实现对任意地点信息在任意时间的采集、处理和分析。一个典型的传感网的结构包括分布式传感器节点（群）、Sink 节点、互联网和用户界面等。

传感器节点之间可以相互通信，自己组织成网并通过多跳的方式连接至 Sink（基站节点），Sink 节点收到数据后，通过网关（Gate Way）完成和公用 Internet 的连接。整个系统通过任务管理器来管理和控制这个系统。

4.4.4　传感网协议体系

无线传感网协议栈包括物理层、数据链路层、网络层、传输层和应用层，与互联网协议栈的五层协议相对应。另外，协议栈还包括能量管理平台、移动管理平台和任务管理平台，如图 4-37 所示。

这些管理平台使得传感器节点能够按照能源高效的方式协同工作，在节点移动的传感网中转发数据，并支持多任务和资源共享。

物理层主要研究传输介质的选择。目前传输介质主要有无线电、红外和光波三种；传输

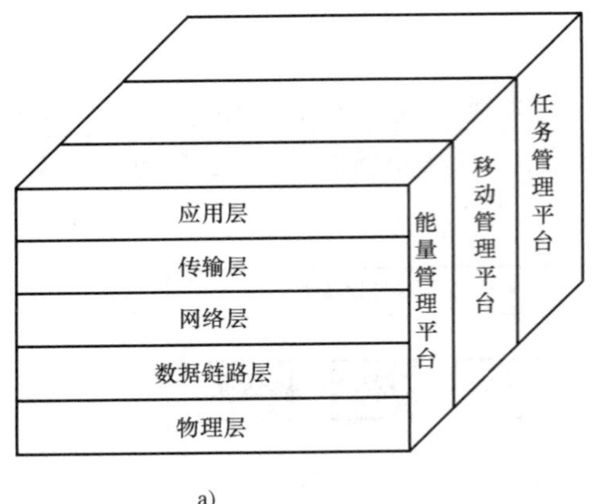

a)

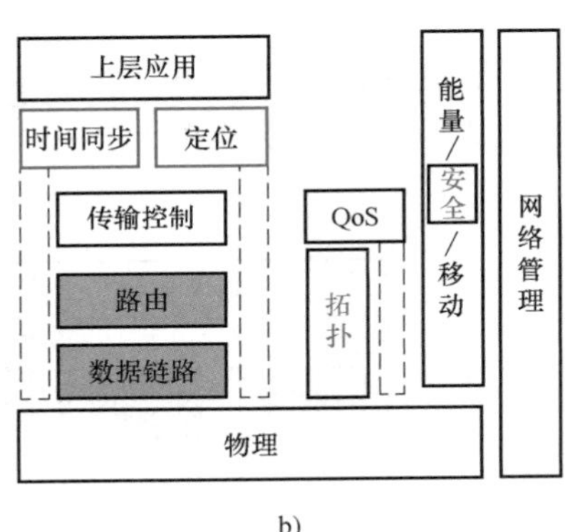

b)

图 4-37　无线传感网的协议体系

频段为通用频段 ISM，如 4.33MHz、915MHz 和 2.44GHz；调制方式为二元调制和多元调制。

数据链路层主要研究 MAC（Media Access Control，媒体访问控制）协议，该协议是保证 WSN 高效通信的关键协议之一，传感网的性能如吞吐量、延迟性完全取决于网络的 MAC 协议，与传统的 MAC 协议不同，WSN 的协议首先考虑能量节省问题。

网络层负责路由的发现和维护，遵照路由协议将数据分组，从源节点通过网络转发到目的节点，即寻找源节点和目的节点之间的优化路径，然后将数据分组沿着优化路径正确转发。

传输层主要负责将 WSN 的数据提供给外部网络，在实际应用时，通常会采用特殊节点作为网关。网关通过通信卫星、移动通信网络、互联网或其他通信介质与外部网络通信。

MAC 协议处于网络协议的底层部分，对无线传感网的性能有较大影响，是保证无线传感网高效通信的关键网络协议之一。无线传感网的强大功能是由众多节点协作实现的。多点通信在局部范围需要 MAC 协议协调其间的无线信道分配，在整个网络范围内需要路由协议选择通信路径。

能源管理平台：管理传感器节点如何使用能量。

移动管理平台：检测和注册传感器节点的移动，维护到汇聚点的路由，使得传感器节点能够跟踪它的邻居；

任务管理平台：在一个给定的区域内平衡和调度监测任务。

时间同步是传感网的基本功能，可用于实现 MAC、跟踪、监测。时间同步的需求具有多样性的特点，如目标跟踪例子中，需要做到：波束阵列确定声源位置、确定目标方向和速度、数据融合、与外界交互。传感网时间同步的性能参数：①最大误差；②同步期限；③同步范围；④效率；⑤代价和体积。

定位是传感网的基本功能，它可以报告事件发生的地点、实现目标跟踪和定位、协助路由、进行网络管理等 WSN 定位机制的特殊性：

1）WSN 的体积、成本（GPS 不能普遍适用）。

2）能耗有限、可靠性差。

3）节点的规模大、随机布放。

4）无线模块通信距离有限。

5）WSN 的环境要求（室内、室外）。

4.4.5　无线传感网

无线自组网（Mobile Ad Hoc Network）是一个由几十到上百个节点组成的、采用无线通信方式、动态组网的多跳的移动性对等网络。其目的是通过动态路由和移动管理技术传输具有服务质量要求的多媒体信息流。通常节点具有持续的能量供给。

无线传感网虽然与无线自组网有相似之处，但同时也存在很大的差别。无线传感网是集成了监测、控制以及无线通信的网络系统，节点数目更为庞大（上千甚至上万），节点分布更为密集；由于环境影响和能量耗尽，节点更容易出现故障；环境干扰和节点故障易造成网络拓扑结构的变化；通常情况下，大多数传感器节点是固定不动的。另外，传感器节点具有的能量、处理能力、存储能力和通信能力等都十分有限。

无线网络的首要设计目标是提供高服务质量和高效带宽利用，其次才考虑节约能源；而无线传感网的首要设计目标是能源的高效利用，这也是无线传感网和无线网络最重要的区别之一。为此可对无线传感网作如下归纳。

1. 无线传感网的特征

1）无线传感网包括了大面积的空间分布。

2）能源受限制。

3）网络自动配置，自动识别节点。

4）网络的自动管理和高度协作。

2. 无线传感网中的关键技术

1）网络拓扑控制。

2）网络协议。

3）时间同步。

4）定位技术。

5）数据融合。

6）嵌入式操作系统。

4.4.6　EPC 系统

EPC 系统是一个先进的、综合性的和复杂的系统。它由 EPC 编码体系、RFID 系统及信息网络系统三个部分组成，主要包括六个方面：EPC 编码、EPC 标签、读写器、EPC 中间件、对象名称解析服务（ONS）和 EPC 信息服务（EPCIS）。

在这个网络中，系统可以自动、实时地对物体进行识别、定位、追踪、监控并触发相应事件。较为成型的分布式网络集成框架是 EPC global 提出的 EPC 网络。EPC 网络主要针对物流领域。物联网 EPC 网络系统构成如图 4-38 所示。

1. EPC 网络的特点

1）不像传统的条码，本网络不需要人的干预与操作，而是通过自动技术实现网络运行。

2）无缝连接。

3）网络的成本相对较低。

4）本网络是通用的，可以在任何环境下运行。

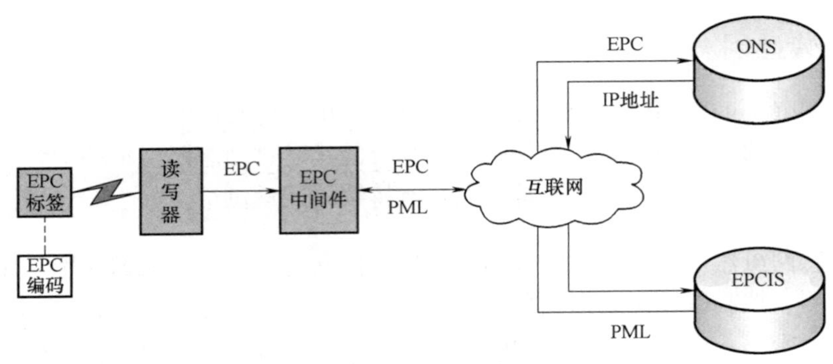

图4-38　EPC网络系统构成

5）采纳一些管理实体的标准，如UCC、EAN、ANSI、ISO等。

EPC系统由产品电子代码、射频识别系统和信息网络系统构成，主要包括以下六个方面，见表4-3。

表4-3　EPC系统构成

系统构成	名　称	说　明
EPC编码体系	EPC编码标准	识别目标的特定代码
射频识别系统	EPC标签	识读EPC标签
	射频读写器	信息网络系统
信息网络系统	Savant(神经网络软件、中间件)	EPC系统的软件支持系统
	对象名解析服务ONS	类似于互联网DNS功能,定位产品信息存储位置
	实体标记语言PML	供软件开发、数据存储和数据分析用

2. EPC网络应用流程

EPC网络应用流程示意如图4-39所示。

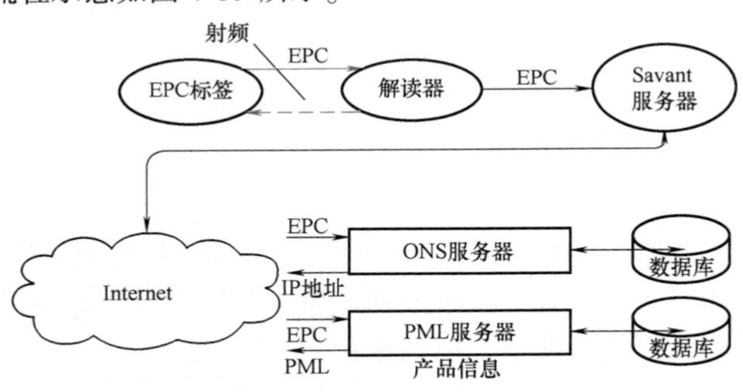

图4-39　EPC物联网中的信息流

4.5　综合通信传输技术

4.5.1　三网融合

现有的电信网、有线电视网和计算机网是物联网业务可以利用的中、长距离有线网络。

还有一些和这三大网络规模相当的未公开的覆盖全国的专网，如公安系统的专网、国家电网等，而国家电网的专网比有线电视网规模还要大。

“三网融合”是指将原本由交换网提供的语音、IP 网提供的宽带数据、广电网提供的视频业务通过一个公共的承载和接入平台实现。这里公共的承载平台是 IP 承载网，公共的接入平台也是基于 IP 的，现在一般指 PON（Passive Optical Network，无源光纤网络）、EPON（Ethernet Passive Optical Network，以太网无源光网络）或 GPON（Gigabit Capable PON，宽带无源光综合光网络）接入网，如图 4-40 所示。

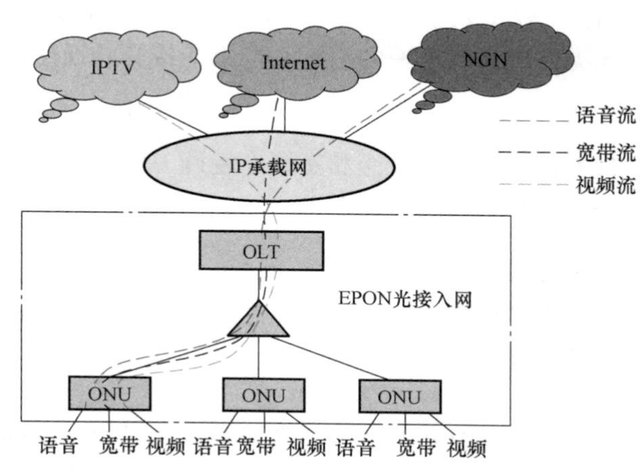

图 4-40　“三网融合”示意图

1. 三网融合的基本概念

“三网融合”中的三网是指：以电话网（包括移动通信网）为代表的传统电信网；以互联网（Internet）为代表的数据通信网；以有线电视网为代表的广播电视网。“三网”代表现代信息产业中三个不同行业，即电信业、计算机业和有线电视业的基础设施。

三网融合是一种广义的、社会化的说法，在现阶段它并不意味着电信网、互联网和有线电视网三大网络的物理合一，而主要是指高层业务应用的融合。其表现为技术上趋向一致，网络层上可以实现互联互通，形成无缝覆盖，业务层上互相渗透和交叉，应用层上趋向使用统一的 IP 协议，在经营上互相竞争、互相合作，朝着向人类提供多样化、多媒体化、个性化服务的同一目标逐渐交汇在一起，行业管制和政策方面也逐渐趋向统一。三大网络通过技术改造，能够提供包括语音、数据、图像等综合多媒体的通信业务，这就是所谓的三网融合。

三网融合的实质是全业务运营。未来的电信网、电视网和互联网都可以承载多种信息化业务，创造出更多种融合业务，而不是三张网合成一张网，因此三网融合不是三网合一。对用户而言，“一站式”、“一揽子”服务成为方向。

2. 三网融合的技术基础

三网融合，在概念上从不同角度和层次上分析，可以涉及技术融合、业务融合、行业融合、终端融合及网络融合。目前更主要的是应用层次上互相使用统一的通信协议。IP 优化光网络就是新一代电信网的基础，是人们通常所说的三网融合的技术基础。

1）数字技术的迅速发展和全面采用，使电话、数据和图像信号都可以通过统一的编码进行传输和交换，所有业务在网络中都将成为统一的“0”或“1”的比特流。

2）光通信技术的发展，为综合传送各种业务信息提供了必要的带宽和传输高质量，成为三网业务的理想平台。

3）软件技术的发展使得三大网络及其终端都通过软件变更，最终支持各种用户所需的特性、功能和业务。

4）最重要的是统一的TCP/IP协议的普遍采用，将使得各种以IP为基础的业务都能在不同的网上实现互通。人类首次具有统一的为三大网都能接受的通信协议，从技术上为三网融合奠定了最坚实的基础。

总之，三网融合是指电信网、计算机网和有线电视网三大网络通过技术改造，能够提供包括语音、数据、图像等综合多媒体的通信业务。

3. “三网融合”基本网络结构

结合FTTH与三网的融合和城域网与三网的融合应用实例，让我们看看三网融合的基本网络结构，图4-41给出了这两种情况下的基本网络结构示意图。

4. 三网融合的发展

如果按传统的办法处理三网融合将是一个长期而艰巨的过程。我国数据通信与发达国家相比起步晚，传统的数据通信业务规模不大，比起发达国家的多协议、多业务的包袱要小得多，因此，可以尽快转向以IP为基础的新体制，在光缆上采用IP优化光网络，建设宽带IP网，加速我国Internet的发展，使之与我国传统的通信网长期并存，既节省开支又充分利用现有的网络资源。

有线广域网在物联网应用中的一个劣势就是众所周知的IP地址不够的问题，在IPv6未全面实施之前，这个问题将制约有线网在物联网业务中的使用。而无线广域网可以通过发SIM卡（电话ID号码）的方式解决每个智能物件对应一个ID（号码）的问题。

4.5.2　现场总线FieldBus

根据IEC61158标准定义，现场总线是指安装在制造或过程区域的现场装置与控制室内的自动控制装置之间数字式、串行、多点通信的数据总线。

总线上的数据输入设备包括按钮、传感器、接触器、变送器、阀门等，传输其位置状态、参数值等数据；总线上的输出数据用于驱动信号灯、接触器、开关、阀门等；总线将分散的有通信能力的测量控制设备作为网络节点，连接成能相互沟通信息，共同完成自控任务的控制网络，如图4-42所示。

1. 产生的背景

在计算机数据传输中，长期使用低数据速率和点对点的数据传输标准。

在工业控制或生产自动化领域中使用大量的传感器、执行器和控制器，若采用星形拓扑结构，安装成本和介质造价高。采用流行的LAN组件和环形、总线型拓扑结构，其硬件和软件对应的系统造价高。

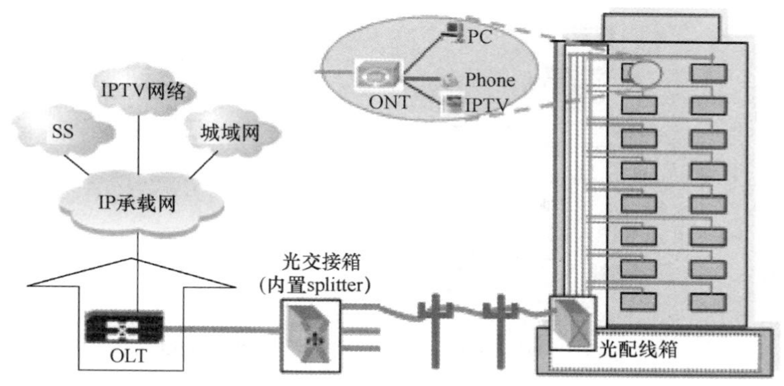

a) FTTH与三网的融合结构示意图

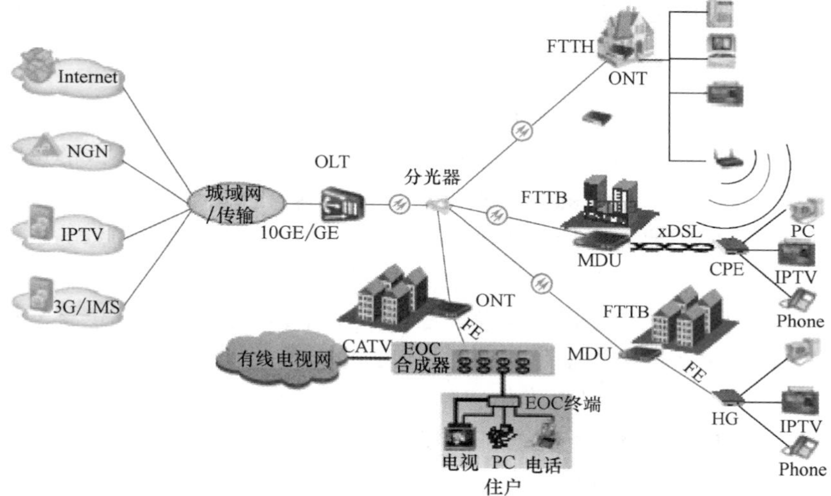

b) 城域网与三网融合结构示意图

图 4-41　“三网融合”的网络结构

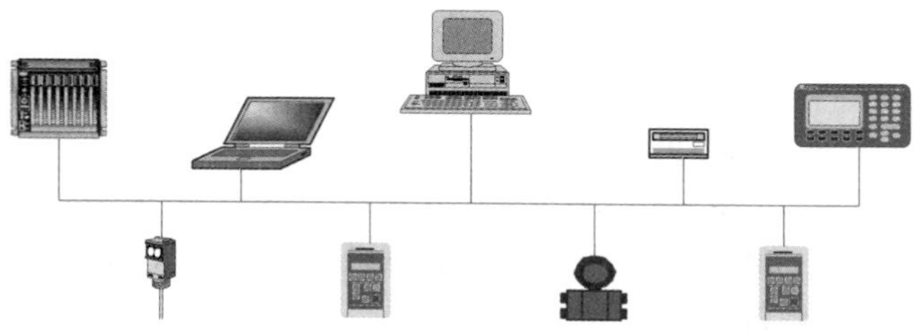

图 4-42　现场总线结构示意图

为了设计一种造价低而又能经受工业现场环境的通信系统，人们提出了总线结构，如图 4-43 所示。可以看出，现场总线控制系统减少了接线与安装，从而减少了控制系统的造价和成本。

2. 现场总线控制系统 FCS

现场总线控制系统 FCS 是建立在现场总线技术基础上的网络结构扁平化，具有开放性、

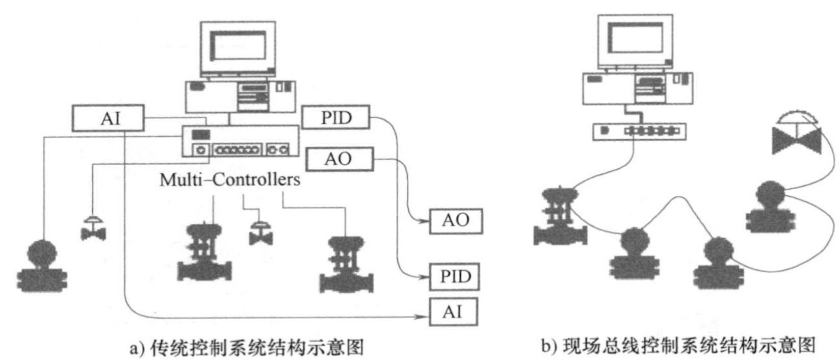

a) 传统控制系统结构示意图　　b) 现场总线控制系统结构示意图

图 4-43 传统控制系统与现场总线控制系统比较

可互操作性、常规控制功能彻底分散、有统一的控制策略组态方法的新一代分散型控制系统。

3. 技术特点

(1) 开放性 现场总线的开放性有几层含义：一是指相关标准的一致性和公开性，一致开放的标准有利于不同厂家设备之间的互连与替换；二是系统集成的透明性和开放性，用户进行系统设计、集成和重构的能力大大提高；三是产品竞争的公正性和公开性，用户可按自己的需要和评价，选用不同供应商的产品组成大小随意的系统。

(2) 交互性 现场总线设备的交互性有几层含义：一是指上层网络与现场设备之间具有相互沟通的能力；二是指现场设备之间具有相互沟通的能力，也就是具有互操作性；三是指不同厂家的同类设备可以相互替换，也就是具有互换性。

(3) 自治性 由于智能仪表将传感测量、补偿计算、工程量处理与控制等功能下载到现场设备中完成，因此一台单独的现场设备即具有自动控制的基本功能，可以随时诊断自己的运行状况，实现功能的自治。

(4) 适应性 安装在工业生产第一线的现场总线是专为恶劣环境而设计的，对现场环境具有很强的适应性。具有防电、防磁、防潮和较强的抗干扰能力，可满足本质安全防爆要求，可支持多种通信介质，如双绞线、同轴电缆、光缆、射频、红外线、电力线等。

4. 现场总线与其他通信技术的区别

(1) 现场总线与 RS232、RS485 RS232、RS485 只能代表通信的物理介质层和链路层，如果实现数据的双向访问，就必须自己编写通信应用和程序。现场总线技术是以 ISO/OSI 模型为基础的，具有完整的软件支持。

(2) 现场总线与计算机网络 现场总线是一种传输速率低、实时控制的网络，具有短帧传送、实时性强、可靠性高、安全性好的特点，适用于工业应用环境。计算机网络是一种实时性不高、高速信息网络。

5. 现场总线协议参考模型

为使不同厂家的智能仪表接入统一系统进行互连操作，国际标准化组织 ISO 于 1978 年建立了一个“开放系统互连”的技术委员会，起草了“开放系统互连基本参考模型”

（Open System Interconnection）的建议草案，1983 年正式成为国际标准（ISO7498），1986 年又对该标准进行了进一步的完善和补充。OSI 参考模型是根据应用功能划分为七层协议，也是通常所说的七层模型，如图 4-44 所示。

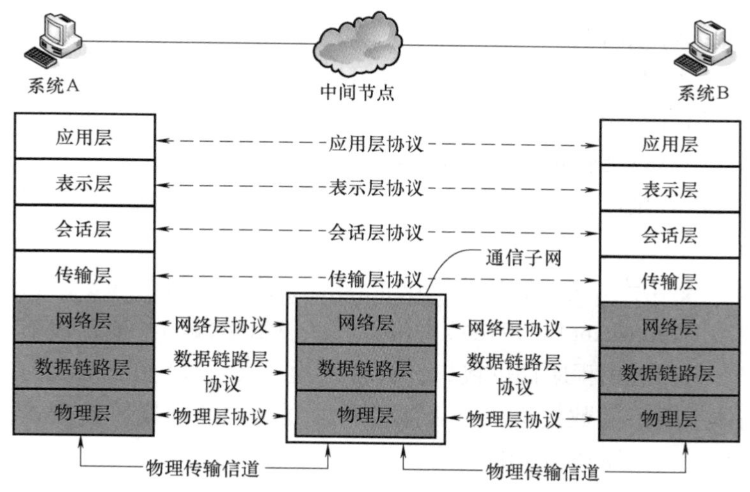

图 4-44　开放系统互连基本参考模型

（1）第一层：物理层　它是 OSI 模型最底层的“劳苦大众”。它透明地传输比特流，就是传输的信号。该层上的设备包括集线器、发送器、接收器、电缆、连接器和中继器。物理层的实体表现形式通常就是我们看得见的网卡。网卡的作用就是把线路发送过来的高频电流转化为数据包，然后传给网卡驱动程序，同时也把网卡驱动程序传送过来的数据包转化成电信号传送出去。定义通过网络设备发送数据的物理方式是网络媒介和设备间的接口。

（2）第二层：数据链路层　这一层是和包结构和字段打交道的“和事佬”。一方面接收来自网络层（第三层）的数据帧并为物理层封装这些帧；另一方面数据链路层把来自物理层的原始数据比特封装到网络层的帧中。因此，它起着重要的中介作用。

数据链路层由 IEEE 802 规划改进为包含两个子层：介质访问控制（MAC）和逻辑链路控制（LLC）。

智能集线器、网桥和网络接口卡（NIC）等就驻扎在这一层。但是网络接口卡同样具有物理层的一些编码功能等，是网卡驱动程序，定义控制通信连接的程序、封包、监测和改正包传输错误。

（3）第三层：网络层　这一层干的事就比较多了。它的工作对象，概括地说就是：电路、数据包和信息交换。网络层确定把数据包传送到其目的地的路径，就是把逻辑网络地址转换为物理地址。如果数据包太大不能通过路径中的一条链路送到目的地，那么网络层的任务就是把这些包分成较小的包。这些光荣的任务就派给了路由器、网桥路由器和网关。

以后几层属于较高层，通常驻留在跨网络相互通信的计算机中，而不像以上几层可以独自为阵。设备中只有网关可跨越所有各层，就是通常所说的由 NDIS（Network Driver Interface Specification，网络驱动接口规范）提供网络接口。网络层决定网络设备间如何传输数据；根据唯一的网络设备地址选择包；提供流和拥塞控制，以阻止网络资源的损耗。

（4）第四层：传输层　它确保按顺序无误地发送数据包。传输层把来自会话层的大量消息分成易于管理的包，以便向网络发送，也就是说由 TCP 协议的封包处理是在这一层进行的。该层可以管理网络中首尾连接的信息传送；提供通过错误恢复和流控制装置传送可靠且有序的包；提供无连接面向包的传送。

（5）第五层：会话层　在分开的计算机上的两种应用程序之间建立一种虚拟链接，这种虚拟链接称为会话（Session）。会话层通过在数据流中设置检查点而保持应用程序之间的同步。允许应用程序进行通信的名称识别和安全性的工作就由会话层完成，会话层也称为 SPI。SPI 是服务提供者接口，管理用户间的会话和对话；控制用户间的连接和挂断连接；报告上层错误。

（6）第六层：表示层　这一层的主要功能是定义数据格式及加密。在这种意义上，表示层也称为转换器（Translator）。该层负责协议转换、数据编码和数据压缩。转发程序在该层进行服务操作。它为应用程序提供接口，被称之为 API。API 负责 SPI 与应用程序之间的通信；定义不同体系间不同数据格式；具体说明独立结构的数据传输格式；编码和解码数据；加密和解密数据；压缩和解压缩数据。

（7）第七层：应用层　该层是 OSI 模型的最高层。应用层向应用进程展示所有的网络服务。当一个应用进程访问网络时，通过该层执行所有的动作，就是大家常见的应用程序，也称之为 EXE。应用层定义用于网络通信和数据传输的用户接口程序；提供标准服务，比如虚拟终端、文档以及任务的传输和操作。

纵观上述七层，从低级到高级，作一个形象的比喻就是从汇编语言到了 BASIC 语言，越到高层与硬件的关联就越弱。

习题与思考题

4-1　互联网的发展历程和关键技术是什么？

4-2　移动互联网的定义是什么？核心内容是什么？

4-3　什么是移动通信？其主要特点是什么？目前应用的有哪几种体制？

4-4　简述移动通信的工作方式与分类。

4-5　试述移动通信的发展趋势和方向。

4-6　试述移动通信电波传播的主要特点。

4-7　自由空间电波传播路径损耗与什么因素有关？

4-8　噪声如何分类？人为噪声有哪些特点？

4-9　什么叫无线信道、双工信道、控制信道、语音信道？它们的主要作用是什么？

4-10　3G 有哪些业务？3G 对业务有什么影响？

4-11　2G、3G 业务是什么关系？2G 是如何演进到 3G 的？

4-12　对 IEEE 802.11、IEEE 802.15.4、ZigBee 技术进行比较，它们之间有什么区别？

4-13　简述 IEEE 802.11、IEEE 802.15.4、ZigBee 协议标准的基本内容。

4-14　ZigBee 网络有哪几种拓扑结构？

4-15　无线局域网的物理层有哪几个标准?

4-16　常用的无线局域网设备有哪些?它们各自的功能又是什么?

4-17　无线局域网的网络结构有哪几种?

4-18　什么叫现场总线系统?

4-19　三网融合是哪三网融合?其核心内容是什么?

4-20　简述开放系统互连基本参考模型。

第 5 章

物联网中间件和软件

5.1 中间件

5.1.1 中间件的基本概念

随着计算机技术的发展，IT 厂商出于商业和技术利益的考虑，各自产品之间形成了差异，技术在不断进步，但差异却并没有因此减少。计算机用户出于历史原因和降低风险的考虑，必然也无法避免多厂商产品并存的局面。于是，如何屏蔽不同厂商产品之间的差异，如何减少应用软件开发与工作的复杂性，就成为技术不断进步之后，人们不得不面对的现实问题。然而，由一个厂商去统一众多产品之间的差异是不可能的，单独由计算机用户在自己的应用软件中去弥补其中的大片空档，限于技术深度和技术广度的要求，也是勉为其难。于是，中间件应运而生。中间件试图通过屏蔽各种复杂的技术细节使技术问题简单化。

在中间件产生以前，应用软件直接使用操作系统、网络协议和数据库等开发，这些都是计算机最底层的东西，越底层越复杂，开发者不得不面临许多很棘手的问题：

1）一个应用系统可能跨越多种平台，如 UNIX、NT，甚至大型计算机，如何屏蔽这些平台之间的差异？

2）如何处理复杂多变的网络环境？如何在脆弱的网络环境上实现可靠的数据传送？

3）一笔交易可能会涉及多个数据库，如何保证数据的一致性和完整性？

4）如何同时支持成千上万乃至更多用户的并发服务请求？

5）如何提高系统的可靠性，实现故障自动恢复和故障迁移，保证系统 7（天）×24（小时）×52（周）可用？

6）如何解决与已有应用系统的接口？

这些与用户的业务没有直接关系，但又必须解决，耗费了大量的时间和精力。于是，有人提出能不能将应用软件所要面临的共性问题进行提炼、抽象，在操作系统之上再形成一个可复用的部分，供成千上万的应用软件重复使用。这一技术思想最终构成了中间件这类的软件。中间件的目标就是解决分布应用开发中诸如互操作等共性问题，以及相同内涵的问题，提供这些共性问题的具有普适性的支撑机制。即在于抽取分布系统构造中的共性问题，封装这些共性问题的解决机制，对外提供简单统一的接口，从而减少开发人员在解决这些共性问

题时的难度和工作量。中间件通过 API（Application Programming Interface，应用程序接口）的形式为应用系统提供通用的服务，这些服务具有标准的程序接口和协议。

“中间件”这一术语最早出现在 20 世纪 80 年代后期，主要用于描述网络连接管理软件。在 90 年代中期，随着网络技术快速发展，中间件的概念日益普及。尽管目前尚没有统一的中间件定义，但在众多关于中间件的定义中，比较普遍被接受的是 IDC（Internet Data Center，互联网数据中心）的定义：中间件是一种独立的系统软件或服务程序，分布式应用软件借助这种软件在不同的技术之间共享资源，中间件位于客户机服务器的操作系统之上，管理计算资源和网络通信，如图 5-1 所示。

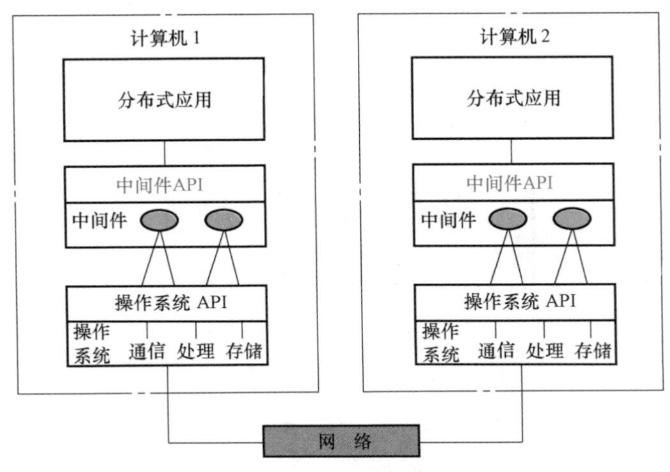

图 5-1　中间件的定位

IDC 对中间件的定义表明，中间件是一类软件，而非一种软件；中间件不仅仅实现互连，还要实现应用之间的互操作；中间件是基于分布式处理的软件，最突出的特点是其网络通信功能，即克服网络环境多种挑战的一类系统软件。

中国科学院软件研究所研究员仲萃豪形象地把中间件定义为：平台 + 通信。这个定义限定了只有用于分布式系统中的此类软件才能被称为中间件，同时此定义还可以把中间件与支撑软件和实用软件区分开来。

物联网中间件处于物联网的集成服务器端和感知层、传输层的嵌入式设备中。服务器端中间件称为物联网业务基础中间件，一般都是基于传统的中间件，如应用服务器、ESB（Enterprise Service Bus，企业服务总线）/MQ（Message Queue，消息队列）等构建，加入设备连接和图形化组态展示等模块（如同方品牌的 ezM2M 物联网业务中间件）。嵌入式中间件是一些支持不同通信协议的模块和运行环境。中间件的特点是它固化了很多通用功能，但在具体应用中多半需要“二次开发”来实现个性化的行业业务需求，因此所有物联网中间件都要提供 RAD（Rapid Application Develop，快速应用开发）工具。

5.1.2　中间件的作用和特点

如果软件是物联网的核心和灵魂，中间件（Middleware）就是这个灵魂的核心。

一般说来，中间件有两层含义。从狭义的角度，中间件意指 Middleware，它是表示网络环境下处于操作系统等系统软件和应用软件之间的一种起连接作用的分布式软件，通过 API 的形式提供一组软件服务，可使得网络环境下的若干进程、程序或应用可以方便地交流信息和有效地进行交互与协同。简言之，中间件主要解决异构网络环境下分布式应用软件的通信、互操作和协同问题，它可屏蔽并发控制、事务管理和网络通信等各种实现细节，提高应用系统的易移植性、适应性和可靠性。从广义的角度，中间件在某种意义上可以理解为中间层软件，通常是指处于系统软件和应用软件之间的中间层次的软件，其主要目的是对应用软件的开发提供更为直接和有效的支撑，如图 5-2 所示。

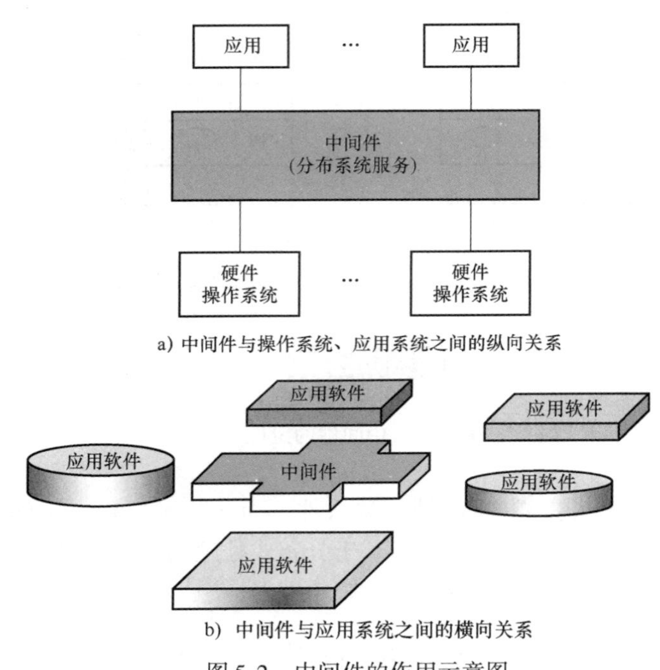

a）中间件与操作系统、应用系统之间的纵向关系

b）中间件与应用系统之间的横向关系

图 5-2　中间件的作用示意图

具体地说，中间件屏蔽了底层操作系统的复杂性，使程序开发人员面对一个简单而统一的开发环境，减少程序设计的复杂性，将注意力集中在自己的业务上，不必再为程序在不同系统软件上的移植而重复工作，从而大大减少了技术上的负担。

中间件带给应用系统的，不只是开发的简便、开发周期的缩短，也减少了系统的维护、运行和管理的工作量，还减少了计算机总体费用的投入。Standish（美国的一家软件成本评估组织）的调查报告显示，由于采用了中间件技术，应用系统的总建设费用可以减少 50% 左右。

其次，中间件作为新层次的基础软件，其重要作用是将不同时期、在不同操作系统上开发的应用软件集成起来，使它们彼此像一个天衣无缝的整体一样协调工作，这是操作系统、数据库管理系统本身做不了的。中间件的这一作用，使得在技术不断发展之后，我们以往在应用软件上的劳动成果仍然物有所用，因此节约了大量的人力、财力投入。

综上所述，中间件的特点可归纳为以下几点：

1）满足大量应用的需要。

2）运行于多种硬件和 OS 平台。

3）支持分布计算，提供跨网络、硬件和 OS 平台透明的应用和服务的交互。

4）支持标准的协议。

5）支持标准的接口。

5.1.3　中间件的分类

目前，中间件发展很快，已经与操作系统、数据库并列为三大基础软件，其类比见表 5-1。

表 5-1　操作系统、数据库管理系统、中间件的类比

特点＼软件类	操作系统	数据库管理系统	中　间　件
产生动因	硬件过于复杂	数据操作过于复杂	网络环境过于复杂
主要作用	管理各种资源	组织各类数据	支持不同的交互模式
主要理论基础	各种调度算法	各种数据模型	各种协议、接口定义方式
产品形态	不同的操作系统功能类似	不同的数据库管理系统功能类似，但类型比操作系统多	存在大量不同种类中间件产品，它们的功能差别较大

中间件技术已经日渐成熟，并且出现了不同层次、不同类型的中间件产品，大致可分为以下几类。

1. 消息中间件（Message Orient Middleware，MOM）

将数据从一个应用程序发送到另一个应用程序，这就是消息中间件的主要功能。它要负责建立网络通信的通道，进行数据的可靠传送，保证数据不重发，不丢失。消息中间件的一个重要作用是可以实现跨平台操作，为不同操作系统上的应用软件集成提供数据传送服务，如图 5-3 所示。它适用于进行非实时的数据交换，如银行间结算数据的传送。主要的产品有：IBM MQSeries、BEA MessageQ、BEA Tuxedo /Q MicroSoft MSMQ、东方通科技 tonglink/q。

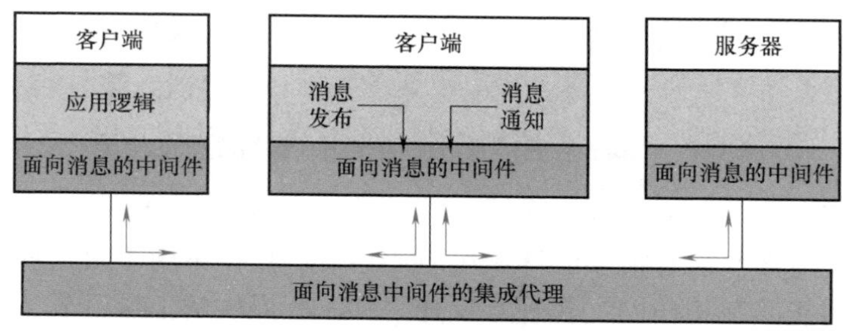

图 5-3　面向消息中间件工作过程

2. 交易中间件（Transaction Processing，TP）

交易中间件也和消息中间件一样具有跨平台、跨网络的能力，但它的主要功能是管理分布于不同计算机上的数据的一致性，协调数据库处理分布式事务，保障整个系统的性能和可靠性。交易中间件所遵循的主要标准是x/opendtp模型。它适用于联机交易处理系统，如银行的ATM系统、电信的计费营收系统。主要产品有：BEA TUXEDO、IBM CICS、东方通科技tongeasy。

3. 对象中间件（Object Monitor）

对象中间件也叫Object TP Monitor，在分布式异构的网络计算环境中，将各种分布对象有机地结合在一起，完成系统的快速集成，实现对象重用。在线的电子交易很适合采用这种中间件类型。因为这种类型的应用会被频繁地修改，面向对象的体系结构可以保持足够的弹性来应付这种改动。提到面向对象的中间件，就必须提到对象请求代理（Object Request Brokers，ORBs）。现在有三种对象请求代理体系结构：CORBA（Common Object Request Broker Architecture，公共对象请求代理体系结构）、EJB（是Java中的商业应用组件技术）、COM+（COM+不仅继承了COM所有的优点，而且还增加了一些服务，比如队列服务、负载平衡、内存数据库、事件服务）。显然，ORBs是一组协议或标准，现在的对象中间件都是按照上面三种体系结构的某一种来构造的，如：Borland VisiBroker、MicroSoft Transaction Server、IONA orbix、IBM componentbroker、东方通科技tongbroker。

4. 应用服务器（Application Server）

应用服务器主要用来构造基于Web的应用，是企业实施电子商务的基础平台，如图5-4所示。它一般是基于J2EE（Java2 Platform Enterprise Edition，企业级开发平台）体系结构，让网络应用的开发、部署、管理变得更加容易，使开发人员专注于业务逻辑。主要的产品有BEA weblogic、IBM webspere、Borland AppServer等，还有一些开放源代码的J2EE应用服务器，如JBOSS等。

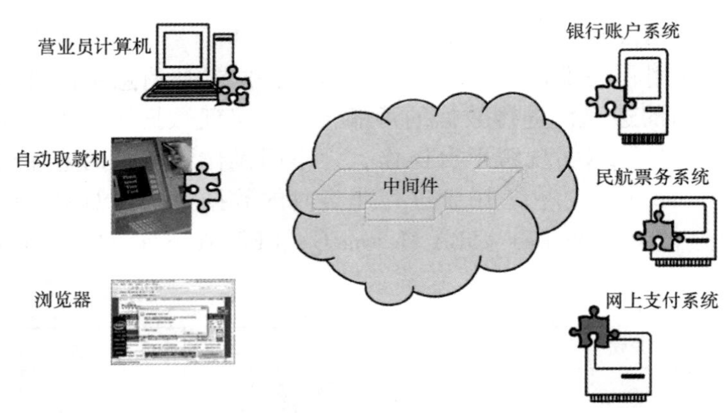

图5-4　中间件在具体系统中的作用：银行系统的例子

5. 企业级应用集成（Enterprise Application Intergration，EAI）

一个大型企业内部往往有很多的计算机应用系统，EAI可用于对这些系统进行有效的整合，使它们之间能够互相访问，实现互操作。EAI所提供的上层开发工具或许是EAI和其他中间件最大的区别，它允许用户自定义商业逻辑和自动使数据对象符合这些规则。EAI的典型应用是那些巨型企业的大量应用系统的整合，主要的产品有BEA ELINK、BEA WLI等。

6. 安全中间件（Security Middlewares）

近几年，随着互联网的发展，信息安全越来越受到普遍关注，安全中间件也应运而生。

安全中间件是以公钥基础设施（PKI）为核心的、建立在一系列相关国际安全标准之上的一个开放式应用开发平台，向上为应用系统提供开发接口，向下提供统一的密码算法接口及各种 IC 卡、安全芯片等设备的驱动接口。主要产品有：ENTRUST entrus、东方通科技 tongsec 等。

> 上面对中间件的分类描述并不是一个很严格的定义，只是一个大致的划分，中间件是一个快速发展的技术。
>
> 在实际应用中，一般将中间件分为两大类：一类是底层中间件，用于支撑单个应用系统或解决一类问题，包括交易中间件、应用服务器、消息中间件、数据访问中间件等；另一类是高层中间件，更多的用于系统整合，包括企业应用集成中间件、工作流中间件、门户中间件等，高层中间件通常会与多个应用系统打交道，在系统中层次较高，并大多基于前一类的底层中间件运行。

5.1.4　中间件的优越性

1. 缩短投放市场所需时间

时间因素绝对是所有项目的首要问题。自行建立软件基础结构耗时长，使用现成的基础结构软件则可以将软件开发时间缩短 25% ~50%。如果应用系统每月可带来 100 万美元的利润或节省 100 万美元的开销，那么软件开发时间缩短的每一个月就相当于在银行存入 100 万美元。

2. 节省应用开发费用

Standish 组织（美国的一家软件成本评估组织）调查 100 个关键任务应用系统，对其编码中的业务/应用部分的代码量和基础结构部分的代码量进行评估。结果表明：只有少于 30% 的代码与应用/业务有关，而其余部分均归属于基础结构。如果使用现成的基础结构，费用可节省 25% ~60%。对于一个 200 万美元的项目而言，这意味着将节省 50 ~ 120 万美元。

3. 减少系统运行开销

一个不采用商用中间件产品部署的系统，其初期购买及运行费用将加倍。许多大企业由于采用中间件产品而在硬件及软件方面节省了大量的投资。例如，一个 200 万美元的项目因此将只需花费 100 万美元，而其中还包括了中间件的投资。

4. 降低失败率

Standish 市场组织对项目失败的定义为项目被取消或没有完成预期的预算、交付使用时间以及业务要求等目标。调查表明自行开发中间件的项目失败率高达 90% 以上，可见这种做法是十分危险的，其结果可能是 100% 推翻重来，以至于 1000% 超出预算。

5. 提高投资效率

采用中间件产品既能保护现有投资，又能提高投资效率。通过使用中间件产品，用户可以建立专有系统以外的应用程序，不但扩展了主机应用，而且还能将主机应用与整体系统实现无缝连接。许多企业发现其在两层客户机/服务器结构下建立的新的应用系统并不能在 Internet 上运行，而已被淘汰的应用程序则更适合 Internet。采用中间件技术可以恢复被 Internet 淘汰的应用程序的生命，该费用将大大低于应用程序重新开发的费用。这笔费用通常会在数十万美元到数亿美元之间。

6. 简化应用集成

使用中间件产品，现有应用程序、新开发应用程序以及所有其他购买软件均能实现无缝集成，从而能够从开发、投放市场时间两方面节约数百万美元的开支。

7. 降低软件维护费用

自行开发基础结构成本很高，维护时则更会变本加厉。对于自行开发的基础结构，其年维护费可达开发费用的 15% ~25%；而应用程序的维护费则达到开发费用的 10% ~20%。以一个 200 万美元的项目为例，其中 120 万美元用于基础结构建立，其年维护费为 18 ~28 万美元。而购买现成的中间件仅需项目总成本的 15% ~20%，依购买规模和供应商的不同还有可能大大低于该价格。

8. 高质量

在自行建立中间件的应用系统中，每次将新的应用组件加入系统时，相应的新的中间件模块被加入到当前的中间件之上。在一个实际的应用系统中，Standish 集团发现其使用了 17000 个应用接口。而商用中间件产品则具有清晰的接口层次，从而大大降低新系统及原有系统的维护成本。此外，由于商用中间件支持数百万的交易吞吐量，其质量远远高于用户自行开发的中间件产品。

9. 保证技术革新

除了需对自行建立的中间件进行维护，还需对其进行技术革新，而这似乎不太现实。而从第三方购买的中间件产品则会随着其所属公司对其进一步的投资不断得到增强。采用具有层次接口设计的中间件产品，将能节省时间和费用。

10. 增强应用程序吸引力

由于中间件提供了一个灵活的平台，许多新功能、新特性均可以在应用系统中得以建立。

5.1.5 物联网中间件

前言已经谈到了物联网核心技术涉及感知、互联互通和智能三方面。当前物联网的网络层划分为底层的感知网络层和网络层两部分，如图 5-5 所示。在感知网络层，研究重点主要集中在移动 M2M、无线传感网（WSN）、RFID、工业信息化融合等四部分。

从本质上看，物联网中间件是物联网应用的共性需求（感知、互联互通和智能），与已存在的各种中间件及信息处理技术，包括信息感知技术、下一代网络技术、人工智能与自动化技术的聚合与技术提升。然而在目前阶段，一方面，受限于底层不同的网络技术和硬件平台，物联网中间件研究主要还集中在底层的感知和互联互通方面，现实目标包括屏蔽底层硬件及网络平台差异，支持物联网应用开发、运行时共享和开放互联互通，保障物联网相关系统的可靠部署与可靠管理等内容。另一方面，当前物联网应用复杂度和规模还处于初级阶段，物联网中间件支持大规模物联网应用还存在环境复杂多变、异构物理设备、远距离多样式无线通信、大规模部署、海量数据融合、复杂事件处理、综合运维管理等诸多仍未克服的障碍。

按物联网底层感知及互联互通和面向大规模物联网应用两方面情况，当前物联网中间件

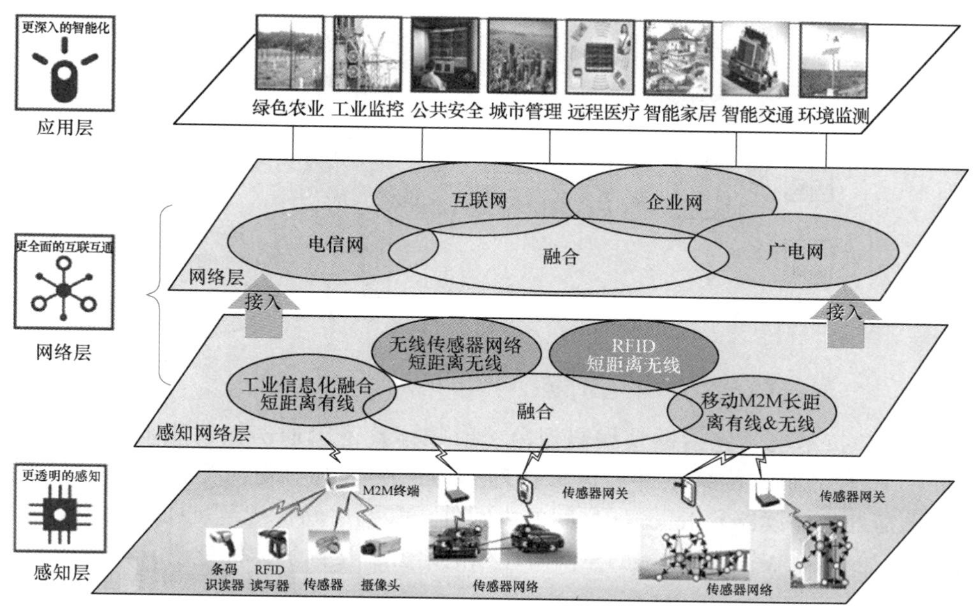

图 5-5 物联网核心技术与分层结构

的相关研究现状：在物联网底层感知与互联互通方面，EPC 中间件相关规范、OPC 中间件相关规范已经过多年的发展，相关商业产品在业界已被广泛接受和使用。

WSN 中间件以及面向开放互联的 OSGI（Open Service Gateway Initiative，面向 Java 的动态模型系统）中间件，正处于研究热点；在面向大规模物联网应用方面，面对海量数据实时处理等的需求，传统面向服务的中间件技术将难以发挥作用，而事件驱动架构、复杂事件处理 CEP（Complex Event Processing）中间件则是物联网大规模应用的核心研究内容之一。这里只对电子标签中间件作适当的介绍。

1. EPC 中间件

EPC 系统是一个先进的、综合性的和复杂的系统。它由 EPC 编码体系、RFID 系统及信息网络系统三个部分组成，主要包括六个方面：EPC 编码、EPC 标签、读写器、EPC 中间件、对象名称解析服务（ONS）和 EPC 信息服务（EPCIS），如图 5-6 所示，其中 PML 为实体标记语言（Physical Markup Language）。

EPC（Electronic Product Code）中间件扮演电子产品标签和应用程序之间的中介角色。应用程序使用 EPC 中间件所提供的一组通用应用程序接口，即可连到 RFID 读写器，读取 RFID 标签数据。基于此标准接口，即使存储 RFID 标签数据的数据库软件或后端应用程序增加或改由其他软件取代，或者读写 RFID 读写器种类增加等情况发生时，应用端不需修改也能处理，省去多对多连接的维护复杂性等问题。

EPC global 主要针对 RFID 编码及应用开发规范方面进行研究，其主要职责是在全球范围内对各个行业建立和维护 EPC 网络，保证供应链各环节信息的自动、实时识别采用全球

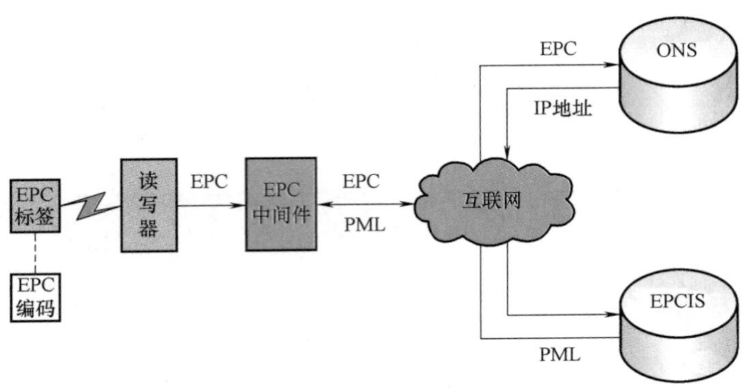

图5-6 EPC系统组成

统一标准。EPC技术规范包括标签编码规范、射频标签逻辑通信接口规范、识读器参考实现、Savant（一种分布式网络软件，负责管理和传送产品电子码相关数据的分布式网络软件）。Savant是处在解读器和Internet之间的中间件，涉及中间件规范、ONS对象名解析服务规范、PML（Physical Markup Language，物理标记语言，又称实体标记语言）等内容。

其中：

1）EPC标签编码规范通过统一的、规范化的编码来建立全球通用的物品信息交换语言。

2）EPC射频标签逻辑通信接口规范制定了EPC（Class 0-ReadOnly、Class 1-Write Once、Read Many，Class 2/3/4）标签的空中接口与交互协议。

3）EPC标签识读器提供一个多频带低成本RFID标签识读器参考平台。

4）Savant中间件规范支持灵活的物体标记语言查询，负责管理和传送产品电子标签相关数据，可对来自不同识读器发出的海量标签流或传感器数据流进行分层、模块化处理。

5）ONS本地物体名称解析服务规范能够帮助本地服务器吸收用标签识读器侦测到的EPC标签的全球信息。

6）物体标记语言（PML）规范，类似于XML（X Extensible Markup Language，可扩展标记语言），可广泛应用在存货跟踪、事务自动处理、供应链管理、机器操纵和物对物通信等方面。

2. RFID中间件

目前，RFID中间件是物联网中间件的主要代表，是EPC中间件的最典型的应用形式。RFID中间件是将底层RFID硬件和上层企业应用结合在一起的粘合剂。RFID中间件是RFID系统的神经中枢，它位于读写器与应用软件之间。RFID成功的关键除了标签的信息、天线的设计、波段的标准化之外，最重要的就是要有杀手级的应用软件才能迅速推广，而中间件被称为RFID运作的中枢，正是因为它可以加速应用软件的问世。

RFID应用软件系统是针对不同行业的特定需求而开发的应用软件，它可以集成到现有的电子商务和电子政务平台中，与ERP（企业资源计划）、WMS（仓储管理系统）、

CRM（客户关系管理系统）以及 SCM（物流与供应链管理）等系统结合起来为各个不同的应用内容服务。

RFID 中间件在系统中的位置和作用如图 5-7 所示。

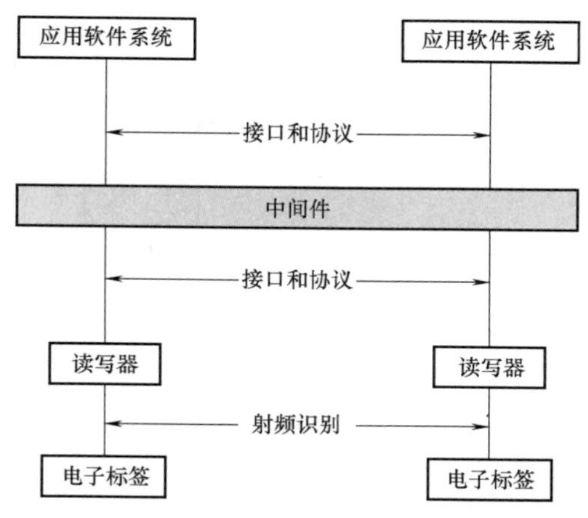

图 5-7　RFID 中间件在系统中的位置和作用

由前面对中间件和消息中间件的介绍，可以看出RFID 中间件是一种面向消息的中间件，信息是以消息的形式，从一个程序传送到另一个或多个程序。信息可以以异步方式传送，所以传送者不必等待回应。面向消息的中间件包含的功能不仅是传递信息，还必须包括解译数据、安全性、数据广播、错误恢复、定位网络资源等工具和服务。

从 RFID 中间件的定义可以看到，RFID 中间件的作用主要包括两个方面：其一，操纵控制 RFID 读写设备按照预定的方式工作，保证不同读写设备之间很好地配合协调；其二，按照一定的规则筛除过滤数据，筛除绝大部分冗余数据，将真正有效的数据传送给后台的信息系统。

3. RFID 中间件的关键技术

首先是连接问题。在 RFID 应用实施中，需要解决的第一个关键问题就是如何实现 RFID 读写器与现有应用系统的有效连接，设备通用性与兼容性是整个应用的关键。此外，如何正确读取 RFID 数据，确保数据读取的可靠性以及有效地将数据传送到后端应用系统都是必须考虑的问题。中间件架构解决方案将有效解决这些问题，是 RFID 应用领域一项极为重要的核心技术。EPC global 在制定的“Auto-ID Savant 规范 1.0”中提出了 Savant 概念，后来在这个概念的基础上延伸出了 RFID 中间件和边缘服务器。

RFID 中间件通常是位于后台网络和读写器终端之间的硬件设备和软件程序。当前，除 RFID 设备外，RFID 系统主要包括连接读写器的计算机系统及其上运行的用户应用程序，此外也包括一些专门为读写器配套的网络接口设备。中间件的功能就是配合读写器工作，以相应的协议处理来自不同读写器的数据信息，并将其转化成应用系统可以识别的数据信息，同时可以接收应用系统的指令来控制 RFID 终端设备。总体来讲，RFID 中间件就是介于 RFID 读写器与应用系统之间的，用于管理和分发 RFID 数据、控制 RFID 设备的平台，其应用模式如图 5-8 所示。

其次是多识别问题。RFID 技术的一个优点就是可以实现对多个目标识别。在 RFID 系统工作时，在读写器作用范围内，可能会有多个电子标签存在，容易形成冲突。这种冲突存在两种形式：一种是同一标签同时收到不同读写器发出的命令，另一种是一个读写器同时收到多个不同标签返回的数据。为了防止这些冲突的产生，需要设置一些命令集来解决这一问题，第一种冲突是实际中最常出现的，也是防碰撞研究的重点。

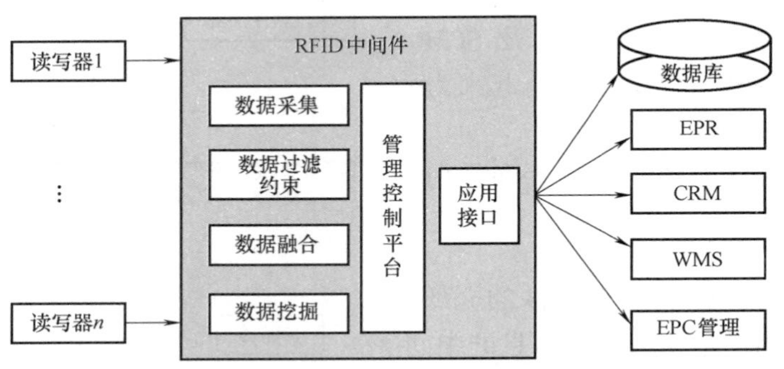

图 5-8 RFID 中间件应用模式

5.2 M2M 技术

随着科学技术的发展，越来越多的设备需要通信和联网。通信网络技术的出现和发展，给社会生活面貌带来了极大的变化。人与人之间可以更加快捷地沟通，信息的交流更顺畅。但是目前仅仅是计算机和其他一些 IT 类设备具备这种通信和网络能力。众多的普通机器设备几乎不具备联网和通信能力，例如工业设备、仪器仪表、家电、车辆、自动售货机、工厂设备等。M2M 技术的目标就是使所有机器设备都具备联网和通信能力，其核心理念就是网络一切（Network Everything）。M2M 技术具有非常重要的意义，有着广阔的市场和应用，推动着社会生产和生活方式新一轮的变革。

M2M 是一种理念，也是所有增强机器设备通信和网络能力的技术总称。人与人之间的沟通很多也是通过机器实现的，例如通过手机、电话、计算机、传真机等机器设备之间的通信来实现人与人之间的沟通。另外一类技术是专为机器和机器建立通信而设计的，如许多智能化仪器仪表都带有 RS232/485/422、TTL 接口和 GPIB 通信接口，增强了仪器与仪器之间，仪器与计算机之间的通信能力。目前，绝大多数的机器和传感器不具备本地或者远程的通信和联网能力。

预计未来用于人与人通信的终端可能仅占整个终端市场的 1/3，而更大数量的通信是机器对机器（M2M）通信业务。事实上，目前机器的数量至少是人类数量的 4 倍，因此 M2M 具有巨大的市场潜力。

M2M 的潜在市场不仅限于通信业。由于 M2M 是无线通信和信息技术的整合，它可用于双向通信，如远距离收集信息、设置参数和发送指令，因此 M2M 技术可有不同的应用方案，如安全监测、自动售货机、货物跟踪等。

5.2.1 M2M 概述

M2M 是机器对机器（Machine to Machine）通信的简称。M2M 表达的是多种不同类型的通信技术有机地结合在一起：机器之间通信、机器控制通信、人机交互通信、移动互联通信。

M2M 让机器、设备、应用处理过程与后台信息系统共享信息，并与操作者共享信息。

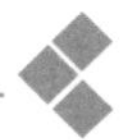

在 M2M 中，GSM/GPRS/UMTS 是主要的远距离连接技术，其近距离连接技术主要有 802.11b/g、Bluetooth、ZigBee、RFID 和 UWB（超宽带无线技术）。此外，还有一些其他技术，如 XML 和 Corba，以及基于 GPS、无线终端和网络的位置服务技术。M2M 提供了设备实时数据在系统之间、远程设备之间、机器与人之间建立无线连接的简单手段，实现人与机器、机器与机器之间畅通无阻、随时随地的通信。

M2M 是现阶段物联网最普遍的应用形式，是实现物联网的第一步。未来的物联网将是由无数个 M2M 系统构成，不同的 M2M 系统会负责不同的功能处理，通过中央处理单元协同运作，最终组成智能化的社会系统，如图 5-9 所示。

5.2.2　M2M 的内涵

M2M 是一种理念，无论是需要机器设备之间的通信来实现人与人之间的沟通，还是为机器和机器建立通信而设计的，如许多智能化仪器仪表都带有 RS232 接口（PC 与通信工业中应用最广泛的一种串行接口）和 GPIB（General Purpose Interface Bus，通用接口总线）通信接口，增强了仪器与仪器之间、仪器与计算机之间的通信能力。M2M 技术具有非常重要的意义，有着广阔的市场和应用，推动着社会生产和生活方式新一轮的变革，如图 5-10 所示。

物联网
感知技术
RFID感应器/智能芯片/纳米技术……
WSN
(神经末梢网)
ZigBee/蓝牙/WiFi/NFC
M2M
机器通信
泛在网
互联网
移动网
智能处理
自动控制/模式识别/云计算/SAAS

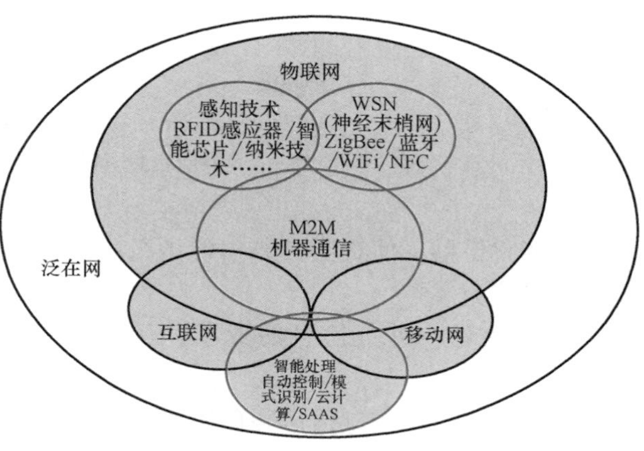

图 5-9　M2M 在物联网系统中的位置

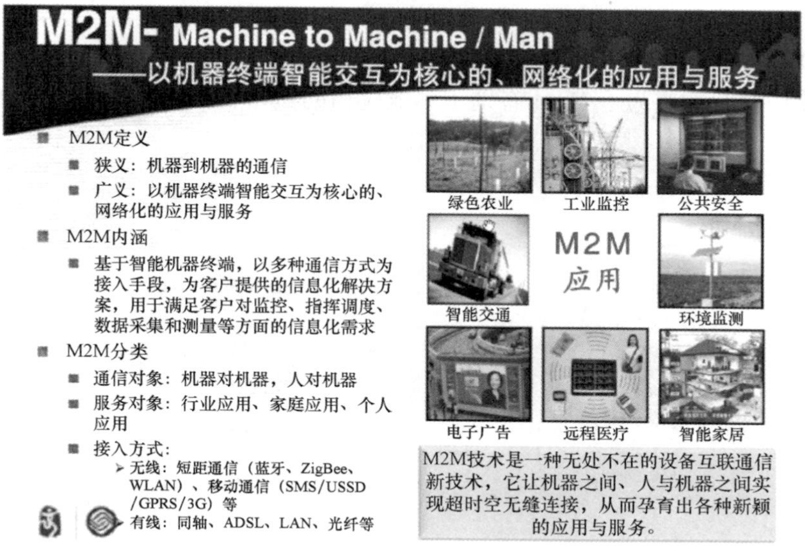

M2M- Machine to Machine / Man
——以机器终端智能交互为核心的、网络化的应用与服务
M2M定义
狭义：机器到机器的通信
广义：以机器终端智能交互为核心的、网络化的应用与服务
M2M内涵
基于智能机器终端，以多种通信方式为接入手段，为客户提供的信息化解决方案，用于满足客户对监控、指挥调度、数据采集和测量等方面的信息化需求
M2M分类
通信对象：机器对机器，人对机器
服务对象：行业应用、家庭应用、个人应用
接入方式：
无线：短距通信（蓝牙、ZigBee、WLAN）、移动通信（SMS/USSD/GPRS/3G）等
有线：同轴、ADSL、LAN、光纤等
绿色农业
工业监控
公共安全
M2M
应用
智能交通
环境监测
电子广告
远程医疗
智能家居
M2M技术是一种无处不在的设备互联通信新技术，它让机器之间、人与机器之间实现超时空无缝连接，从而孕育出各种新颖的应用与服务。

图 5-10　M2M 是什么

1. M2M的基本构成

M2M由以下几部分构成：机器、M2M硬件、通信网络、中间件、应用，如图5-11所示。

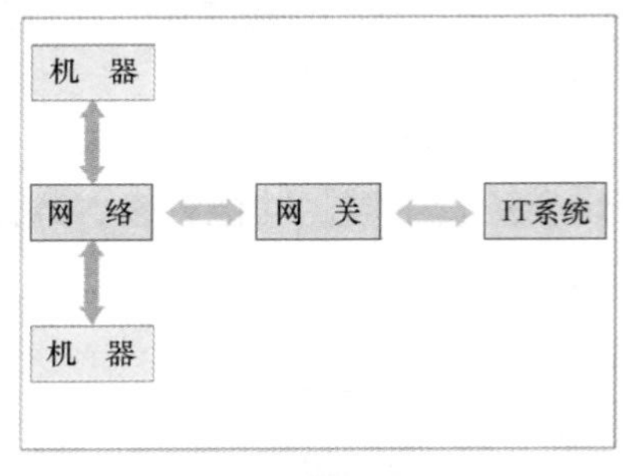

a) M2M系统框架

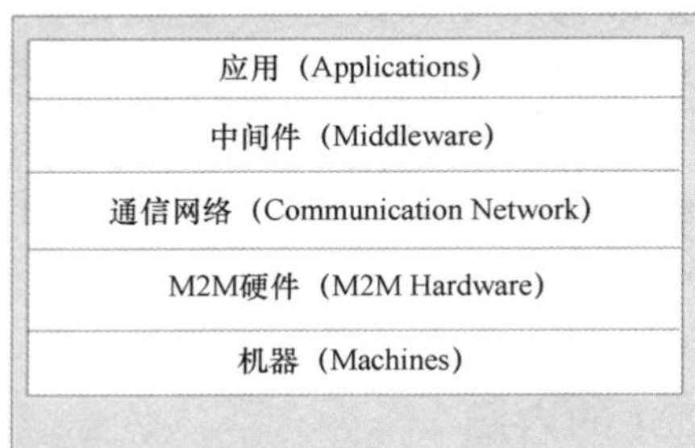

b) M2M系统的组成部分

图5-11 M2M的基本构成

智能化机器：使机器“开口说话”，让机器具备信息感知、信息加工（计算能力）、无线通信能力。

M2M硬件：进行信息的提取，从各种机器/设备那里获取数据，并传送到通信网络。

通信网络：将信息传送到目的地。

中间件：在通信网络和IT系统间起桥接作用。

应用：对获得的数据进行加工分析，为决策和控制提供依据。

M2M不是简单的数据在机器和机器之间的传输，更重要的是，它是机器和机器之间的一种智能化、交互式的通信。也就是说，即使人们没有实时发出信号，机器也会根据既定程序主动进行通信，并根据所得到的数据智能化地做出选择，对相关设备发出正确的指令。可以说，智能化、交互式成为了M2M有别于其他应用的典型特征，在这一特征下的机器也被赋予了更多的“思想”和“智慧”，如图5-12所示。

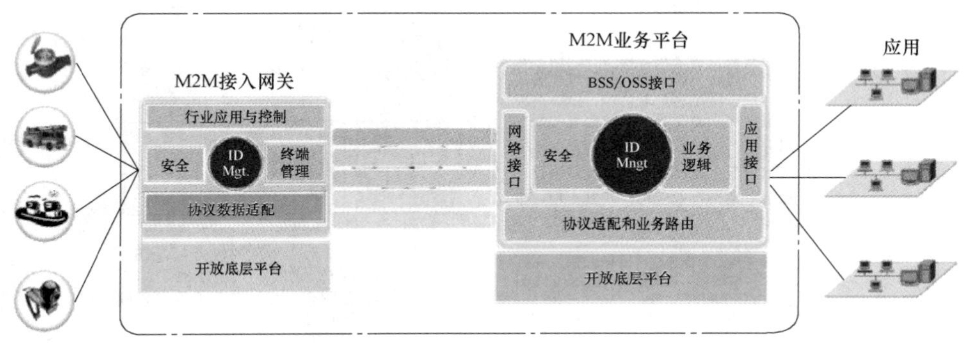

图5-12 M2M的内涵

M2M 产品主要由三部分构成：第一，无线终端，即特殊的行业应用终端，而不是通常的手机或笔记本电脑；第二，传输通道，从无线终端到用户端的行业应用中心之间的通道；第三，行业应用中心，也就是终端上传数据的会聚点，对分散的行业终端进行监控。其特点是行业特征强，用户自行管理，而且可位于企业端或者托管。

2. 物联网 M2M 系统架构

M2M 业务流程涉及众多环节，其数据通信过程内部也涉及多个业务系统，主要包括：①M2M 终端；②M2M 管理平台；③应用系统。其系统构架如图 5-13 所示。

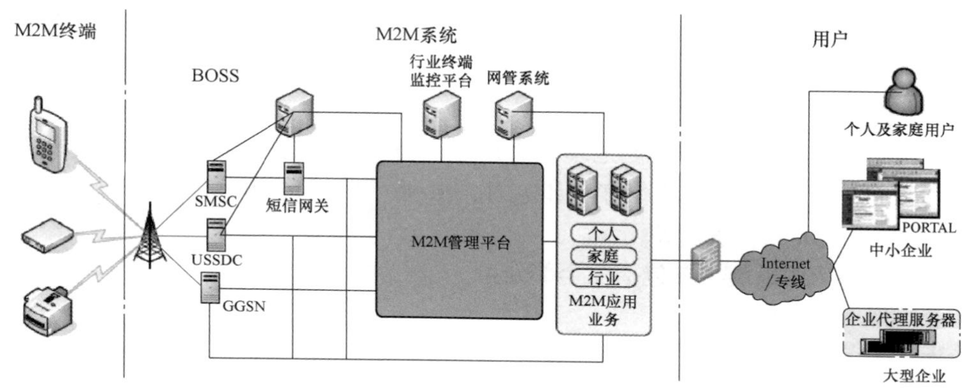

图 5-13　M2M 系统构架

M2M 系统的各网元功能描述：

（1）M2M 终端　M2M 终端基于 WMMP 协议并具有以下功能：接收远程 M2M 平台激活指令、本地故障告警、数据通信、远程升级、数据统计以及端到端的通信交互功能。

（2）M2M 管理平台　为 M2M 应用服务的客户提供统一的 M2M 终端管理、终端设备鉴权，并对目前短信网关尚未实现的接入方式进行鉴权。支持多种网络接入方式，提供标准化的接口使得数据传输简单直接，提供数据路由、监控、用户鉴权、计费等管理功能。

（3）M2M 应用业务　为 M2M 应用服务客户提供各类 M2M 应用服务业务，由多个 M2M 应用业务平台构成，主要包括个人、家庭、行业三大类 M2M 应用业务平台。

（4）短信网关　由行业应用网关或梦网（Monternet，移动梦网）网关组成，与短信中心等业务中心或业务网关连接，提供通信能力，负责短信等通信接续过程中的业务鉴权、设置黑白名单、EC/SI 签约关系/黑白名单导入。行业网关产生短信等通信原始使用话单，送给 BOSS 计费。

（5）USSDC　USSDC 负责建立 M2M 终端与 M2M 平台的 USSD（Unstructured Supplementary Service Data，非结构化补充数据业务）通信。

（6）GGSN　GGSN 负责建立 M2M 终端与 M2M 平台的 GPRS 通信，提供数据路由、地址分配及必要的网间安全机制。

（7）BOSS　BOSS 与短信网关、M2M 平台相连，完成客户管理、业务受理、计费结算和收费功能。对 EC/SI（Electronic Commerce/ Space Identity，电子商务/空间识别）提供的业务进行数据配置和管理，支持签约关系受理功能，支持通过 HTTP/FTP 接口与行业网关、

M2M 平台、EC/SI 进行签约关系以及黑白名单等同步的功能。

（8）行业终端监控平台 M2M 平台提供 FTP 目录，将每月统计文件存放在 FTP 目录，供行业终端监控平台下载，以同步 M2M 平台的终端管理数据。

（9）网管系统 网管系统与平台网络管理模块通信，完成配置管理、性能管理、故障管理、安全管理及系统自身管理等功能。

5.2.3 M2M 业务及应用系统分类

根据终端是否移动，业务应用可分为两大类：

1. 移动性应用

适用于外围设备位置不固定、移动性强、需要与中心节点实时通信的应用，如交通、公安、海关、税务、医疗、物流等行业从业人员手持系统或车载、船载系统等。

2. 固定性应用

适用于外围设备位置固定，但地理分布广泛、有线接入方式部署困难或成本高昂的应用，可利用机器到机器实现无人值守，如电力、水利、采油、采矿、环保、气象、烟草、金融等行业信息采集或交易系统等。

M2M 技术的应用系统主要包括三个部分：

1）企业级管理软件平台。

2）无线通信解决方案。

3）现场数据采集和监控设备。

5.2.4 M2M 重要技术

M2M 涉及五个重要的技术部分：机器、M2M 硬件、通信网络、中间件、应用。

1. 机器

“人、机器、系统的联合体”是 M2M 的有机结合体。可以说，机器是为人服务的，而系统则都是为了机器更好地服务于人而存在的。

2. M2M 硬件

实现 M2M 的第一步就是从机器设备中获得数据，然后把它们通过网络发送出去。使机器具有“开口说话”能力的基本途径有两条：在制造机器设备的同时就嵌入 M2M 硬件，或是对已有机器进行改装，使其具备联网和通信的能力。M2M 硬件是使机器获得远程通信和联网能力的部件。一般来说，M2M 硬件产品可分为以下五类。

（1）嵌入式硬件 嵌入到机器里面，使其具备网络通信能力。常见的产品是支持 GSM/GPRS 或 CDMA 无线移动通信网络的无线嵌入式数据模块。典型产品有诺基亚的 12 GSM；索尼爱立信的 GR 48 和 GT 48；摩托罗拉的 G18/G20 for GSM、C18 for CDMA；西门子的 TC45、TC35i、MC35i 等。

（2）可改装硬件 在 M2M 的工业应用中，厂商拥有大量不具备 M2M 通信和联网能力的机器设备，可改装硬件就是为满足这些机器的网络通信能力而设计的。其实现形式各不相同，包括从传感器收集数据的输入/输出（I/O）部件；完成协议转换功能，将数据发送到通信网络的连接终端（Connectivity Terminals）设备；有些 M2M 硬件还具备回控功能。典型产品有诺基亚的 30/31 for GSM 连接终端等。

(3) 调制解调器　嵌入式模块将数据传送到移动通信网络上时，起的就是调制解调器（Modem）的作用。而如果要将数据通过有线电话网络或者以太网送出去，则需要相应的调制解调器。典型产品有 BT-Series CDMA、GSM 无线数据 Modem 等。

(4) 传感器　经由传感器，让机器具备信息感知的能力。传感器可分为普通传感器和智能传感器两种。

由智能传感器组成的传感网（Sensor Network）是 M2M 技术的重要组成部分。一组具备通信能力的智能传感器以 Ad Hoc 方式构成无线网络（是一种多跳的、无中心的、自组织无线网络，又称为多跳网），协作感知、采集和处理网络所覆盖的地理区域中感知对象的信息，并发布给用户。也可以通过 GSM 网络或卫星通信网络将信息传给远方的 IT 系统。典型产品如英特尔的基于微型传感网的“智能微尘（Smart Dust）”等。

(5) 识别标志　识别标志（Location Tags）如同每台机器设备的“身份证”，使机器之间可以相互识别和区分。常用的技术如条码技术、射频标签 RFID 技术等。标志技术已经被广泛地应用于商业库存和供应链的管理。

3. 通信网络

通信网络在整个 M2M 技术框架中处于核心地位，包括广域网（无线移动通信网络、卫星通信网络、Internet、公众电话网）、局域网（以太网、无线局域网 WLAN、蓝牙 Bluetooth）、个域网（ZigBee、传感网）。

4. 中间件

中间件（Middle Ware）在通信网络和 IT 系统间起桥接作用。中间件包括两部分：M2M 网关和数据收集/集成部件。中间件是 M2M 系统中的“翻译员”，它获取来自通信网络的数据，将数据传送给信息处理系统，主要的功能是完成不同通信协议之间的转换。

网关获取来自通信网络的数据，将数据传送给信息处理系统。主要的功能是完成不同通信协议之间的转换。数据收集/集成部件是为了将数据变成有价值的信息。对原始数据进行不同加工和处理，并将结果呈现给需要这些信息的观察者和决策者。这些中间件包括：数据分析和商业智能部件、异常情况报告和工作流程部件、数据仓库和存储部件等。

5.2.5　M2M 应用场景

M2M 应用的主要功能是通过数据融合、数据挖掘等技术把感知和传输来的信息进行分析和处理，为决策和控制提供依据，实现智能化的 M2M 业务应用和服务。

M2M 应用按照其实现的功能可以分为：自动化、控制、定位、监视、维修、跟踪。如 M2M 应用通过无线网络和互联网技术实现，如图 5-14 所示。

M2M 应用系统的核心包括以下三个重要组成部分，如图 5-15 所示。

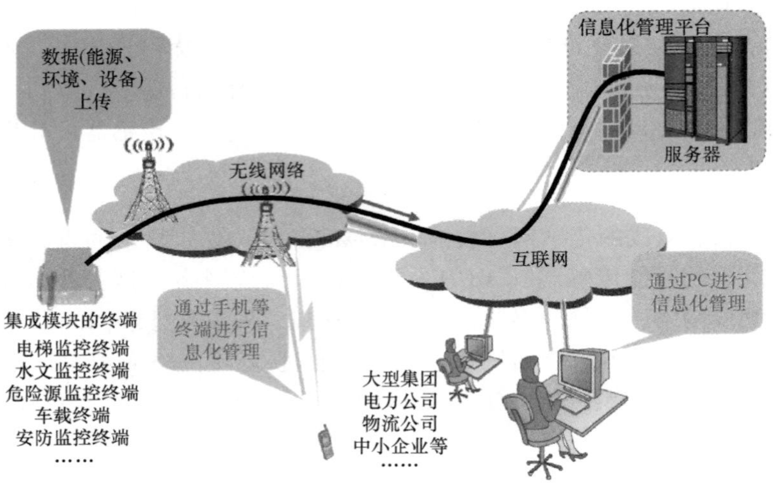

图 5-14　M2M 应用通过无线网络和互联网技术实现

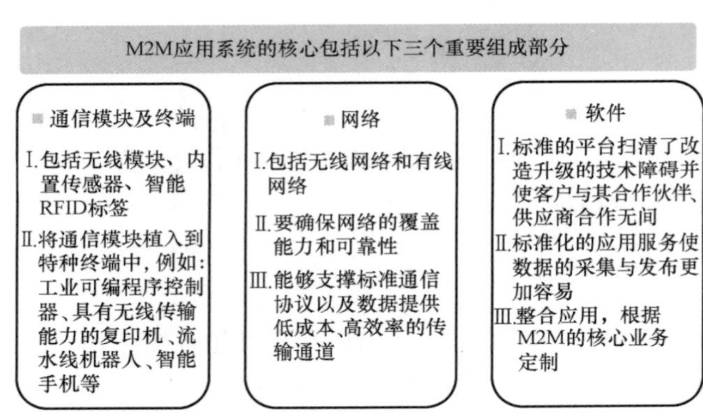

图 5-15　M2M 应用系统核心组成部分

（1）通信模块及终端

1）包括无线模块、内置传感器、智能 RFID 标签。

2）将通信模块植入到特种终端中，譬如工业可编程序控制器、具有无线传输能力的复印机、流水线机器人、智能手机等。

（2）网络

1）包括无线网络和有线网络。

2）要确保网络的覆盖能力和可靠性。

3）能够支撑标准通信协议以及为数据提供低成本、高效率的传输通道。

（3）软件

1）标准的平台扫清了改造升级的技术障碍并使客户与其合作伙伴、供应商合作无间。

2）标准化的应用服务使数据的采集与发布更加容易。

3）整合应用，根据 M2M 的核心业务定制。

5.2.6　M2M 与物联网的联系和区别

如互联网之初是由一个个局域网构成，如今的 M2M 应用也还局限于物与物的智能联网或行业与行业之间的智能互联，还没有达到真正意义上的世上万事万物的任意智能互联互通，但是 M2M 已经是物联网的构成基础。从核心构成来说，物联网由云计算的分布式中央处理单元、传输网络和感应识别末梢组成。就像互联网是由无数个局域网构成的一样，未来的物联网势必也是由无数个 M2M 系统构成，就如人体的不同机能一样，不同的 M2M 系统会负责不同的功能处理，通过中央处理单元协同运作，最终组成智能化的社会系统。M2M 最开始是机器与机器的通信，后演变为人和人之间的通信，物联网范围更广，包含了 M2M。M 可以是人（Man）、机器（Machine）和移动网络（Mobile）的简称，M2M 可以解释为机器到机器、人到机器、机器到人、人到人、移动网络到人之间的通信。狭义来讲 M2M 是机器到机器的通信，广义来讲 M2M 涵盖了在人、机器之间建立的所有连接技术和手段。物联网强调的是任何时间、任何地点、任何物品，即“泛在的网络，万物相连”，范围比 M2M 更大，普遍认为 M2M 是物联网在现阶段最普遍的应用。

根据市场的发展节奏进行投资规划布局如图 5-16 所示。随着科学技术的发展，越来越多的设备具有了通信和联网能力，网络一切（Network Everything）逐步变为现实。人与人之间的通信需要更加直观、精美的界面和更丰富的多媒体内容，而 M2M 的通信更需要建立一个统一规范的通信接口和标准化的传输内容。

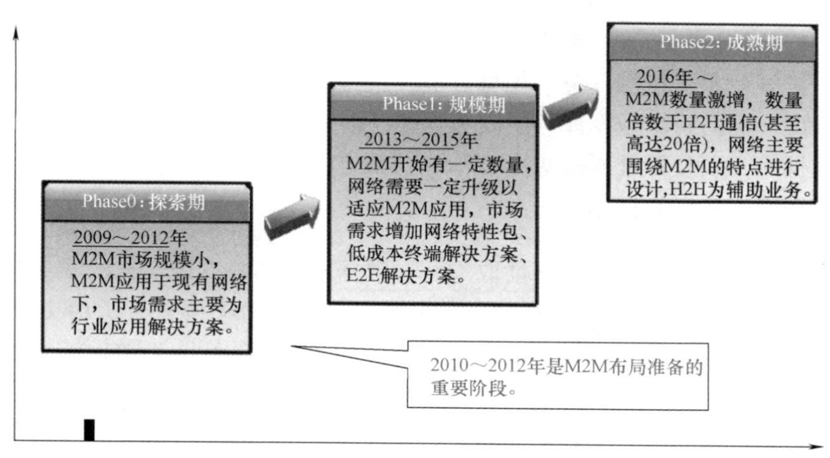

图 5-16　M2M 发展布局

目前 M2M 业务发展中存在的主要问题是标准不尽统一，行业终端厂商和集成商面向不同的 M2M 应用，每次都需要进行重新开发和集成，大大增加了人力和时间成本，而开放性强、兼容性好的 M2M 技术并不多见。

5.3 物联网与数据挖掘

物联网中的个体通过感应器来感知信息，然后通过中间传输网来传送信息，最后在数据处理中心进行智能处理和控制。

随着物联网技术的广泛应用，我们将面对大量异构的、混杂的、不完整的物联网数据。在物联网的万千终端收集到这些数据后，如何对它们进行处理、分析和使用成为物联网应用的关键。

本节对物联网中的后台数据库技术、数据挖掘技术给予适当的阐述。

5.3.1 数据挖掘概述

随着信息技术的迅速发展，数据库的规模不断扩大，从而产生了大量的数据。为了给决策者提供一个统一的全局视角，在许多领域建立了数据仓库，但大量的数据往往使人们无法辨别隐藏在其中的能对决策提供支持的信息，而传统的查询、报表工具无法满足挖掘这些信息的需求。因此，需要一种新的数据分析技术处理大量数据，并从中抽取有价值的潜在知识，数据挖掘（Data Mining）技术由此应运而生，数据挖掘技术也正是伴随着数据仓库技术的发展而逐步完善起来的。但是并非所有的信息发现任务都被视为数据挖掘，例如，使用数据库管理系统查找个别的记录，或通过互联网的搜索引擎查找特定的 Web 页面，则是信息检索（Information Retrieval）领域的任务。

数据挖掘是一个以数据库、人工智能、数理统计、可视化四大支柱技术为基础的，大家知道，描述或说明一个算法设计分为三个部分：输入、输出和处理过程。数据挖掘算法的输入是数据库，算法的输出是要发现的知识或模式，算法的处理过程则涉及具体的搜索方法。从算法的输入、输出和处理过程三个角度分，可以确定数据挖掘主要涉及三个方面：挖掘对象、挖掘任务、挖掘方法。挖掘对象包括若干种数据库或数据源，例如关系数据库、面向对象数据库、空间数据库、时态数据库、文本数据库、多媒体数据库、历史数据库，以及万维网（Web）等。挖掘方法可以粗分为：统计方法、机器学习方法、神经网络方法和数据库方法。

数据挖掘是指从数据集合中自动抽取隐藏在数据中的那些有用信息的非平凡过程，这些信息的表现形式为：规则、概念、规律及模式等。它可帮助决策者分析历史数据及当前数据，并从中发现隐藏的关系和模式，进而预测未来可能发生的行为。数据挖掘的过程也叫知识发现（Knowledge Discovery in Database，KDD）的过程，它是一门涉及面很广的交叉性新兴学科，涉及数据库、人工智能、数理统计、可视化、并行计算等领域。数据挖掘是一种新的信息处理技术，其主要特点是对数据库中的大量数据进行抽取、转换、分析和其他模型化处理，并从中提取辅助决策的关键性数据。数据挖掘是知识发现（KDD）过程中的一个特定步骤，所以 KDD 就是数据挖掘，它用专门算法从数据中抽取模式（Patterns），它并不是用规范的数据库查询语言（如 SQL）进行查询，而是对查询的内容进行模式的总结和内在规律的搜索。传统的查询和报表处理只是得到事件发生的结果，并没有深入研究发生的原因，而数据挖掘则主要了解发生的原因，并且以一定的置信度对未来进行预测，用来为决策

行为提供有力的支持。

5.3.2　数据库的基本概念

数据库是一项专门研究如何科学地组织和存储数据、如何高效地获取和处理数据的技术。

数据库的目的是帮助人们跟踪事务。经典的数据库应用涉及诸如订单、顾客、工作、员工、学生、电话之类的项，或其他数据量较大、需要密切关注的事务。最近，由于数据库的普及，数据库技术已经被应用到了新的领域，诸如用于 Internet 的数据库或用于公司内联网的数据库。数据库也被越来越多地应用于生成和维护多媒体应用程序上。

使用计算机以后，数据处理的速度和规模，无论是相对于手工方式，还是机械方式，都有无可比拟的优势。通常在数据处理中，计算是比较简单的而数据的管理却比较复杂。数据管理是指数据的收集、整理、组织、存储、维护、检索、传送等操作，这部分操作是数据处理业务的基本环节，而且是任何数据处理业务中必不可少的共有部分。数据管理技术的优劣，将直接影响数据处理的效率。

1. 数据库的发展

数据管理技术的发展，与硬件（主要是外存）、软件、计算机应用的范围有密切的联系。数据管理技术的发展经过三个阶段：人工管理阶段、文件系统阶段和数据库阶段。

人工管理阶段和文件系统阶段都有着相当多的缺陷，诸如数据冗余性、数据不一致性以及数据联系弱等。也正是由于这些原因，促使人们研究新的数据管理技术，从而产生了数据库技术。

20 世纪 60 年代末发生的三件大事，层次模型 IMS 系统（IP Multimedia Subsystem，IP 多媒体系统）的推出、关于网状模型 DBTG（Database Task Group，数据库任务组）报告的发表以及关于关系模型论文的连续发表标志着数据管理技术进入数据库阶段。进入 70 年代以后，数据库技术得到迅速发展，开发了许多有效的产品并投入运行。数据库系统克服了文件系统的缺陷，提供了对数据更高级更有效的管理。

当进入数据库阶段后，随着数据管理规模一再扩大，数据量急剧增加，为了提高效率，开始时，人们只是对文件系统加以扩充，在应用文件中建立了许多辅助索引，形成倒排文件系统。但这并不能最终解决问题。在 20 世纪 60 年代末，磁盘技术取得重要进展，具有数百兆容量和快速存取的磁盘陆续进入市场，成本也不高，为数据库技术的产生提供了良好的物质条件。

2. 数据库的特点

（1）减少数据的重复　当在一个非数据库系统当中，每一个应用程序都有属于它们自己的文件，由于无法有系统地建立数据，因此常常会造成存储数据的重复与浪费。例如，在一家公司当中，人事管理程序与工资管理程序或许都会使用到职员与部门的信息或文件，而此时就可以运用数据库的方法，把这两个文件整理起来，以减少多余的数据过度地占用存储空间。

（2）避免数据的不一致　本项的特色，可以说是延伸前项的一个特点，要说明这样的一个现象，我们可以从这个实例来看：若是在同一家公司当中，职员甲在策划部门工作，且

职员甲的记录同时被存放在数据库的两个地方，而数据库管理系统却没有对这样重要的情况加以控制，当其中一个数据库被修改时，便会造成数据的不一致，但是，对于一个健全的数据库管理系统而言，将会对这样的情况加以控制，但有时并不需要刻意消除这种情形，应当视该数据库的需求与效率来决定。

（3）数据共享　对于数据共享的意义，并不是只有针对数据库设计的应用程序，可以使用数据库中的数据，对于其他撰写好的应用程序，同样可以对相同数据库中的数据进行处理，进而达到数据共享的目的。

（4）强化数据的标准化　由数据库管理系统对数据做出统筹性的管理，对于数据的格式与一些存储上的标准进行控制，如此一来，对于不同环境的数据交换（Data Interchange）将有很大的帮助，也能提高数据处理的效率。

（5）实践安全性的管理　通过对数据库完整的权限控制，数据库管理者可以确认所有可供用户存取数据的合法途径或渠道，并且可以事先对一些较重要或关键性的数据进行安全检查，以确保数据存取时，能够将任何不当损毁的情形降至最低。

（6）完整性的维护　所谓完整性，就是要确认某条数据在数据库中是正确无误的。正如（2）所述，若是无法控制数据的不一致性，便会产生完整性不足的问题，所以，我们会发现，当数据重复性高的时候，数据不完整的情形也会增加，当然，若是数据库的功能完善，将会大大提高数据完整性，也会增加数据库的维护能力与维护简便性。

（7）需求冲突会获得平衡　在一个较大型的企业当中，用户不同的需求，往往会造成系统或数据库在设计上的困扰，但是一个合适的数据库系统，通过数据库管理员的管理，将会有效地整理各方面的信息，对于一些较重要的应用程序，可以适时地提供较快速的数据存取方法与格式，以平衡多个用户在需求上的冲突。

上述七个方面构成了数据库系统的主要特征。这个阶段的程序和数据间的联系可用图 5-17 表示。

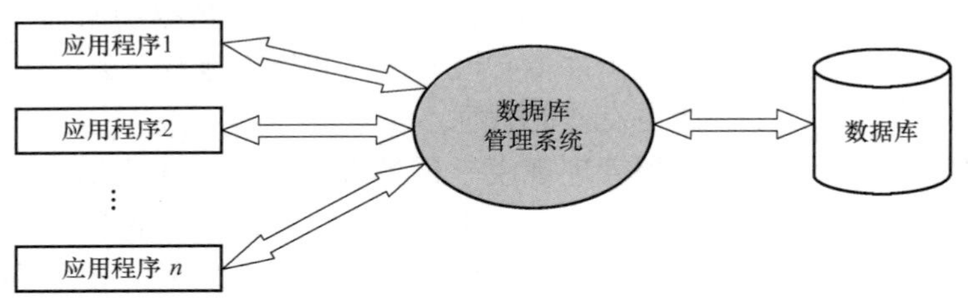

图 5-17　程序与数据间的联系

5.3.3　数据库技术

> 从文件系统发展到数据库系统是信息处理领域的一个重大变化。在文件系统阶段，人们关注的中心问题是系统功能的设计，因而程序设计处于主导地位，数据只起着服从程序需要的作用。在数据库方式下，信息处理观念已为新体系所取代，数据占据了中心位置。数据结构的设计成为信息系统首先关心的问题，而利用这些数据的应用程序设计则退居到以既定的数据结构为基础的外围地位。

目前世界上已有数百万个数据库系统在运行，其应用已经深入到人类社会生活的各个领域，从企业管理、银行业务、资源分配、经济预测一直到信息检索、档案管理、普查统计等，并在通信网络基础上，建立了许多国际性的联机检索系统。我国 20 世纪 90 年代初在全国范围内装备了 12 个以数据库技术为基础的大型计算机系统，这些系统分布在邮电、计委、银行、电力、铁路、气象、民航、情报、公安、军事、航天和财税等行业。

数据库技术还在不断地发展，并且不断地与其他计算机技术相互渗透。数据库技术与网络通信技术相结合，产生了分布式数据库系统。数据库技术与面向对象技术相结合，产生了面向对象数据库系统。

1. 数据库模型

至 20 世纪 60 年代，数据处理成为计算机的主要应用。数据库技术作为数据管理技术，是计算机软件领域的一个重要分支，现已形成相当规模的理论体系和实用技术。

模型是对现实世界的抽象。在数据库技术中，我们用模型的概念描述数据库的结构与语义，对现实世界进行抽象。表示实体类型及实体间联系的模型称为“数据模型”。目前广泛作用的数据模型可分为两种类型。

一种是独立于计算机系统的模型，完全不涉及信息在系统中的表示，只是用来描述某个特定组织所关心的信息结构，这类模型称为“概念数据模型”。其要领是模型用于建立信息世界的数据模型，强调其语义表达功能，概念简单、清晰，易于用户理解，它是现实世界的第一层抽象，是用户和数据库设计人员之间进行交流的工具。这其中著名的模型是“实体联系模型”。

另一种数据模型是直接面向数据库的逻辑结构，它是现实世界的第二层抽象。这类模型涉及计算机系统和数据库管理系统，又称为“结构数据模型”。例如层次、网状、关系、面向对象等模型。这类模型有严格的形式化定义，以便于在计算机系统中实现。

2. 数据库体系结构

数据库的体系结构分三级：内部级（Internal）、概念级（Conceptual）和外部级（External）。这个三级结构有时也称为“三级模式结构”，或“数据抽象的三个级别”，最早是在 1971 年通过的 DBTG 报告中提出的，后来收录在 1975 年的美国 ANSI/SPARC 报告中。虽然现在 DBMS（Database Management System，数据库管理系统）产品多种多样，在不同的操作系统支持下工作，但是大多数系统在总的体系结构上都具有三级模式的结构特征，如图5-18 所示。

从某个角度看到的数据特性称为“数据视图”（Data View）。

外部级最接近用户，是单个用户所能看到的数据特性。单个用户使用的数据视图的描述称为“外模式”。

概念级涉及所有用户的数据定义，是全局的数据视图。全局数据视图的描述称为“概念模式”。

内部级最接近于物理存储设备，涉及实际数据存储的结构。物理存储数据视图的描述称为“内模式”。

数据库的三级模式结构是数据的三个抽象级别。它把数据的具体组织留给 DBMS 去做，用户只需要抽象地处理数据，而不必关心数据在计算机中的表示和存储，这样就减轻了用户

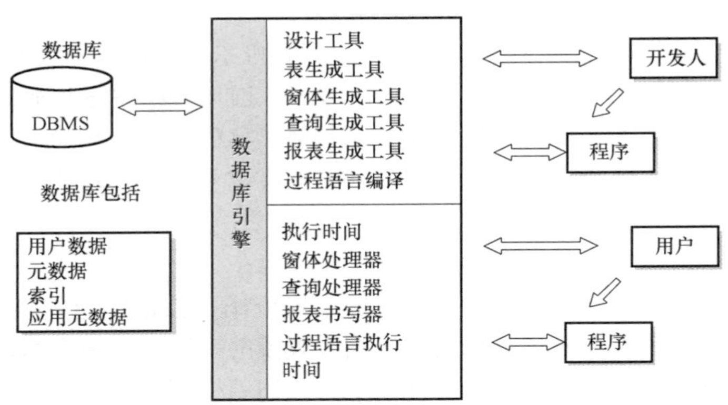

图 5-18　数据库体系结构

使用系统的负担。

三级结构之间往往差别很大，为了实现这三个抽象级别的联系和转换，DBMS 在三级结构之间提供两个层次的映象（Mappings）：外模式/模式映象、模式/内模式映象。此处的"模式"是"概念模式"的简称。

3. 数据的独立性

由于数据库系统采用三级模式结构，因此系统具有数据独立性的特点。在数据库技术中，数据独立性是指应用程序和数据之间相互独立，不受影响。数据独立性分成物理数据独立性和逻辑数据独立性两级。

（1）物理数据独立性　如果数据库的内模式要进行修改，即数据库的存储设备和存储方法有所变化，那么模式/内模式映象也要进行相应的修改，使概念模式尽可能保持不变。也就是对内模式的修改尽量不影响概念模式，当然，对于外模式和应用程序的影响更小，这样，我们称数据库达到了物理数据独立性。

（2）逻辑数据独立性　如果数据库的概念模式要进行修改，譬如增加记录类型或增加数据项，那么外模式/模式映象也要进行相应的修改，使外模式尽可能保持不变。也就是对概念模式的修改尽量不影响外模式和应用程序，这样，我们称数据库达到了逻辑数据独立性。

现有关系系统产品均提供了较高的物理独立性，而对逻辑独立性的支持尚有欠缺，例如，对外模式的数据更新受到限制等。

5.3.4　移动数据库与移动计算

数据库技术一直随着计算的发展而不断进步，随着移动计算时代的到来，嵌入式操作系统对移动数据库系统的需求为数据库技术开辟了新的发展空间。嵌入式移动数据库技术目前已经从研究领域逐步走向广泛的应用领域。随着智能移动终端的普及，人们对移动数据实时处理和管理要求的不断提高，嵌入式移动数据库越来越体现出其优越性，从而被学界和业界所重视。

1. 概念

移动计算的概念是对“任何时间、任何地点的立即通信”的扩展。在分布式计算的基础上，计算环境进一步扩展为包含各种移动设备、具有无线通信能力的服务网络，构成了一个新的计算环境，即移动计算环境。

随着移动计算技术的发展，移动数据库逐步走向应用，在嵌入式操作系统中，移动数据库更显示出其优越性。嵌入式移动数据库系统是支持移动计算或某种特定计算模式的数据库管理系统，数据库系统与操作系统、具体应用集成在一起，运行在各种智能型嵌入设备或移动设备上。其中，嵌入在移动设备上的数据库系统由于涉及数据库技术、分布式计算技术以及移动通信技术等多个学科领域，目前已经成为一个十分活跃的研究和应用领域——嵌入式移动数据库（Embedded Mobile Database System，EMDBS），或简称为移动数据库（Mobile Database）。

移动计算是建立在移动环境上的一种新型的计算技术，它使得计算机或其他信息设备在没有与固定的物理连接设备相连的情况下能够传输数据。移动计算的作用在于，将有用、准确、及时的信息与中央信息系统相互作用，分担中央信息系统的计算压力，使有用、准确、及时的信息能提供给在任何时间、任何地点需要它的用户。移动计算环境由于存在计算平台的移动性、连接的频繁断接性、网络条件的多样性、网络通信的非对称性、系统的高伸缩性和低可靠性以及电源能力的有限性等因素，它将比传统的计算环境更为复杂和灵活。这使得传统的分布式数据库技术不能有效支持移动计算环境，因此嵌入式移动数据库技术由此而产生，它涉及传统的数据库技术、分布式计算技术以及移动通信技术等多个学科领域。

2. 移动数据库的特点

（1）移动性及位置相关性　移动数据库可以在无线通信单元内及单元间自由移动，而且在移动的同时仍然可能保持通信连接；此外，应用程序及数据查询可能是位置相关的。这要求移动数据库系统支持这种移动性，解决过区切换问题，并实现位置相关的处理，如图 5-19 所示。

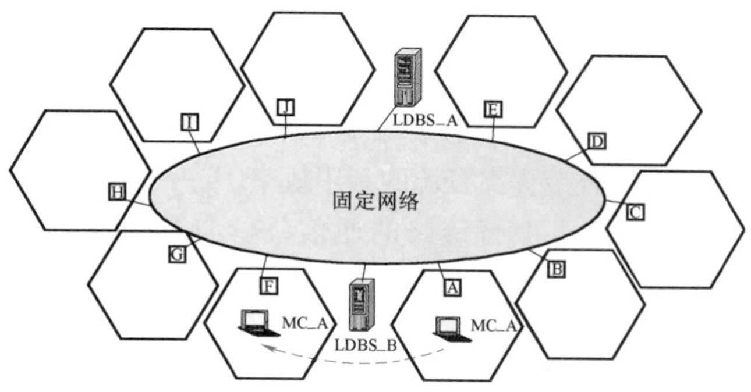

图 5-19　位置工作服务示意图

假设网络中有两个位置服务器 LDBS_A 和 LDBS_B，LDBS_A 管理移动基站 A、B、C、D、E，LDBS_B 管理移动基站 F、G、H、I、J。假设移动计算机 MC_A 的宿主服务器为 LD-

BS_A，当它从无线单元A移动到无线单元F时，以访问者的身份在LDBS_B中登记，并通知宿主服务器LDBS_A，由此LDBS_A获知此刻MC_A的位置受LDBS_B所跟踪。于是，查询MC_A的位置的步骤如下：

1）先访问MC_A的宿主服务器，得知此刻MC_A的位置受LDBS_B所跟踪。

2）向LDBS_B发出请求。LDBS_B向其下接的移动基站F、G、H、I、J广播，通过基站F的反馈，得知MC_A在无线单元F内。

在位置服务器的工作过程中，第一步是需要确定移动计算机的宿主服务器。为了快速定位宿主服务器，一方面需要仔细组织好位置服务器的分布与层次结构，另一方面也需要为每个移动计算机分配一个唯一的有意义的标志ID，类似于Internet上的DNS服务器策略，最好是可以根据该ID便能推断出该移动计算机的宿主服务器。

在位置服务器工作的第二步，移动计算机所在的位置服务器需要向其下接的所有基站广播，一个可行的折衷策略是把每个位置服务器下的基站MSS划分成若干组，移动计算机只有在从一个组移动到另一个组内时，才向服务器报告其位置变动。以图5-19为例，假设把位置服务器LDBS_B下接的基站分为两组，组一为{F、G、H}，组二为{I，J}，则当移动节点MC_A沿F→G→H→I→J的路径移动时，只需要在H→I切换时通知位置服务器LDBS_B，若不采取分组的形式，则总共需要向LDBS_B报告4次。

（2）频繁的断接性　移动数据库与固定网络之间经常处于主动或被动的断接状态，这要求移动数据库系统中的事务在断接情况下仍能继续运行，或者自动进入休眠状态，而不会因网络断接而撤销。

（3）网络条件的多样性　在整个移动计算空间中，不同的时间和地点联网条件相差悬殊。因此，移动数据库系统应该提供充分的灵活性和适应性，提供多种系统运行方式和资源优化方式，以适应网络条件的变化。

（4）系统规模庞大　在移动计算环境下，用户规模比常规网络环境庞大得多，采用普通的处理方法将导致移动数据库系统的效率极为低下。

（5）系统的安全性及可靠性较差　由于移动计算平台可以远程访问系统资源，从而带来新的不安全因素。此外，移动主机遗失、失窃等现象也容易发生，因此移动数据库系统应该提供比普通数据库系统更强的安全机制。

（6）资源的有限性　移动设备的电源通常只能维持几个小时；此外，移动设备还受通信带宽、存储容量、处理能力的限制。移动数据库系统必须充分考虑这些限制，在查询优化、事务处理、存储管理等诸环节提高资源的利用效率。

（7）网络通信的非对称性　上行链路的通信代价与下行链路有很大的差异。这要求在移动数据库的实现中充分考虑这种差异，采用合适的方式（如数据广播）传递数据。

此外，如果系统所嵌入的某种移动设备支持实时应用，则嵌入式数据库系统还要考虑实时处理的要求。这是因为设备的移动性，如果应用请求的处理时间过长，任务就可能在执行完成后得到无效的逻辑结果，或有效性大大降低。因此，处理的及时性和正确性同等重要。

总而言之，移动数据库技术的许多特性都与信息时代不断进步的需求相吻合，有着广阔的发展空间。移动数据库技术配合 GPS 技术，可以用于智能交通管理、大宗货物运输管理和消防现场作业等。移动数据库技术还在零售业、制造业、金融业、医疗卫生等领域展现了广阔的应用前景。随着移动计算、移动数据库和无线数据通信等相关技术迅猛发展，移动数据库将成为信息社会的重要支柱。

5.3.5　数据仓库与数据挖掘

数据库技术的演化历程如下：

20 世纪 60 ~ 70 年代：网络数据库、层次数据库。

20 世纪 70 ~ 80 年代：关系数据库模型和原型系统。

20 世纪 80 ~ 90 年代：各种高级数据模型（如移动数据库）、各类以应用为导向的数据库。

20 世纪 90 年代至今：数据挖掘、数据仓库、多媒体数据库、Web。

1. 数据仓库

数据仓库由数据仓库之父 W. H. Inmon 于 1990 年提出，主要功能仍是组织透过资讯系统的联机交易处理（OLTP）后，经日积月累的大量数据资料，透过数据仓库理论所特有的资料储存架构，进行有系统的分析整理，以利于各种分析方法如线上分析处理（OLAP）、数据挖掘（Data Mining）的进行，并进而支持如决策、支持系统（DSS）、主管资讯系统（EIS）的创建，帮助决策者能快速有效地从大量资料中，分析出有价值的资讯，以利决策拟定及快速回应外在环境变动，帮助建构商业智能（BI）。

数据仓库（Data Warehouse）是一个面向主题的（Subject Oriented）、集成的（Integrate）、相对稳定的（Non-volatile）、反映历史变化（Time Variant）的数据集合，用于支持管理决策。

从数据库到数据仓库，企业的数据处理大致分为两类：一类是操作型处理，也称为联机事务处理，它是针对具体业务在数据库联机的日常操作，通常对少数记录进行查询、修改；另一类是分析型处理，一般针对某些主题的历史数据进行分析，支持管理决策。两者具有不同的特征，主要体现在以下几个方面，见表 5-2。

表 5-2　数据仓库与数据库的区别

对比内容	数据库	数据仓库
数据内容	当前值	历史的、存档的、归纳的、计算的数据
数据目标	面向业务操作程序、重复处理	面向主体域、管理决策分析应用
数据特性	动态变化、按字段更新	静态、不能直接更新、只是定时添加
数据结构	高度结构化、复杂，适合操作计算	简单，适合分析
使用频率	高	中到低
数据访问量	每个事务只访问少量记录	有的事务可能要访问大量记录
对相应时间的要求	以秒为计量单位	以秒、分钟、小时为计量单位

数据仓库是一个过程而不是一个项目。

> 数据仓库系统是一个信息提供平台，它从业务处理系统获得数据，主要以星形模型和雪花模型进行数据组织，并为用户提供各种手段从数据中获取信息和知识。

数据仓库系统如图5-20所示。从功能结构划分，数据仓库系统至少应该包含数据获取（Data Acquisition）、数据存储（Data Storage）、数据访问（Data Access）三个关键部分。

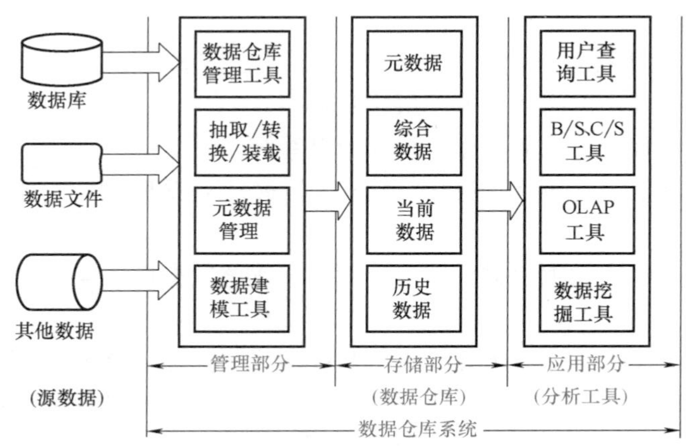

图5-20　数据仓库系统

企业在进行数据仓库的建设过程中，是以现有企业业务系统和大量业务数据的积累为基础。数据仓库不是静态的概念，只有把信息及时交给需要这些信息的使用者，供他们做出改善其业务经营的决策，信息才能发挥作用，信息才有意义。而把信息加以整理归纳和重组，并及时提供给相应的管理决策人员，是数据仓库的根本任务。因此，从产业界的角度看，数据仓库建设是一个工程，是一个过程。

2. 数据挖掘的过程

数据挖掘（从数据中发现知识）就是利用各种分析方法和分析工具从大量的数据中挖掘那些令人感兴趣的、隐含的、先前未知的和可能有用的模式或知识，如图5-21所示。

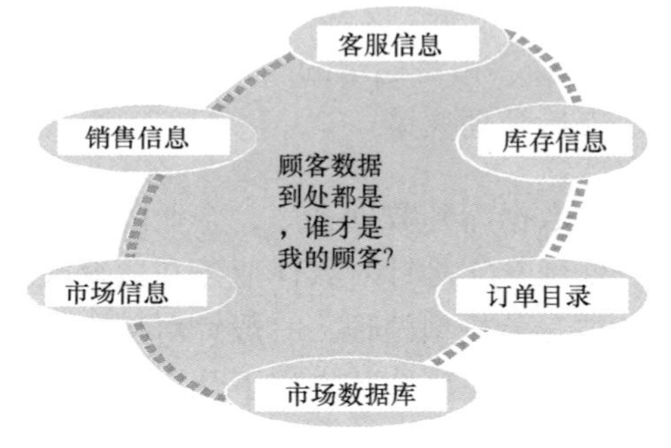

图5-21　数据挖掘实例

> 数据挖掘的替换词是：①数据库中的数据挖掘（KDD）；②知识提炼；③数据/模式分析；④数据考古；⑤数据捕捞、信息收获等。

为此，数据挖掘的过程需经历图5-22所示的几个步骤：①确定业务对象；②数据准备；③数据挖掘；④结果分析及知识同化。

数据挖掘——数据中寻找其规律的技术，是统计学、数据库技术和人工智能技术的综合。

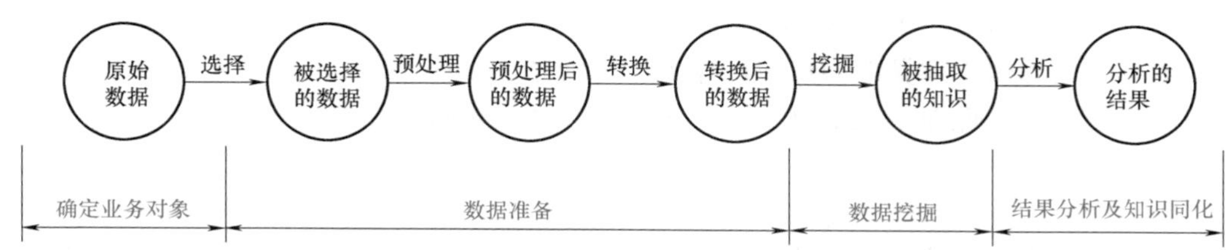

图 5-22　数据挖掘的过程

数据挖掘是从数据中自动地抽取模式、关联、变化、异常和有意义的结构；数据挖掘大部分的价值在于利用数据挖掘技术改善预测模型。

3. 数据挖掘的方法

机器学习、数理统计等方法是数据挖掘进行知识学习的重要方法。数据挖掘算法的好坏将直接影响到所发现知识的好坏，目前对数据挖掘的研究也主要集中在算法及其应用方面。统计方法应用于数据挖掘主要是进行数据评估；机器学习是人工智能的另一个分支，也称为归纳推理，它通过学习训练数据集，发现模型的参数，并找出数据中隐含的规则。其中关联分析法、人工神经元网络、决策树和遗传算法在数据挖掘中的应用很广泛。

网络的发展为用户提供了多种新的信息服务，互联网以其丰富的内容、强大的功能以及简单的操作，在各种信息服务方式中脱颖而出，成为未来信息服务的主要方向。但当前互联网信息服务中更多的是单向、被动的服务模式，而网上用户信息需求的挖掘，可以改进互联网与用户的交互，使互联网与用户真正融为一体，不再是操作与被操作的关系。数据挖掘技术的应用，使互联网能根据用户的需求采取更主动、更有针对性的服务，并且可以建立一种个性化的信息服务系统，针对不同用户的信息需求，提供不同的信息服务。而个性化服务系统的建立，则依赖于用户信息需求的挖掘。

5.4　云计算

5.4.1　云计算的起源

在开放式的物联网环境中，由于海量业务数据产生了巨大压力，终端增长迅速，终端关联数据增加，应用自定义数据迅速增加，传统的硬件环境难以支撑。同时，运营商长期积累了大量闲置的计算能力和存储能力，有必要加以利用，这也是绿色环保的需求。另外，还有大规模业务驻留凸显了网络运行的性能瓶颈，随着业务发展，大量自定义业务同时运行，对平台造成性能压力，服务器 CPU 处理能力以及内存容量难以满足不断增长的自定义业务的运行。因此，云计算和物联网将是一体的，物联网是延伸到物质世界的一种触角，云计算则是负责对物联网收集到的信息进行处理、管理、决策的后台计算处理平台，两者需要进行有机的结合。

1. 云计算的认识

以往我们喝水都是家家户户各自打一个井，然后通过小水泵抽地下水，如果每次只抽一小桶水的话又浪费电又浪费水，所以一般还需要大水缸蓄水，至今我国农村很多地方还是这种取水方式；而城市中则是由自来水公司使用多台大水泵统一抽水，然后经过净化、消毒、软化等处理之后，通过自来水管道输送给千家万户，居民使用起来又便宜又方便。云计算就是这个道理，它意味着计算能力也可以作为一种商品进行流通，就像水、电、煤气、暖气一样，取用方便，费用低廉。只不过云计算是通过互联网进行传输的，而不是各种管道。

2. 云计算演进过程

在步入个人计算机时代的初始，用户发现计算机越来越多，期望计算机之间能够相互通信，实现互联互通，由此，实现计算机互联互通的互联网的概念出现。技术人员按照互联网的概念设计出目前的计算机网络系统，允许不同硬件平台、不同软件平台的计算机上运行的程序能够相互之间交换数据。思科等企业专注于提供互联网核心技术和设备，成为 IT 行业的巨头。

在计算机实现互联互通以后，计算机网络上存有的信息和文档越来越多。用户在使用计算机的时候，发现信息和文档的交换较为困难，无法用便利和统一的方式来发布、交换和获取其他计算机上的数据、信息和文档，因此，实现计算机信息无缝交换的万维网概念出现。目前全世界的计算机用户都可以依赖万维网技术非常方便地进行浏览网页、交换文件等，同时，网景、雅虎、谷歌等企业依赖万维网技术创造了巨量的财富。

万维网形成后，万维网上的信息越来越多，形成了一个信息爆炸的信息时代。在 2006 年底，全球数字信息的总量达到 161EB（1EB 等于 10^{18}B），相当于已出版的书籍量的 300 万倍，而且还在不断增加。截止到 2011 年 9 月，估计万维网上的网页数量超过了 237 亿，如此规模的数据，使得用户在获取有用信息的时候存在极大的障碍，如同大海捞针。类似地，互联网上所连接的大量的计算机设备提供了超大规模的 IT 能力（包括计算、存储、带宽、数据处理、软件服务等），用户也难以便利地获得这些 IT 能力。云计算概念的发展历程如图 5-23 所示。

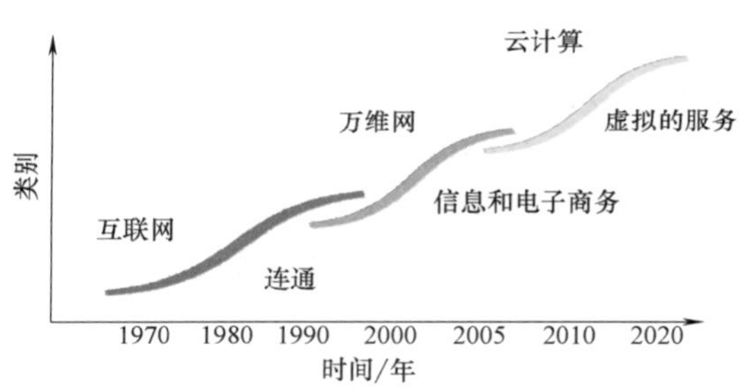

图 5-23　云计算概念的发展历程

随着时间的推移，使用计算机上网的人越来越多，导致服务器的使用也越来越多，但其效果并不好，因为过度繁重的结构加大了网站设计和构架的难度，而且越是复杂的系统越是不稳定。

为此，人们想到一个办法：将服务器不是简单地连接起来，而是并发使用系统资源，每个操作请求都可以按照一定的规则分割成小片段，分给不同的机器同时运算，每个机器只需要做很小的计算，哪怕是 286 机器都可以轻松完成；最后将这些机器的计算结果整合，输出给用户。对用户来说，他其实面对的根本不像是许多机器，而是一个计算能力巨大无比的单个服务器，感觉自己就像面对一台巨无霸的计算机。用户对这样的计算莫名其妙，云里雾里，于是就把这个东西叫做云计算。

由此产生了在互联网/万维网上直接面向用户的需要而提供服务的需求，从而形成了云计算的概念。云计算的目标是在互联网和万维网的基础上，按照用户的需要和业务规模的

要求，直接为用户提供所需要的服务。用户无需自己建设、部署和管理这些设施、系统和服务，只需要参照租用模式，按照使用量来支付使用这些云服务的费用即可。

纵观人类计算发展历程，整个计算演变过程可归结为：

算盘→计算机→计算机网络→云计算

5.4.2　云计算的基本概念

云计算的概念可以从用户、技术提供商和技术开发人员三个不同角度来解读。

1. 用户看云计算

从用户的角度考虑，主要根据用户的体验和效果来描述，云计算可以总结为：云计算系统是一个信息基础设施，包含有硬件设备、软件平台、系统管理的数据以及相应的信息服务。用户使用该系统的时候，可以实现"按需索取、按用计费、无限扩展，网络访问"的效果。

> 简单而言，用户可以根据自己的需要，通过网络去获得自己需要的计算机资源和软件服务。这些计算机资源和软件服务是直接供用户使用的，而无需用户做进一步的定制化开发、管理和维护等工作。同时，这些计算机资源和软件服务的规模可以根据用户业务的变化和需求的变化，随时调整到足够大的规模。用户使用这些计算机资源和软件服务，只需要按照使用量来支付租用的费用。

2. 技术提供商看云计算

技术提供商对云计算理解为：通过调度和优化的技术，管理和协同大量的计算资源；针对用户的需求，通过互联网发布和提供用户所需的计算机资源和软件服务；基于租用模式的按用计费方法进行收费。

> 技术提供商强调云计算系统需要组织和协同大量的计算资源来提供强大的 IT 能力和丰富的软件服务，利用调度优化的技术来提高资源的利用效率。云计算系统提供的 IT 能力和软件服务针对用户的直接需求，并且这些 IT 能力和软件服务都在互联网上进行发布，允许用户直接利用互联网来使用这些 IT 能力和服务。用户对资源的使用，按照其使用量来进行计费，实现云计算系统运营的盈利。

3. 技术开发人员看云计算

技术开发人员作为云计算系统的设计和开发人员，认为云计算是一个大型集中的信息系统，该系统通过虚拟化技术和面向服务的系统设计等手段来完成资源和能力的封装以及交互，并且通过互联网来发布这些封装好的资源和能力。

所谓大型集中的信息系统，指的是包含大量的软硬件资源，并且通过技术和网络等对其进行集中式的管理的信息系统。通常这些软硬件资源在物理上或者在网络连接上是集中或者相邻的，能够协同来完成同一个任务。

> 信息系统包含软硬件和很多软件功能，这些软硬件和软件功能如果需要被访问和使用，必须有一种把相关资源和软件模块打包在一起并且能够呈现给用户的方式。虚拟化技术和 Web 服务为最为常见的封装和呈现技术，可以把硬件资源和软件功能等打包，

并且以虚拟计算机和网络服务的形式呈现给用户使用。

5.4.3 云计算的构架

1. 云计算工作过程

云计算过程不是一个简单的过程。我们知道即便统计收集资料的过程也会占据多得可怕的处理时间，因此云计算就要将任务一步一步地划分下去，至于哪个服务器的 CPU 干什么，处理哪个任务阶段，这些可以由算法安排成自动分配的。总之，云计算可以充分挖掘和发挥每一个步骤的潜力，让服务器集群们一起完成一项任务，让庞大的运算任务能飞速达成。

云计算和分布式计算有着深厚的渊源，但现在的云计算基本上还是海量级别的服务器基数才能达成的，说成千上万台服务器构成云计算绝不夸张。

过去计算做的是乘法，用户请求多，计算任务重，那么就把服务器叠加，这是一个计算能力的加法。云计算是在已有计算资源基数不变的情况下，把用户的任务请求做除法，一个请求进来，把它变成许多个小任务段，最后汇总出去给用户一个完整的结果。对用户而言，就感觉自己面对一台内存为 5 亿 GHz 和 CPU 为 3 亿 GHz 的巨无霸计算机。

再譬如，拼客与云计算有着相通的特点，一个拼的是汽车，一个拼的是服务器和资源，他们之间有着惊人的相似之处。“月光族”上班没有车，几个人在讲好条件的情况下与有车族一起拼车上下班，这样大家上班更舒服，也更节约，同时减轻污染，缓解交通拥挤。而云计算，拼的是服务器和资源，既降低了企业在硬件和服务方面的支出费用，也节约了资源，减少不必要的浪费，缓解带宽拥挤的问题。

2. 云计算体系结构

通俗来讲，云计算的作用就是整合数据中心，减少服务器机房的数量，将放在一个机房数据库上的数据分散到不同机房的服务器上完成。就像分散的片片云朵经过汇聚成为大块云彩集结成雨水一样，这正是云计算的“云”的概念。

狭义云计算是指 IT 基础设施的交付和使用模式，指通过网络以按需及易扩展的方式获得所需的资源（硬件、平台、软件），提供资源的网络被称为“云”。“云”中的资源在使用者看来是可以无限扩展的，并且可以随时获取，按需使用，随时扩展，按使用付费。

广义云计算是指服务的交付和使用模式，指通过网络以按需及易扩展的方式获得所需的服务。这种服务可以是与 IT、软件、互联网相关的服务，也可以是其他任意服务。

云计算的作用从单一的信息传递媒介变成信息、计算和服务的传递媒介，它将各种资源传递到每个用户终端。计算技术的发展在云计算时代将全面进入服务时代，软硬件实体将全部集中在云端，唯一面向用户的只有服务，普通用户不用知道在完成一项任务时到底有多少台服务器在参与，到底有多少工程师在维护。

云计算 =（数据 + 软件 + 平台 + 基础设施）× 服务

这个公式表明，“云计算”的终极价值取决于“服务”值的大小，当“服务”值为零时，一切化为乌有；只有增大“服务”值，才能创造括号里各个项目的最大价值。

而在应用的基础上，多大的服务带来多大的成效，没有服务就没有成效。

企业与个人用户无需再投入昂贵的硬件购置成本，只需要通过互联网来购买租赁计算力。把计算机当做接入口，一切都交给互联网。

3. 云计算的部署类型

根据美国国家标准研究所的定义，云计算可以按四种不同的类型进行部署，分别是私有云、公有云、混合云以及社区云。

私有云指的是部署在一个封闭和特定环境（网络封闭或者服务范围封闭）中的一个云计算系统。该系统的系统边界明确，仅对指定范围内的人员提供服务。该范围以外的人员和系统无法使用该云，比如非服务区域或者非指定内部网络的人不能使用私有云上的云服务。

公有云指的是部署在一个开放环境中，为所有具备网络接入能力的人和系统提供服务。用户通过互联网访问和使用公有云的服务，但不拥有云也不管理云。

混合云指的是以私有云为基础，能够在业务负载超越私有云自身能力或其他指定的情况下，把部分业务负载透明地分流到其他云上进行处理，使得私有云和部分其他云的资源整合在一起形成的一个系统。

社区云指的是利用多个提供商提供的软硬件基础设施、网络以及软件服务等，通过一定的协议进行资源共享和协同而形成的云计算系统。

4. 云计算服务层次

云计算的服务类型可以分为基础设施服务（IaaS）、应用平台服务（PaaS）以及软件服务（SaaS）三个层次。

基础设施服务（Infrastructure as a Service，IaaS）对云计算系统的软硬件和网络等基础设施进行集中管理和调度，并且把这些基础设施以一种可以通过网络进行访问和使用的形式进行封装，并对外以服务的方式提供这些封装好的 IT 能力。

应用平台服务（Platform as a Service，PaaS）是在云计算基础设施上运行的应用软件支撑平台，其提供业务软件开发所需的业务接口和公共基础处理的支持，方便开发人员开发特定业务的云服务；同时，应用平台服务为业务软件的运行提供运行时刻的语言运行、网络交互、进程通信、同步控制以及调度等支持，使得云服务能够高效可控地运行。

软件服务（Software as a Service，SaaS）指在云计算平台上，通过互联网直接为用户提供软件服务。软件服务使得用户不用再购买软件，而是向提供商租用通过互联网即可使用的软件来管理企业经营活动，而且用户无需对软件进行维护。

云计算就是一个巨大的网盘，客户想保存什么文件，不论是什么格式的，统统可以上传到这个网盘里，网盘就相当于仓库。当今，谷歌、雅虎、微软、IBM、亚马逊可谓云计算时代的霸主，而云计算的商务做得最好的，当属 Amazon Com（美国亚马逊全球供应链）。

5.4.4 云计算的特点

1. 云计算的功能

云计算会分析服务器的负荷程度，并对用户的请求进行正确的引导，让其与负荷并不是很重的服务器进行连接，以提高用户访问的速度，帮助用户在服务器之间实现负载均衡，使终端更加“傻瓜”化。

2. 云计算的优点

云计算的优点可概括为省钱、省时、省力、安全。

（1）省钱　计算机基础投入成本将降低，尤其是存储、运算这两大核心服务，将使得用户对计算机采购的硬件配置不需要有太高的要求，尤其是未来对硬盘、CPU等配件的升级也将变得没有必要。“云计算”让目前市面上可用的机型都可以满足用户的需求。

（2）省时　过去是1个人针对1台机器，在云计算时代可能是1个人面对10万台，过去一个月才能够完成的东西或任务，现在也许不到一分钟就完成了。云计算对于程序员来说是一个难得的机遇。

（3）省力　人们可以使用云计算服务来寻找、分享、创建和组织信息，也可以利用云计算服务来购物、理财、沟通和社交。借助云计算，用户不仅可以通过计算机，还可以通过电话、汽车、电视和其他设备来享受这些服务。

（4）安全　在“云”的另一端，有专业的团队来帮你管理信息，有最先进的数据中心来帮你保存数据。同时，严格的权限管理策略可以帮助你放心地与你指定的人共享数据。

3. 云计算的缺点

云计算的缺点可概括为安全问题、控制问题、开放性问题。

云计算有并行计算的能力，它能够大大缩短数据处理的时间，这一点大家都不怀疑。令人担忧的是把海量数据上传到云上去，以及把海量数据从云里下载下来，需要花费时间和金钱。云计算不能保证绝对的安全，即便0.01%的不安全性降落到某个用户的头上，都将带来不可估量的损失。这种看似小概率的不安全性控制问题也就提到了日程上，同时，云计算的开放性的适度问题也摆在了我们面前。

4. 云计算总结

云计算并非是一个代表一系列技术的符号，因此不能要求云计算系统必须采用某些特定的技术，也不能因为用了某些技术而称一个系统为云计算系统。

> 云计算概念应该理解为一种商业和技术的模式。从商业层面，云计算模式代表了按需索取、按用计费、网络交付的商业模式。从技术层面，云计算模式代表了整合多种不同的技术来实现一个可以线性扩展、快速部署、多租户共享的IT系统，提供各种IT服务。

云计算仍然在高速发展，并且不断地在技术和商业层面有所创新。业界目前并没有对云计算有一个统一的定义，也不希望对云计算过早地下定义，避免约束了云计算的进一步发展和创新。

习题与思考题

5-1　什么是中间件？为什么需要中间件？其作用和发展趋势怎样？

5-2　中间件相关的规范有哪些？

5-3　RFID中间件的工作过程是怎样的？

5-4　为什么要大力推广M2M技术？M2M技术是物联网的核心技术吗？

5-5　M2M的业务模型是什么？M2M模块与手机通信模块有什么区别？

5-6　M2M构架包含哪几个重要的技术部分？

5-7 M2M 终端通过 M2M 模块接入互联网有哪几种方法？有何优缺点？
5-8 数据管理技术在其发展过程中，经历了哪几个阶段？
5-9 数据库的概念模型独立于什么？
5-10 数据库中，数据的物理独立性指的是什么？
5-11 数据库与数据仓库的区别是什么？
5-12 数据挖掘技术涉及哪些技术领域？
5-13 数据挖掘的源数据是否必须是数据仓库的数据？可以有哪些来源？
5-14 数据挖掘的过程包括哪些步骤？每一步具体包括哪些内容？
5-15 数据库与数据仓库的本质区别是什么？举例说明数据挖掘与数据仓库的关系。
5-16 举例说明数据挖掘从数据仓库中挖掘的信息有哪些？
5-17 数据挖掘工具的主要指标有哪些？常用数据挖掘工具有哪些？各有什么特点？
5-18 什么叫云计算？云计算的意义何在？
5-19 简述云计算的体系构架。云的部署分类有哪些？
5-20 云计算的特点有哪些？云计算的服务层次有哪些？

第6章 物联网应用案例

6.1 小区智能化系统设计方案

6.1.1 总体设计

某小区是由某有限公司开发的现代化住宅小区，小区用地面积×××hm^2，总建筑面积×××万m^2，小区由××栋多层楼房组成，共××××户。

该小区分成两期进行建设，两期建设过程中的智能化建设方面相关体系要保证既相对独立又相互统一，特别是物业管理、周界报警、环境监控和小区环境广播等更是统一设计、分步实施，做到集中控制、统一管理。

工程包括：×××住宅楼及所在区域，其中U楼为A户型，其他为B户型。智能化建设主要有安防系统、电话通信系统、有线电视系统、宽带信息网和地下车库系统。其中电话通信和有线电视的前端进线分别由电信、有线电视台设计和实施，在此不作考虑。

1. 设计思路

（1）实用性　遵循“回归自然，以人为本”的原则，适合不同层次住户的使用。

（2）先进性　集成自动控制、软件数据库、计算机网络、物业信息管理和住宅智能化系统的理念。

（3）安全性　在住宅周边区域、公建设施等方面全方位地应用最新的安防系统。

（4）可靠性　系统所选用的技术及配套设备必须成熟可靠，以保证整个系统的长期正常运行。

（5）经济性　在考虑整个系统先进、可靠的同时，还着重考虑了系统的经济实用性。

（6）高效性　信息系统方便物业管理人员对整个住宅进行有效管理，提高工作效率，控制管理成本。

（7）开放性　系统所使用的产品都符合一定的标准，并具备一定的开放性，使系统可供二次开发。

（8）可扩充性　系统的设计都考虑了将来扩容和后期连接的需要。

（9）可操作性　各子系统的使用界面简单明了，方便住宅各种层次的用户使用。

2. 方案总体说明

按照原建设部《全国住宅小区智能化技术示范工程建设工作大纲》的要求，示范小区智能化系统功能框图如图6-1所示。

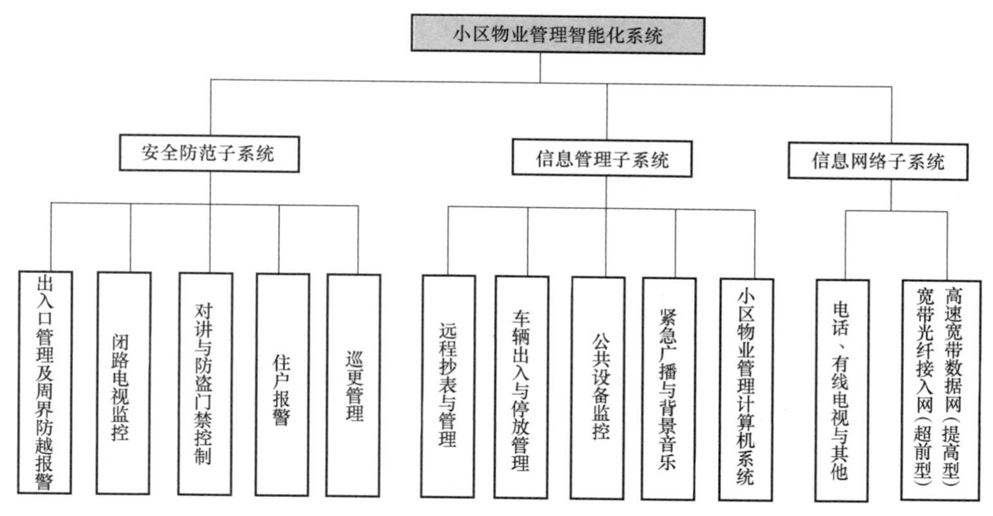

图 6-1　示范小区智能化系统功能框图

根据建设要求，结合《示范工程建设要点与技术导则》，综合考虑工程的一些具体情况，小区建设的总体目标可分解成 3 个子系统模块，其下有 12 个子系统。

（1）安全防范子系统

1）小区周界防越报警。小区周界防越报警系统设计采用周界防越主动红外对射报警系统，对周边非法侵入者进行主动探测、定位和报警，方便保安人员判明哪一片区发生情况，提示保安人员进行处理。

2）闭路电视监控。因为闭路电视监控系统和小区周界防越报警一一对应联动投入太高，且利用率不高，所以本方案建议可采用小区内主要通道和区域闭路电视监控复用的方式进行联动报警。采用室外彩色全方位三方可变摄像机，考虑到小区的照明情况较好，采用一般照度的摄像机就可以了。设计系统采用报警联动录像的硬盘录像系统作为报警图像存储，采用中小规模的视频矩阵作为中央控制系统。

3）对讲与防盗门控（含家庭防盗）。主要针对住宅区的小区、住宅楼和住户的来访客人的流动进行有效的管理和控制，通过设置管理中心机和住宅楼门口机构成外围探访设备，住户的室内机设计选用具有红外、烟感、煤气瓦斯探测和门磁、报警接入的住户分机，这样即可完善和扩充系统的功能，又可满足不同住户的需求，并可节省为设立不同系统功能而增加的投资。

4）门禁管理系统。门禁管理系统是小区内人员流动的重要控制手段，和小区对讲系统联为一体，在进出通道位置的门禁读卡机采用内置于对讲系统控制主机的方式，既美观又使控制方便可靠。其他管理用的门禁系统如管理人员办公、小区内娱乐消费、代缴水电费、管理费等和住在区内进出人员、车辆等管理用的门禁系统可通过权限设置联网使用，形成小区内一卡通系统。

5）巡更管理。通过巡更人员使用巡更棒巡回接触预先设置的巡更钮进行小区巡视，起到定时巡回保证小区内安全的作用。

（2）信息管理子系统

1）自动抄表与管理。系统支持水表、电表、煤气表读数传输，减少人工抄表扰民、数据出错可能性。

2）车输出入与停放管理。通过管理中心控制系统和车库的出入口设备对进出车辆进行控制和辨识，对小区内的长期固定用户可通过小区一卡通系统进行全自动进出管理和收费，对于临时车辆进出的用户可临时自动发卡并按时按吨位自动收费。

3）公共设备监控。对小区内的机电设备进行监控，通过有效的利用和控制使其发挥最大的效用。

4）背景音乐系统。小区内建立统一声音播放源，针对不同使用区域设立相对独立的播音控制区，同时背景音乐广播和消防系统联动，遇紧急情况自动强行切断其他音源进行紧急广播。

5）物业管理计算机系统：对小区信息管理所需配备的计算机系统。

（3）信息网络子系统

1）宽带接入网络（FTTB + LAN）。建议采用由网通/联通/广电在小区内建立数据机房，引入千兆或百兆端口进入小区，小区内设计为后续互联网业务提供接入平台。此外，在此基础上建立小区的网络信息平台，建立社区互联网以实现真正意义上的智能化。

2）电话通信。虚拟网电话系统由电信/铁通实施，也可以租用中继线建立自己的程控交换机系统。

3）综合布线系统。在小区内建立光纤骨干布线连接小区信息中心和各住宅楼，楼内各单元采用双绞线进行级联。室内采用多媒体家庭布线控制箱实现家庭综合多媒体网络布线。

（4）物业管理智能化（整体系统说明）

1）物业管理系统。物业管理系统是小区智能化程度的集中体现，系统采用当前使用最广、操作直观简洁的B/S（浏览器/服务器）架构，同时支持C/S（客户机/服务器）模式，方便操作人员的使用和管理。物业管理系统可以覆盖小区物业、业主、住户、收费、社区服务、安保、后勤、社区网站等各方面，包含和其他系统如安防、门禁、紧急呼叫、小区设备等的统一管理、查询、存档记录和应急处理分析、打印报表等。

2）对讲管理系统。设在物业管理中心的可视对讲管理主机系统可以实现家庭安防等的功能，与物业管理系统有机集成可以实现小区的集成网络平台。

下面侧重对小区的“可视访客对讲系统”、“家庭防盗系统”、“门禁管理系统”、“停车场管理系统”和“结构化布线系统”这几个子系统的设计和实现进行详细的描述。

6.1.2　可视访客对讲系统

1. 系统总体设计

可视访客对讲系统由管理机、单元门口主机、室内分机及电控门锁等设备组成。可视访客对讲系统主要用于防止非本楼人员在未经允许的情况下进入楼内，充分保证本楼住户的人身和财产安全，它的工作过程如下：

单元楼门平时总处于闭锁状态，这样可以避免非本楼人员在未经允许的情况下进入楼内，本楼内的住户可以用钥匙（或开门密码、门禁卡等）出入单元楼门。

当有客人来访时，客人需通过楼门处的单元门口主机拨叫要访问的住户；被访住户的主人用室内分机与来访者进行双向通话或可视通话，通过来访者的声音或图像确认来访者

的身份。确认可以允许来访者进入后，住户的主人用室内分机上的开门按钮控制楼门上的电控门锁开门，来访客人方可进入楼内。来访客人进入后，楼门自动关闭。

对于联网的可视访客对讲系统，位于小区管理中心的管理机可以对小区各住户呼叫，住户在紧急情况下可以向管理中心呼救。

2. 系统功能特点

本系统以实现信号全数字化传输、达到更高的可靠性为目标。系统的物理构架以可视访客对讲系统为基础，采用管理中心机制，可实现强大的安防报警功能（如门磁、窗磁、烟感、煤气、人体红外、紧急按钮等）。

该系统有密码开锁、感应卡开锁等多种开锁方式供用户选择。采用了全数字化通信技术，轻松实现软件方式现场编码，可根据用户需求任意设定。

系统布线采用智能小区的典型方式——综合布线来实现，可实现快速接线，便于检查维修，减少接线错误，是用户较为理想的选择方案。

3. 系统基本功能

1）呼叫功能（管理中心呼叫住户、单元门口机呼叫住户、住户呼叫管理中心）。

2）门口机按键夜间辅助照明功能（夜间打开按键背面的发光管，用户可清楚地辨认按键）。

3）自动开锁功能（在对讲状态下，主人可按室内机开锁键开启门口电子锁）。

4）报警功能：报警探头自动向管理中心报警，提供烟感、煤气、门磁、人体红外、紧急按钮、遥控报警等多种报警方式。

根据实际情况本系统可按用户要求增选“户可接多个分机”功能。

4. 管理机

1）采用二进制数字（也称数进式）信号传输，内部解码处理。

2）可呼叫分机，通知用户进行集中管理。

3）接收住户报警，可显示房号，并能存储 512 个报警信息。

5. 单元门口主机

1）单键呼叫、遥控开门，简单方便。

2）夜间照明，通话清晰。

3）脉冲开启电控锁，防水、防尘。

4）金属面板，可控制两把电控锁。

5）呼叫管理机时，可实现与管理员通话。

6）优先功能：在任何情况下，按下分机紧急报警键，都可报警到管理中心。

6. 门口机电源

1）输入电源为 AC220V，最大电流为 1A，直流输出电压为 12V，输出功率为 12W 。

2）一台电源给一台门口机供电，保障系统正常独立工作。

7. *N* 户通信转换器

1）具有 *N* 个端口，可接 *N* 个分机。

2）具备报警接口，可接瓦斯、红外、窗磁、门磁、烟感、紧急按钮等报警探头。

3）根据楼型、楼层的不同，可任意编码。

4）采用485总线，可传输距离为1200m。

6.1.3 家庭防盗系统

1. 设计说明

家庭防盗系统是指以现场总线平台为数据传输媒介，以管理主机和主控计算机为警情接收装置，在住户室内安装各种报警探头的报警体系。目前可以安装的探头有烟感、红外、可燃气体泄漏、门磁、窗磁、紧急报警按钮等。系统同时可以支持四种报警类别（四防区），每一种类别可以安装多个探头。

将信号接收器安装在室内适当位置，并与系统入户信号线串联连接。接收器对于所有探头支持有线和无线两种方式，在无线方式下，允许室内安装一个以上的接收器，便于更有效地接收报警信号。实际工程中需根据房屋结构和用户要求选择采用有线、无线或两者混合方式。

主控计算机安装有报警管理软件，首先将小区内住户的资料（房号、户主名、联系方式等）输入到软件系统的数据库中，计算机在接到报警信号时会自动显示住户信息和报警类别，并以声光信号提醒保卫人员处理报警事件和通知外出的住户。这里以每户一个紧急求助遥控器，烟感、煤气泄漏、门磁开关各一个为例。实际工程中用户要求各种各样，需按实际要求核算探头数量。

根据技防规范及该小区的有关要求，家庭防盗系统考虑在1～2层配置紧急报警按钮、门磁和红外探测器，其余设备由最终用户自行配置。系统只预留2～3个接口，供用户接煤气、窗磁等。

家庭防盗系统由报警传输处理系统和各种用途的探测器组成。考虑到系统的经济性，本系统中报警传输和处理部分使用可视访客对讲系统，室内分机在访客对讲部位配置报警输入接口，由可视访客对讲系统完成报警信号的传输和处理。

在发现异常情况，如有人近身袭击、突发病情、出现险情、伤情等需要紧急求助时，可以通过触发紧急报警按钮等及时报警求援。而当住户出门时，在家中设防以后，如有人撬门闯入，门磁开关会及时向物业中心报警，提醒管理中心及时处理警情。

2. 家庭防盗系统组成

家庭防盗系统住户端探头配置如下：

门磁开关	1个/户
紧急报警按钮	1个/户
窗磁开关	（由住户自己配置）
可燃气体泄漏报警器	1个/户
红外探测器	1个/户
感烟探测器	1个/室/厅

其中，紧急报警按钮是24小时设防的；被动红外探测器、门磁开关需要人为进行布防/撤防设置。

家庭防盗系统各部分的功能如下：

紧急报警按钮：指住宅内发生抢劫案件或病人突发疾病时，可以向管理中心呼叫报警，管理中心可根据情况迅速处警。

被动红外探测器：对室内是否有人进行检测，在设防的情况下检测到有人入侵时，向管理中心报警。

门磁开关：在设防的情况下检测到门被打开时，向管理中心报警。

6.1.4　门禁管理系统

1. 系统总体设计

出入口门禁管理系统采用先进的计算机技术、智能卡技术及精密机械制造技术等，采用磁卡、条码卡或集成电路卡作为房门开启的钥匙。非接触感应式集成电路卡具有使用寿命长、抗干扰能力强、不能复制、安全性能高等特点，从而提高了通道门、住户门的安全性和可靠性，是未来门锁控制的发展方向。

地下车库进入楼梯口均配置门禁管理系统，门禁管理系统选用感应式门禁管理系统。

2. 系统组成

门禁管理系统由门禁控制器、门禁读卡器、电控锁、网络扩展器、管理计算机等组成，系统组成框图与工作过程如图 6-2 所示。

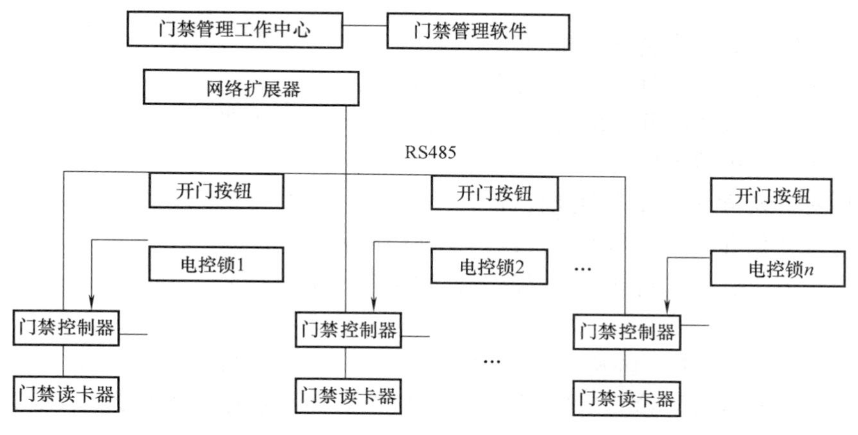

图 6-2　门禁系统组成框图与工作过程

门禁管理系统的工作过程是：住户进门时将门禁卡靠近读卡器进行读卡，读卡器接到门禁卡（通常采用 IC 卡）信息后，门禁控制器首先判断该卡号是否合法。如合法则发出“滴”的一声，绿灯点亮，同时开锁，并将该卡号、日期、时间等信息保存以供查询；否则门不打开，红灯亮，蜂鸣器发出“滴滴”两声。门禁管理系统采用的卡还可以运用在消费、收费等系统中，称之为一卡通。

3. 系统功能

（1）存储功能　门禁控制器将读卡器传来的所有记录信息存储于 EEPROM 中，并与设定的内部信息核查对比、整理加工，以作为查询或考勤的详细资料。

（2）集中管理功能　门禁管理工作中心可建立用户资料库：用户1、用户2等，定期或实时采集每个门的进出资料，同时可按各用户进行汇总、查询、分类及打印等。门禁控制器的各种参数均可通过门禁管理工作中心设置。

（3）权限管理功能　本系统可实现多级权限管理功能，发卡中心可设置每张卡的开门权限。

（4）异常报警　当有人非法闯入、门锁被破坏等情况出现时，系统会发出报警信息传输到门禁管理工作中心。

（5）拓展功能　内置监控软件，可与消防等系统联动。

门禁管理系统可实现对整个小区地下车库的监控，进入各单元的出口共N个，每个位置设置一套门禁系统，用以完成对N个单元门的电磁锁进行控制。为方便住户出行，另配置N套电磁锁和出门按钮，供业主使用。

6.1.5　停车场管理系统

1. 系统总体设计

为满足人们生活和工作环境更科学、更规范的要求，管理高效、安全合理、快捷方便的停车场智能管理系统，已成为许多大型综合性建筑物和居民小区必备的配套设施。

设计的停车场具有以下特点：

1）使用方便快捷。

2）系统灵敏可靠、设备安全耐用。

3）即时收取停车费及其他相关费用，增加收入。

4）通过一卡通系统提前收取或代缴固定长期客户的停车费。

5）防止拒缴停车费事件发生。

6）防止收费人员徇私舞弊和乱收费。

7）采用自动化管理，车辆出入快速，提高档次和效率。

8）节约管理人员的费用支出，提高工作效率和经济效益。

2. 系统组成

（1）设备组成　根据小区及其所在的特殊地理环境的实际情况设计出一个最佳的管理系统，全面满足停车场的需要。整个系统主要由管理中心（包含收费处）、入口控制设备和出口控制设备三大部分组成。

管理系统由管理中心、管理计算机、感应卡读卡器、收费票据打印机和出入口摄像监控系统（选配）组成，可通过串行通信电缆对整个停车场各出入口进行控制和数据采集，可实现停车场的实时管理、实时控制，并对长期停车的用户进行收费。入口控制设备主要有入口控制器、非接触感应卡读卡器、车辆检测器、栏杆机等。出口控制设备主要有出口控制器、车辆检测器、栏杆机等。同时，本管理系统具有开放型接口，可与其他子系统（小区储值卡、门禁、对讲、消防等）集成在一个管理平台，如图6-3所示。

（2）停车场用户出入口管理　根据图6-3所示的设计思想，整个停车场基本为固定用户采取充值停车，针对这样的实际要求，整个停车场管理系统的运转过程主要划分为入口管

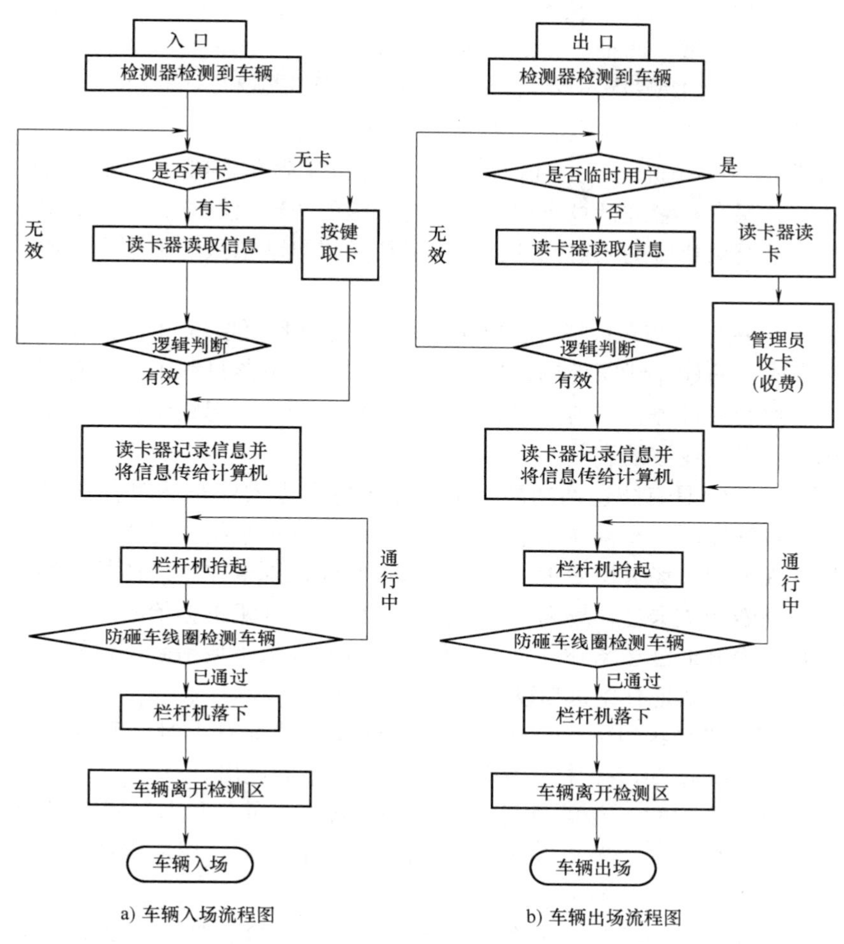

图 6-3　停车场管理系统

理和出口管理两大部分：

1）入口管理。当固定用户车辆到达停车场入口，车辆检测器检测到车时，读卡器自动启动，固定用户刷卡，读卡器对该卡进行识别，若该卡属于该停车场，且在有效时限内，栏杆机自动抬杆放行，车辆通过栏杆后，车辆检测器发出信号，栏杆自行回落，完成一次进车过程。

2）出口管理。当固定用户车辆到达停车场出口，车辆检测器检测到车时，读卡器自动启动，固定用户刷卡，读卡器对该卡进行识别，若该卡属于该停车场，且在有效时限内，栏杆机自动抬杆放行，车辆通过栏杆后，车辆检测器发出信号，栏杆自行回落，完成一次出车过程。

3. 功能说明

（1）计算机联网管理　停车场管理员可在管理中心对整个停车场（地面和地库或多个车库）进行全面智能化管理，对停车场进行实时控制、实时管理，并对各收费站和出入口的信息进行汇总和报表打印等。

（2）适合各类停车场需要　长期停车用户采用固定10cm感应卡管理，临时停车用户采用临时发卡方式进行管理，两种设备协调统一。

（3）满位显示屏（选配）　显示停车场内车位是否满载。满载时，满位显示屏显示“满位”，同时入口栏杆机将不再抬起放行车辆入场。

（4）摄像监视系统（选配）　任何进入停车场的车辆在入口处，将被入口摄像机自动拍摄一幅图片，并保存在管理计算机内。当持有该卡的车辆出场时，计算机根据感应卡读卡器读入的卡号自动调出相应的入口图片，与出口摄像机自动拍摄的图片作对比，可有效防止盗车现象。

（5）防砸车　在出口和入口栏杆机臂下均埋设有防砸车线圈，此线圈控制栏杆的下落。当栏杆臂下有车时，防砸车线圈控制栏杆不下落；在栏杆下落过程中，若有车辆进入栏杆臂下，防砸车线圈控制栏杆停止下落并抬起，防止砸伤车辆，引起纠纷；同时系统报警，防止用户有意识逃票，保证业主的利益。

（6）防迂回　系统具有防迂回功能。车辆每次持卡进入停车场时，管理系统自动将该卡号记录在入场数据库内，车辆在持卡离开停车场时，管理系统又将该卡号记录在出场数据库内。系统根据入场和出场数据库中的数据，自动判断识别卡在场内还是在场外。当某车持卡入场时，系统判断为该卡已在场内，发出报警，同时栏杆机不会抬起。同样，当某车持卡出场时，系统判断为该卡已在场外，发出报警，同时栏杆机不会抬起。这样可以防止一张卡被多辆车同时使用，有效地杜绝逃票现象发生。

（7）应急处理　当系统组件出现故障或有其他紧急情况发生时，系统操作员可以在管理中心通过手动方式抬起/落下栏杆，保证车辆安全有序地进出。

当系统部分出现故障时（如管理计算机出现故障），感应卡读卡器可以独立地进行工作，用户的信息记录在感应卡读卡器内部，待系统恢复正常后，感应卡读卡器自动将其内部信息传回系统。

（8）车位检索系统（选配）　在每一个车位设置一套检测器，通过处理器联入主系统。安装该系统后，电子显示屏会将当前最佳停车位置显示给驾车者，消除驾车者在车场找车位的烦恼。同时，工控机可以随时查询车场中的车位情况，并以直观的图形反映在显示屏上。若车场满位，则每个入口感应卡读卡器都不会再受理入场，同时满位显示屏显示“满”的字样。

（9）一卡在手、反复使用　智能卡具有相当大的容量，扩展功能强大，同一张卡片上可实现超市消费、考勤、人事管理、水电费、保安等多项管理。智能卡可实现反复使用，其使用寿命可达5～8年。

4. 系统软硬件介绍

（1）主要硬件设备　停车场管理系统主要由管理中心、入口控制设备及出口控制设备三部分构成，管理中心采用高性能管理计算机，性能稳定可靠，可长时间连续工作。

（2）系统软件功能　系统软件主要完成控制停车场车辆的出入及临时用户的收费，系统采用感应卡技术，实时监测车辆出入、自动判断车辆（感应卡）的合法性以及停车收费等相关的各种处理。

运行于中心控制室计算机的管理软件主要由查询统计模块、系统设置模块、用户管理模块、数据维护模块和收费模块等组成。查询统计模块主要完成对出入口车辆进出数据的采集，形成车辆进出日志数据库，供系统操作员查阅和打印统计报表；系统设置模块完成对系

统参数和出入口读卡器等设备工作状态的设置；用户管理模块完成对停车场长期用户感应卡的注册、注销、续办、补办等，方便用户更好地使用停车场，形成持卡人信息数据库，方便停车场的管理；数据维护模块实现数据库的备份清除等各种维护操作；收费模块实现临时用户的收费。

6.1.6　结构化布线系统

1. 智能小区布线概述

结构化布线系统是一个能够支持任何用户选择的语音、数据、图形、图像应用的电信布线系统，是网络实现的基础，它能够满足数据、语音及图形、图像等的传输要求，成为现今和未来计算机网络和通信系统的有力支撑环境。系统应能支持语音、图形、图像、数据多媒体、安全监控、传感等各种信息的传输，支持 UTP（非屏蔽双绞线）、光纤、STP（屏蔽双绞线）、同轴电缆等各种传输载体，支持多用户多类型产品的应用，支持高速网络的应用。

结构化布线系统与智能大厦的发展紧密相关，是智能大厦的实现基础。智能大厦具有舒适性、安全性、方便性、经济性和先进性等特点，一般包括中央计算机控制系统、楼宇自动控制系统、办公自动化系统、通信自动化系统、消防自动化系统、保安自动化系统、结构化布线系统等。结构化布线系统通过对建筑物四个基本要素（结构、系统、服务和管理）以及它们内在联系最优化的设计，提供一个投资合理同时又拥有高效率的优雅舒适、便利快捷、高度安全的环境空间。结构化布线系统正是实现这一目标的基础。

2. 结构化布线系统的组成

结构化布线系统一般由以下六个子系统组成：

（1）建筑群子系统（Campus）　将一栋建筑的线缆（包括双绞线及光缆）延伸至建筑群内的其他建筑物内，为建筑物间提供标准的连接。

（2）设备间子系统（Equipment）　在一个集中化设备区，采用快捷式配架和集中式 110（防雷式）配线架，连接系统至各公共设备如程控交换机、主机、数据网络设备、建筑自动化系统设备以及保安系统设备等，起到统一管理整个建筑物的结构化布线系统的作用。

（3）垂直子系统（Backbone/Riser）　提供建筑中最重要的主干线路，可以采用双绞线及光缆产品，将设备间子系统内的总配线架（MDF）或光纤主配线架与各楼层的分线箱（IDF）用星形结构连接起来。

（4）管理子系统（Administration）　分布在大楼内各相应楼层的弱电竖井内或专用的配线间，由交叉连接的端接硬件所组成，以管理各层的水平布线子系统，同时可连接相应的网络设备。

（5）水平子系统（Horizontal）　将工作区子系统连接至各个相应的管理子系统，可使用四对双绞线，或有需要时可使用光缆，但须避免同时使用多种类型线缆，以免造成灵活性的降低和管理上的困难。

（6）工作区子系统（Work Area）　全部采用模块化的 RJ 45（常见的网卡接口）信息插座为用户提供一个符合 ITU /ISDN 标准的信息出口，并同时满足从建筑物内各弱电系统中电信号的传输到各种数据的高速传输网以及种种数字语音系统等复杂的信号传输。

3. 结构化布线系统的特点

(1) 系统化工程　结构化布线是一套完整的系统工程，包括传输媒体（双绞线（铜线）及光纤）、连接硬件（包括跳线架、模块化插座、适配器、工具等）以及安装、维护管理及工程服务等。

(2) 模块化结构　结构化布线系统的设计使得用最小的附加布线与变化（如果需要的话）就可实现系统的搬迁、扩充与重新安装。

(3) 独立于应用　作为ITU七层协议中最底层的物理层，结构化布线系统构成了某种基本链路，像一条信息通道一样来连接楼宇内或室外的各种低压电子电气装置。这些信息路径提供传输各种传感信息及综合数据的能力。

(4) 灵活方便性　结构化布线系统的设计同时兼容语音及数据通信应用，这样一来减少了对传统管路的需求，同时提供了一种结构化的设计来实现与管理这一系统。

(5) 技术超前性　结构化布线系统允许用户有可能采用各种可行的新技术，这是因为结构化布线系统独立于应用，并能对未来应用提供相当的裕度。

4. 设计方案

布线范围：某主设备间建议设在物业管理处的位置，每栋大楼设一个管理区，管理从每座房屋的信息点引来的线缆。大楼管理区与设备间通过4芯室外铠装多模光缆相连。

原则：每幢楼的房间内敷设两条双绞线入户：一条为电话线，另一条为计算机线路，在卧室和书房内设计算机点和电话双口信息点，共计×××个信息点。

(1) 网线插座的选型要求　每一个网络信息出口插座的性能均要达到五类，即100Mbit/s带宽的标准，可以提供高速数据应用。

(2) 水平子系统设计　水平线缆全部采用超五类非屏蔽双绞线（UTP），传输带宽可达155MHz。这样的设计既可以满足高速网络等数据信息高速可靠地传输，也可以完全满足语音传输的需求，且能适应未来通信技术发展的要求。

只有这样，才能满足工作区各种不同应用随意变更的要求，使系统具有极大的灵活性。如一旦需要扩充网络，只需更改跳线，即可使原本用于语音传输的水平线实现高速数据的传输。

(3) 设备间子系统设计　一般采用星形管理模式，主设备间建议设在物业管理处，考虑到有关规范，建议在每幢楼设分配线间，每个设备间管理该幢楼的信息点。设备间的快捷式配线架主要用于端接五类UTP缆。在每个设备间安装一个壁挂式光终端箱，里面接续光缆。

(4) 垂直子系统设计　各管理区与主机房通过六芯光缆相连，实现网络系统的连接，六芯光缆优于双绞线。

5. 家庭布线设计

下面列举两个设计实例进行介绍。

(1) 三室两厅二卫

配置：居家通一台，信息点19个，信息面板12个，各种规格线缆若干，见表6-1。

表6-1　三室两厅二卫配置表

房间	电话出口	数据出口	CATV出口	合计
客厅	2	2	1	5
主卧	2	2	1	5

（续）

房间	电话出口	数据出口	CATV 出口	合计
书房	1	1	0	2
儿童房	1	1	1	3
合计	6	6	3	15

功能：

1）客厅、主卧及儿童房可以单独观看有线电视（CATV）节目。

2）客厅、主卧、书房及儿童房全部可以接入电话。

3）客厅、主卧、书房及儿童房全部可以接入宽带互联网。

4）可以随时切断儿童房的电话、计算机、有线电视信号，以确保学童自习时间不使用电话、计算机及电视的管理。

（2）四室两厅二卫

配置：居家通一台，信息点 21 个，信息面板 14 个，各种规格线缆若干，见表 6-2。

表 6-2　四室两厅二卫配置表

房间	电话出口	数据出口	CATV 出口	合计
客厅	2	2	1	5
主卧	2	2	1	5
客卧	1	1	0	2
书房	1	1	0	2
儿童房	1	1	1	3
合计	7	7	3	17

功能：

1）客厅、主卧及儿童房可以单独观看有线电视（CATV）节目。

2）客厅、主卧、书房、客卧及儿童房全部可以接入电话。

3）客厅、主卧、书房、客卧及儿童房全部可以接入宽带互联网。

4）可以随时切断儿童房的电话、计算机、有线电视信号，以确保学童自习时间不使用电话、计算机及电视的管理。

6.1.7　智能化小区信息服务系统简介

智能化小区信息服务系统是一套基于 Internet/Intranet 网站的智能化小区综合信息服务系统平台，该系统为小区业主提供全方位的智能化信息服务。通过小区信息服务，居民可以方便地访问公众网，小区可以向公众网发布信息。居民也可以登录社区服务网进而通过 ISP 访问 Internet、收发电子邮件等，实现足不出户与外界交流信息。社区服务网站功能模块图如图 6-4 所示。

社区服务网站有小区之窗、小区网上商场购物系统、网络电子公告牌（BBS）、休闲讨论组（论坛）、用户调查、VOD 服务系统、物业管理服务系统、Internet 信息服务系统等组成。其中Internet信息服务系统提供小区外网上购物、家庭证券、公共信息服务、网上图书馆、远程医疗、远程教育等各种链接。下面分别对其进行介绍。

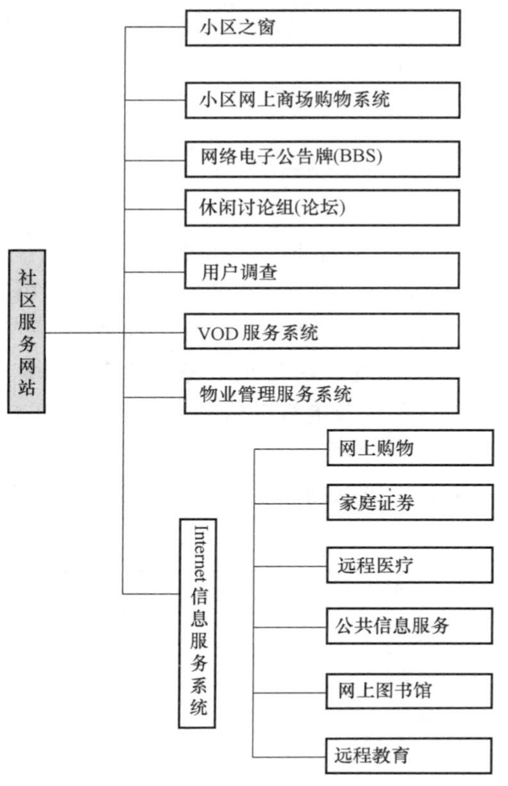

图6-4　社区服务网站功能模块图

1. 小区之窗

小区之窗宣传本小区的环境、房型、条件，辅助房产销售和招商，提供小区的实景地图、房型图等，以供购房者和业主随时查看。

2. 小区网上商场购物系统

本系统为物业管理公司提供小区内全套网上商场系统，供辖区内的居民进行网上购物，一方面方便小区居民，另一方面也可以作为展开多种经营的一个渠道。该系统提供必要的前台浏览功能，包括商品浏览、购物车、多种付款方式，居民登录社区网就可以在网上购物。具体可以实现以下功能：

1）用户能在网上浏览商品信息并进行订购。

2）用户可以用网上电子支付或选择社区管理服务机构提供的其他方式进行结算。

3）可以查询每次、每周或每月的购物清单等。

而社区的管理服务机构则要通过系统进行电子商务的客户管理和订单管理，包括订购客户的身份识别、查询客户的信用级别和记录、处理订单、送换货任务管理、应收款项管理等。

3. 网络电子公告牌（BBS）

提供公共信息交流平台，供小区居民和物业管理者在网络上写作并发表自己的文章、意见建议、提问与解答等，是小区精神文明建设的又一块阵地，也是管理者与居民之间又一道桥梁。

4. 休闲讨论组（论坛）

提供主题讨论服务，小区居民就某一想法或问题发表意见，其他小区居民对此可以自由发表自己的见解或态度。

5. 用户调查

提供针对小区居民的意见反馈和小区居民调查活动，及时收集小区居民的相关信息，对小区的建设和服务进行相应改进，或者收集并统计小区居民对某些问题、现象或意向的态度与看法。

6. VOD服务系统

该系统提供VOD视频点播功能，使得用户在家可以选择网上的各类节目进行实时的视频点播，提供用户友好的操作界面。

小区管理者可以经常更换节目，为小区居民提供更多、更方便的家居享受。

系统提供节目登记与删除、浏览查询、用户点播记录、计费等必要手段。

7. 物业管理服务系统

本系统在网上提供物业管理服务，用户可在自己家中或任何地方，不受时间限制地在网上进行诸如报修、各种物业费用查询等。

8. Internet 信息服务系统

利用小区的高速互联网接入，在社区服务网站上为小区居民提供 Internet 的各种内容链接，如网上购物、家庭证券、公共信息服务、网上图书馆、远程医疗、远程教育等。

6.2 智能物流中心系统

智能物流中心系统的核心业务包括仓储配送系统、运输系统、销售系统、财务系统、统计查询系统以及集成系统。

智能物流中心系统集成了传感、RFID、声、光、机、电、移动计算等各项先进技术，建立了全自动化的物流配送中心，借助配送中心智能控制、自动化操作的网络，可实现商流、物流、信息流、资金流的全面协同。该系统可实现机器人堆码垛、无人搬运车搬运物料、分拣线上的自动分拣、计算机控制堆垛机自动完成出入库等，整个物流作业与生产制造实现了自动化、智能化与网络化。

智能物流中心系统应具有信息化、网络化、集成化、智能化、柔性化、敏捷化、可视化等先进技术特征，系统结构如图 6-5 所示。

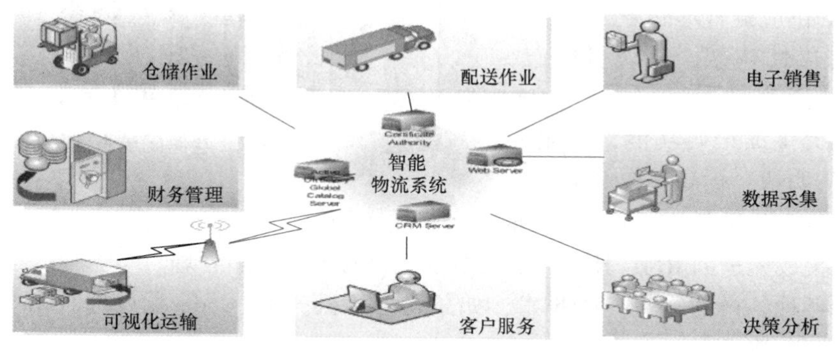

图 6-5　智能物流中心系统结构图

6.2.1 系统技术平面

该系统分为四个大平台：顶层应用平台、底层信息采集平台、外部平台和软件开发平台；两个衔接口：数据接口和定位系统，如图 6-6 所示。

由图 6-6 可以看出，顶层应用平台涉及表现层、应用层、商业逻辑层和后台数据库；底层信息采集平台涉及条码技术、自动识别、射频技术、数据仓库、EDI（电子数据交换）技术和商业智能；外部平台涉及海关、银行、三检和生产企业。

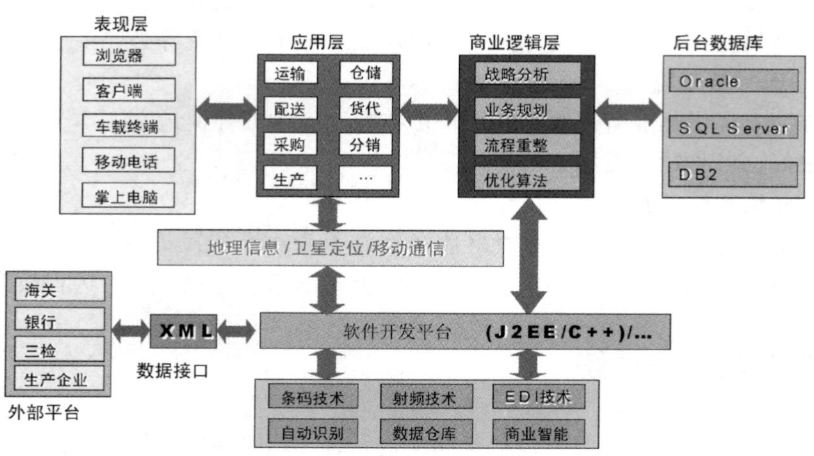

图6-6　系统技术平面设计

6.2.2　仓储配送系统简介

仓储配送系统涉及：接单管理、分单管理、调度管理、仓储管理、运力资源、跟踪管理、结算管理、客户关系、基础设置、系统管理和客户端子系统，如图6-7所示。

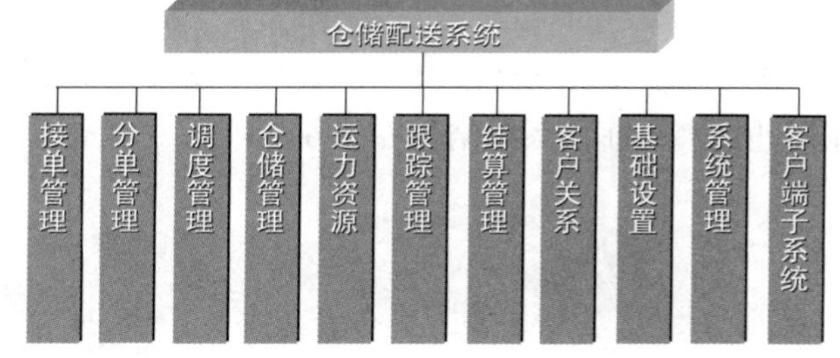

图6-7　仓储配送系统

仓储配送系统的特点：

1）支持多层次配送中心网络服务操作，信息充分共享，资源优化调配。

2）适应客户物流需求的不断变化，提供全方位的供应链管理服务。

3）采用柔性构架，模块可配置，具有充分的灵活性。

4）系统提供助记码功能，使业务资料录入简洁明快，提高操作效率。

5）无缝集成先进的GIS/GPS，实时监控运输车辆。

6）无缝集成先进的RFID技术，实现智能托盘管理、单品管理。

7）支持各种各样的物流控管技术，如条码打印机、Bar Code盘点机、无线POS技术、无线传输（RF）技术。

6.2.3　运输管理信息系统

运输管理信息系统涉及：接单管理、调度计划、跟踪管理、结算管理、运力资源、客户关系、基础设置、系统管理和客户端子系统，如图6-8所示。

运输管理信息系统的特点：

1）功能强大、全面，涵盖集卡运输业务的各个方面。

2）与我国运输业务的实际紧密结合，适用性广，可配置性强。

3）界面清晰、美观，操作直观、简洁、方便。

4）无缝集成先进的 GIS/GPS，实时监控运输车辆。

5）方便强大的查询与汇总功能。

6）严谨规范的业务处理流程。

7）完善的安全机制，严格的用户权限设置。

8）系统运行于公司自主开发的软件开发技术平台之上，先进、稳定。

9）系统采用大型数据库，支持海量数据。

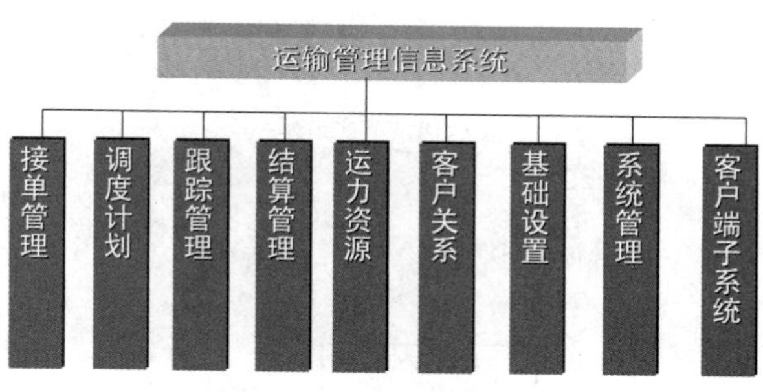

图 6-8　运输管理信息系统

6.2.4　RFID 在物流系统中的应用

物流系统中，要配置 RFID 读写器及标签打印机，对所有的货物托盘上要配置 RFID 标签，物流出口处和物流管理人员要设置或配置相应的 RFID 天线、读写器或手持读写器，货物装载车要配置基于 Windows 的车载无线电终端或 RFID，整个物流中心具备可户内/户外使用的网络系统，RFID 应用布局如图 6-9 所示。

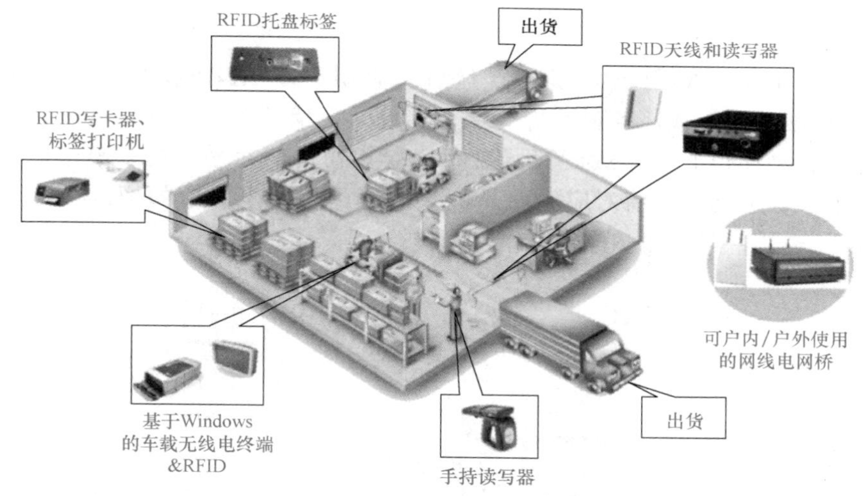

图 6-9　物流系统中 RFID 应用布局

1. 入库流程

载物车到达物流中心入库时，仓库入库门上装有的 RFID 读写器门禁可以记录所有的贴有电子标签货物的入库信息，并将信息传入到 WMS（Warehouse Management System，仓库管理系统）。数据中心处对入库单进行比对，与入库单相符时，直接将货物通过叉车搬运到指定位置；若未贴有电子标签的货车整车或散货到货，数据中心首先需要对其贴上 RFID 标签，然后再入库，整个流程如图 6-10 所示。

货物在仓库中存放的具体位置需要通过货架逆行管理（即通常意义上的回收物流），通常货架的编码由 WMS 系统自动生成，它们由仓库编号、货架行号、货架列号、货架层号和流水号组成。

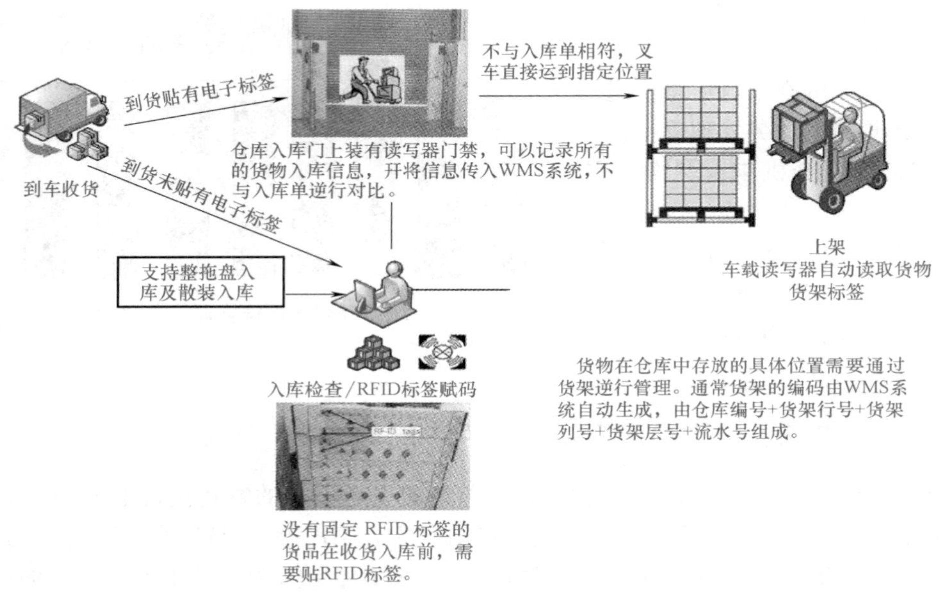

图 6-10　RFID 应用于入库流程

2. 上架流程

货物入库上架中，使用车载读写器盘点，应用叉车 RFID 读写设备，从标签作业 RFID 管理系统服务器下载任务到手持终端上，包括上架任务单、商品名称、数量、存放位置等信息。移动库位时，车载读写器自动读取货物货架标签，仓库操作员根据手持终端上显示的上架任务指令，将对应的商品标签放置到货架上对应的摆放区域。全过程如图 6-11 所示。

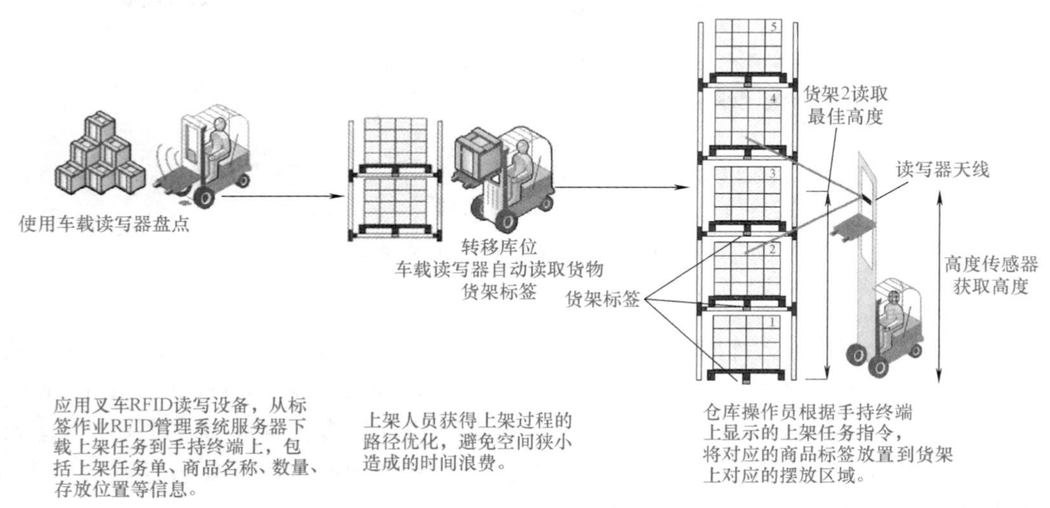

图 6-11　RFID 应用于上架流程

3. 商品移位

通过查询 WMS 系统得到空闲的货架信息时，系统管理员要向系统终端或管理中心告知

要移位的商品，并将新移位置商品的 RFID 信息通过 PDA（手持终端设备）修改录入到 WMS 系统中，整个过程如图 6-12 所示。

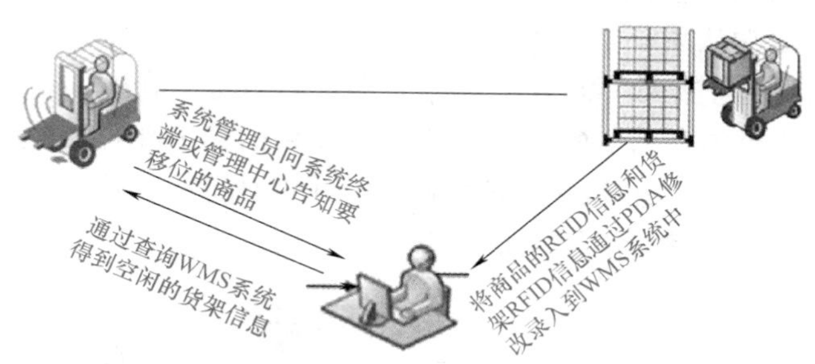

图 6-12　RFID 应用于商品移位

4. 理货、拣货、盘点流程

仓库员工每日在库内巡检逆行理货作业，同时可完成盘库工作。在理货作业中，叉车在理货区域行驶（即理货人员走过）时，叉车的 RFID 读写设备会将周围的货物信息读写并与系统中现有的数据作对比，马上可以得出现有实物库存是否符合系统内所显示的数据，由此达到盘点的目的。当巡检过程中发现货物与货位信息不符或缺货时，系统管理人员将及时对货位信息进行调整或及时进行补货处理。

拣货过程中，仓库人员根据订单信息进行拣货，当货位信息与订单信息相符时，RFID 阅读器识读时就能读出此包装里物品的类别、数量、配送位置等信息，采用 RFID 结合输送机制，可以非常迅速地将货物拣出来。当拣货预订单信息有出入时，手持终端会自动检出警示信息提醒仓库作业人员，作业人员根据错误提示信息，重新将正确的商品从货位上取下。

理货、拣货、盘点的整个流程如图 6-13 所示。

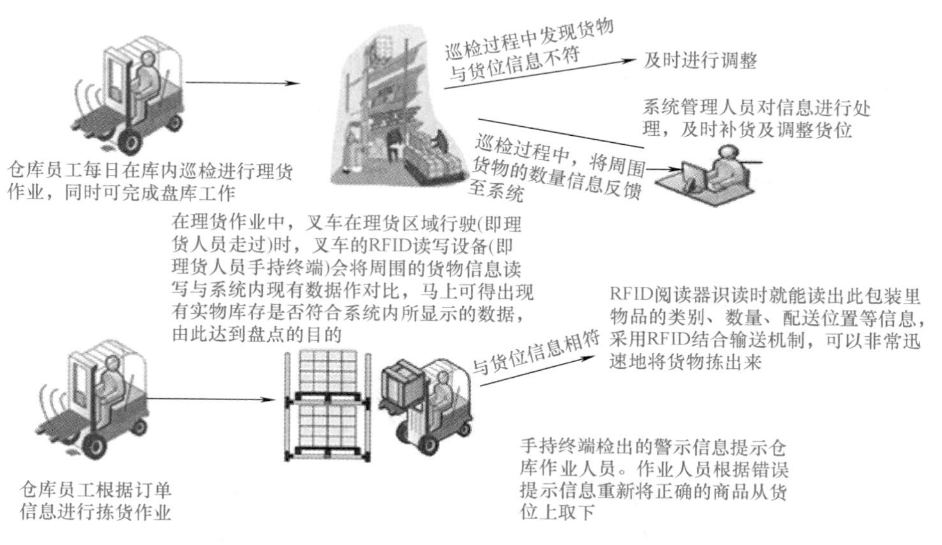

图 6-13　理货、拣货、盘点流程

5. 出库流程

货物出库时，首先要对同期预出库信息进行核对，下架商品信息是否与分配信息相符。工作人员根据出货单信息检查整个托盘上所有货物信息同系统中订单信息是否一致，一致则打印收票；收票打印成功从系统中减去相应出库货物库存数量；将收票和出库单一起夹在货物上面，按照配送目的地上的收货区域打印出货单，然后送出仓库，仓库出入库门装有读写器，可按照配送目的地预置所有的货物出库资料。如果门禁 RFID 读取设备读取的信息与出库信息相符，即可顺利出库，并按照发货区域或者目的地配货。如果出库的货物与出货单信息不相符，系统将会报警。整个出库流程如图 6-14 所示。

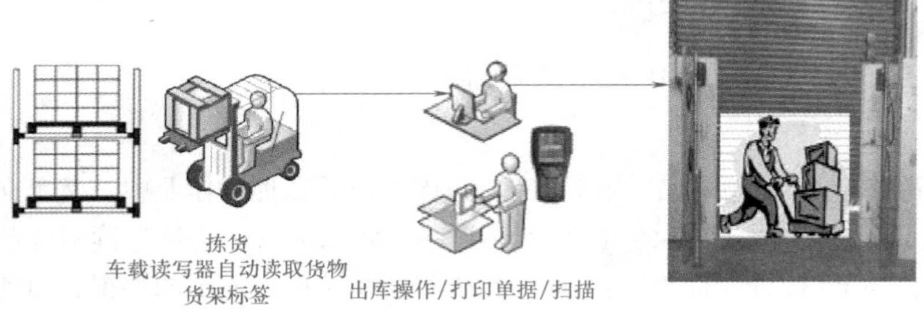

出库装车

同预出库信息进行核对，下架商品信息是否与分配信息相符

工作人员根据出货单信息检查整个托盘上所有货物信息同系统中订单信息是否一致，一致则打印收票；收票打印成功从系统中减去相应出库货物库存数量；将收票和出库单一起夹在货物上面，按照配送目的地上的收货区域打印出货单

仓库出入库门装有读写器，可按照配送目的地预置所有的货物出库资料。如果门禁RFID读取设备读取的信息与出库信息相符，则顺利出库。如果出库的货物与出货单信息不相符，系统将会报警

按照发货区域或者目的地配货，满载后发车

图 6-14 出库流程

6. RFID 标签选型

RFID 检签的选型依据：

1）标签频率。

2）标签容量。

3）标签应用环境。

4）安全问题。

7. RFID 读写器选型

RFID 读写器的选型依据：

1）读写主频率。

2）应用环境。

6.2.5 条码在物流系统中的应用

与 RFID 在物流系统中的应用类似，条码在物流系统中通过业务作业系统、物流中心系统、信息中心系统三大操控平台实现具体的应用，详细的入库流程、出库流程、盘点流程如图 6-15 ~ 图 6-17 所示，这里不再赘述。

条码应用——入库流程

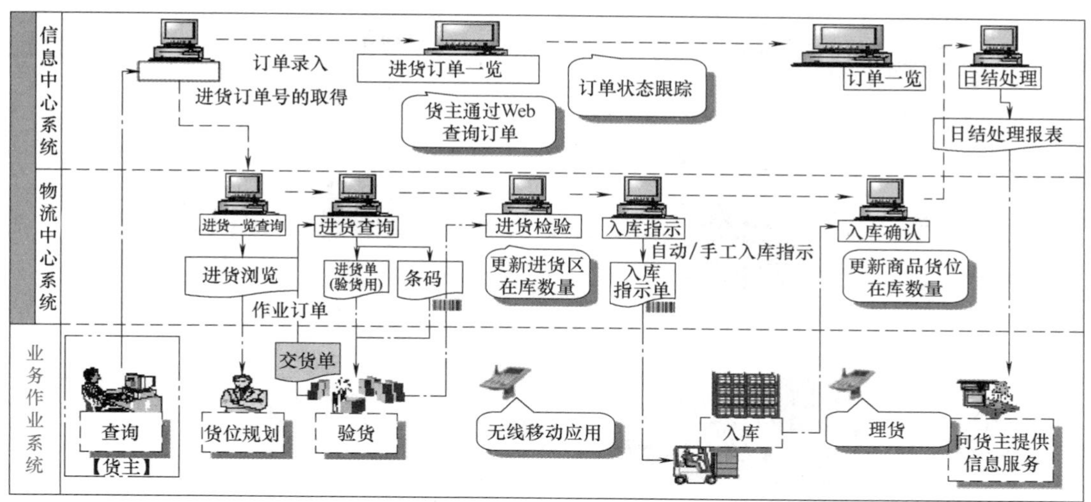

图 6-15　条码应用于入库流程

条码应用——出库流程

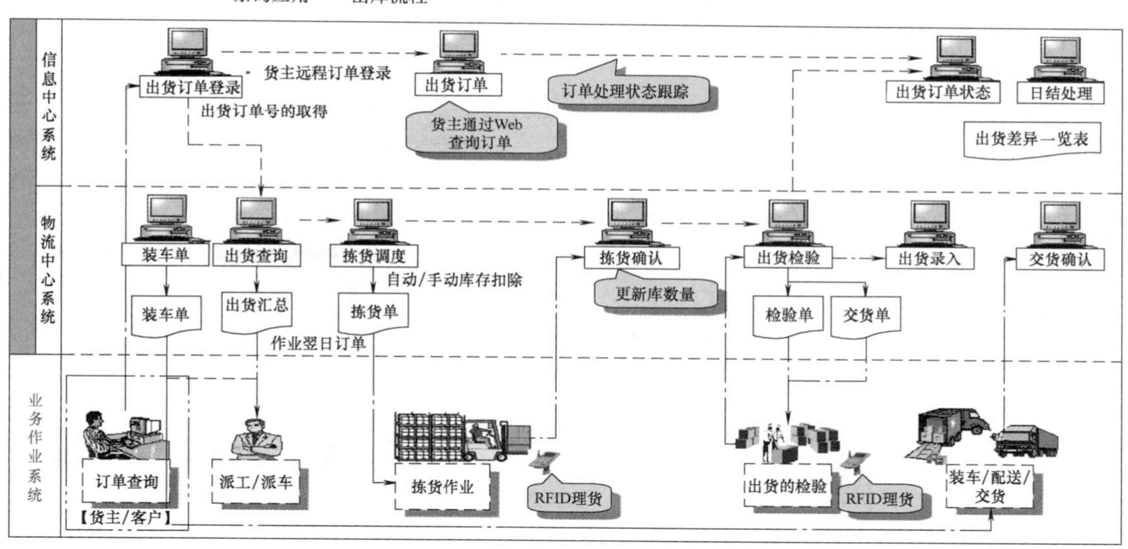

图 6-16　条码应用于出库流程

6.2.6　运输管理信息系统中 GPS/GIS 的应用

1. 运输管理信息系统要求

1）实现车辆在途管理。

2）实现科学调度和灵活掌控，降低空车率。

3）自动/手工回报车辆运输状态（满载、空载、进关、出关等）。

4）为驾驶员提供安全保障。

5）提供轨迹回放功能，实现事后监督。

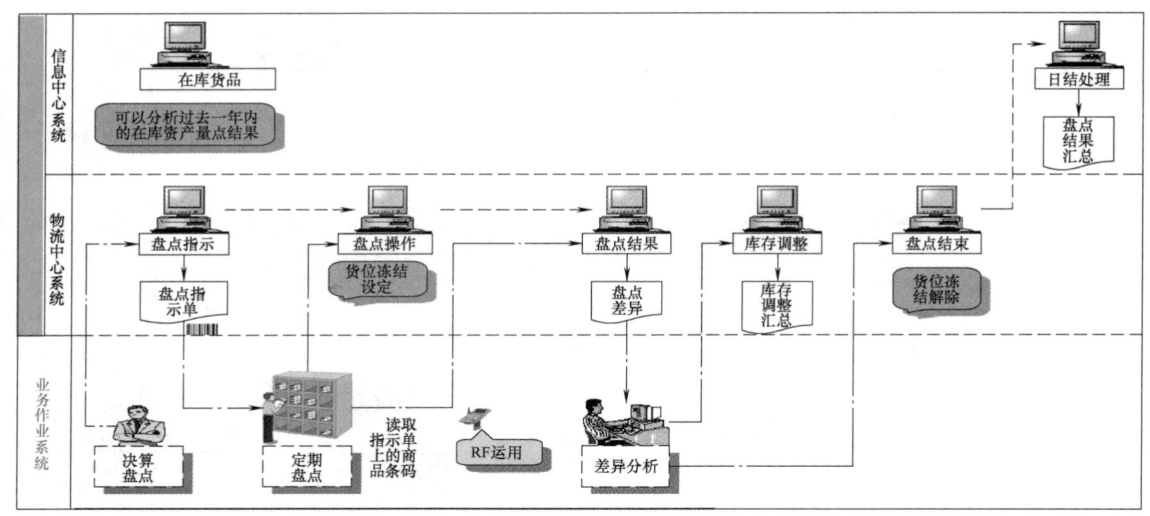

图 6-17　条码应用于盘点流程

6）货主随时查看货物运输进程，提高货主满意度。

7）与运输系统实现无缝连接。

2. GPS 监控系统结构

GPS 监控系统由监控总中心、监控分中心、卫星无线交换系统（机房）、基站等组成，如图6-18所示。利用 GPS 定位仪接收来自卫星的定位信号，以确定车辆的位置。通过无线通信，将物流车辆位置信息传到监控中心，监控中心借助电子地图指示，可获得发信车辆的确切位置及车辆的状态信息，在发生紧急情况时，可以对车辆实行录音监听等控制和信息获取。

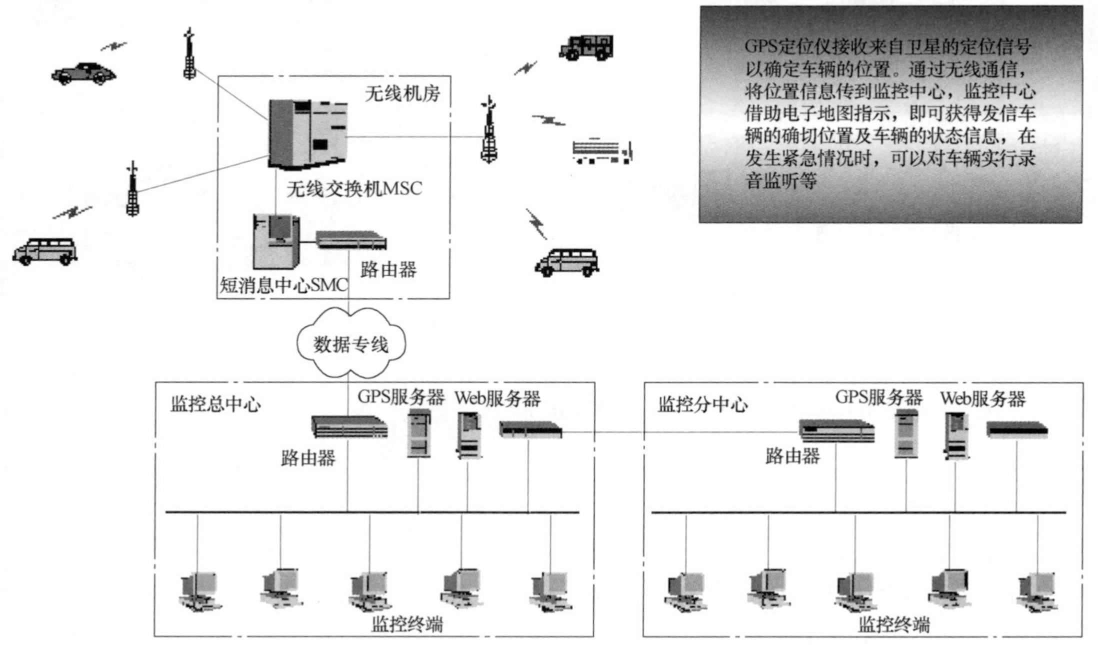

图 6-18　GPS 监控系统结构

（1）正常的运作流程　正常的运作流程要经过：装货—关锁—出车—信息回传—到达—开锁—卸货—关锁—回程，每个环节都由监控中心掌握，如图 6-19 所示。

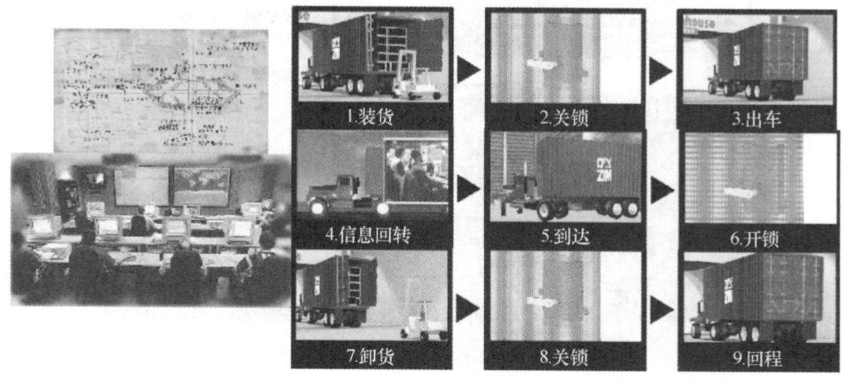

图 6-19　正常运输运作的流程

（2）偏离线路　首先，为任务车辆预先设置行车路线，车辆运输任务开始时，就进入监控系统，记录车辆行走路线及状态，当车辆未能按预设行车路线行车（即偏离路线）时，系统自动报警，监控人员根据实际情况，联络驾驶员给予处理，如图 6-20 所示。

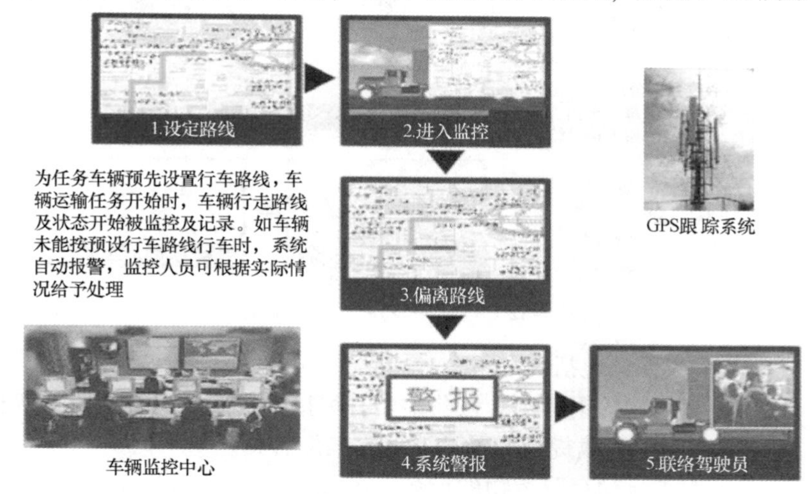

图 6-20　偏离正常运输运作的应急情况

（3）超时而未到达目的地　预设好任务车辆目的地、到达时间及可接受的偏差，当车辆未能在指定时间内到达目的地时，系统即自动报警，如图 6-21 所示。

（4）发生事故　系统在所有的任务车上都设有隐藏紧急呼叫按钮，当发生突发事件时，驾驶员可向监控中心紧急求救。监控中心收到报警后，通过监听车辆内信息、车辆当前位置及其他相关信息给予援助，如图 6-22 所示。

6.3　自动化立体仓库自动分拣

能自动储存和输出物料的自动化立体仓库，是由多层货架、运输系统、计算机系统和通信系统组成的，是集信息自动化技术、自动导引小车技术、机器人技术和自动仓储技术于一

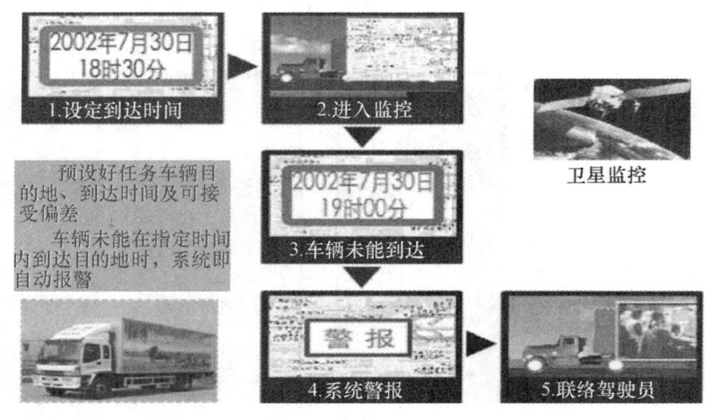

图 6-21　运输中超时而未到达目的地

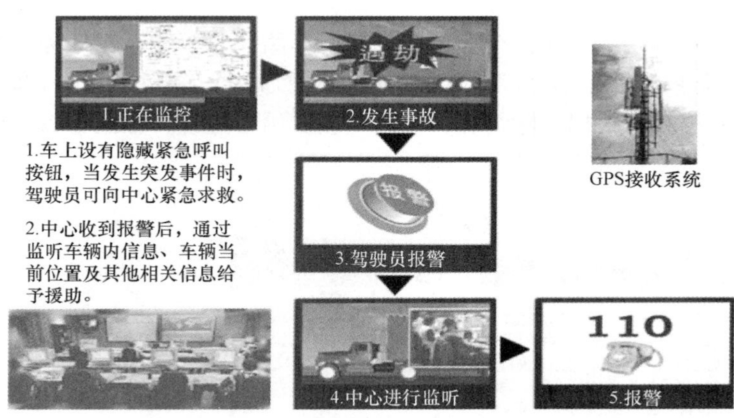

图 6-22　运输中发生事故的应急

体的集成化系统。其组成部分包括：

1）货架：用于存储货物的钢结构，目前主要有焊接式货架和组合式货架两种基本形式。

2）托盘（货箱）：用于承载货物的器具，也称工位器具。

3）巷道堆垛机：用于自动存取货物的设备，按结构形式分为单立柱和双立柱两种基本形式；按服务方式分为直道、弯道和转移车三种基本形式。

4）输送机系统：立体仓库的主要外围设备，负责将货物运送到堆垛机或从堆垛机将货物移走。输送机种类非常多，常见的有辊道输送机、链条输送机、升降台、分配车、提升机、皮带机等。

5）GV 系统：即自动导向小车，根据其导向方式分为感应式导向小车和激光导向小车。

6）自动控制系统：驱动自动化立体库系统各设备的自动控制系统，目前以采用现场总线方式控制模式为主。

7）储存信息管理系统：也称中央计算机管理系统，是全自动化立体库系统的核心。目前典型的自动化立体库系统均采用大型的数据库系统（如 ORACLE、SYBASE 等）构筑典型的客户机/服务器体系，可以与其他系统，如 ERP（Enterprise Resource Planning，企业资源计划）系统等联网或集成。

6.3.1　系统平面设计

这里以某公司自动化立体仓库为例进行介绍，其实训系统场地平面图如图 6-23 所示。

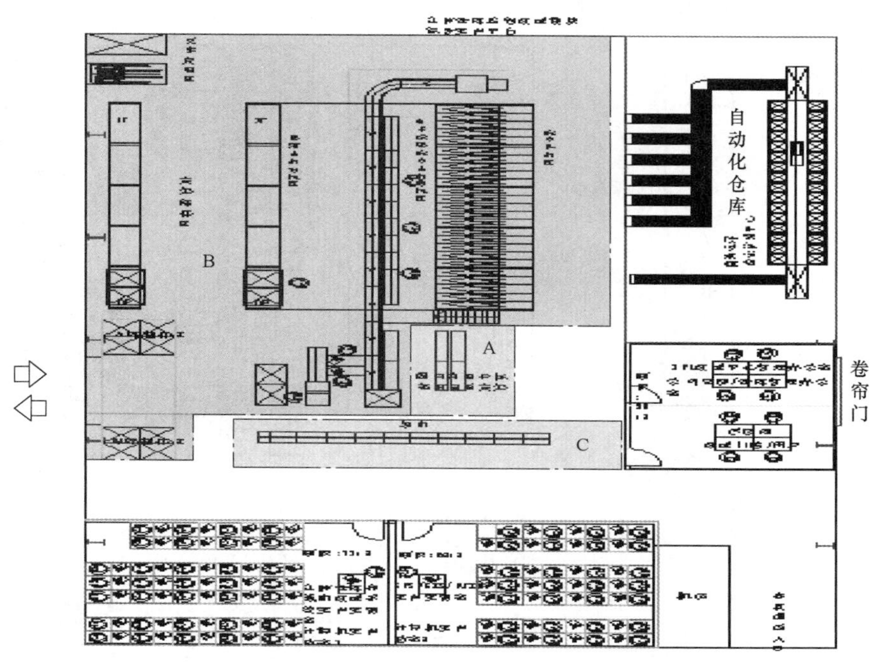

图 6-23　实训系统场地平面图

图 6-23 中：

1）A 区域为设计生产区。

2）B 区域为配送中心库区。

3）C 区域为超市销售区。

仓库自动分拣布局平面示意图如图 6-24 所示。

图中标号“①”代表生产区的出库门，标号“②”代表配送中心的入库门，标号“③”代表配送中心的出库门，标号“④”代表销售公司的入库门，标号“⑤”代表用于车辆监控的有源读写器。

6.3.2　生产区生产流程

在标号“①”处进行原材料初始化；然后送到标号“②”处，进行包装并挂 RFID 标签；再送到标号“③”处进行码盘架作业；再送往标号“④”处，通过 RFID 智能门出库。全过程如图 6-25 所示。

说明：

1）生产区的原材料存放在蓝色隔板货架区。

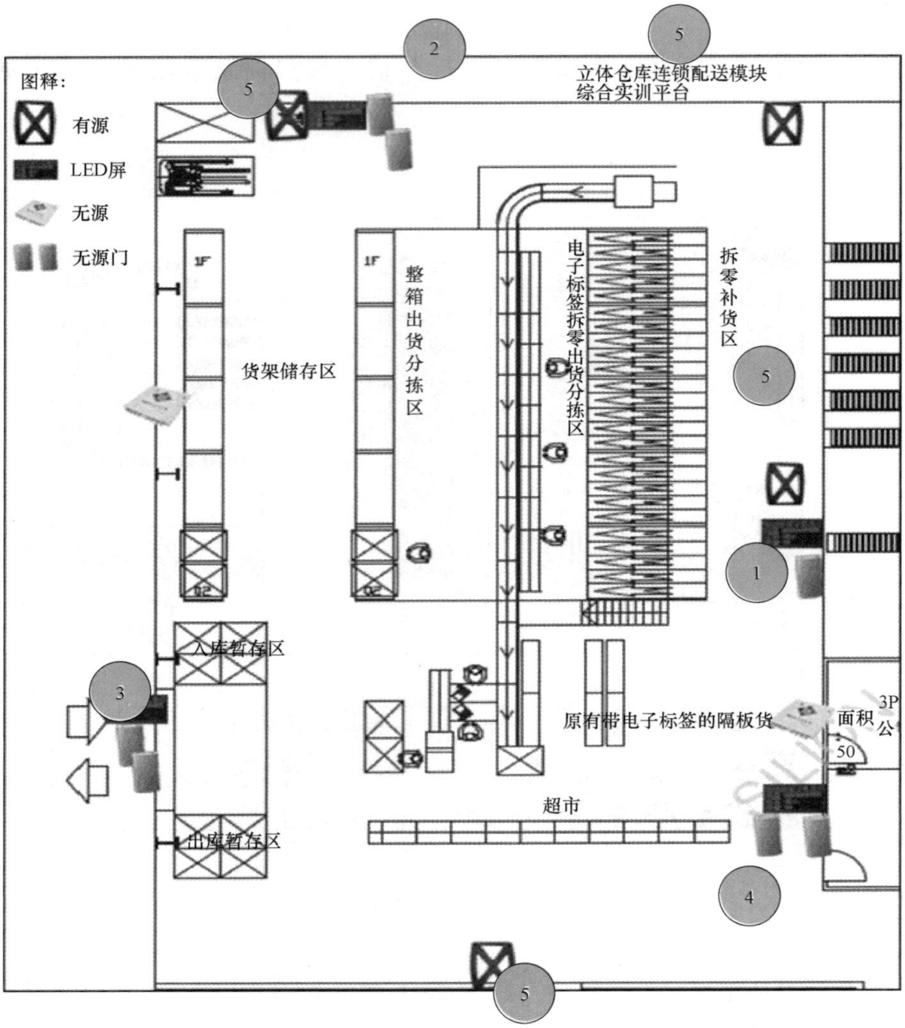

图6-24　自动化立体仓库自动分拣布局平面示意图

2）初始化操作在码盘区使用计算机和桌面式RFID读写设备操作。

6.3.3　收货流程

货物从生产区穿过配送中心RFID入库智能门将货物送到入库暂存区标号“①”处；再从入库暂存区标号“①”处送至货架区标号“②”处上架；入库暂存区标号“①”处一部分货物需拆分货品上架至标号“③”处。收获流程如图6-26所示。

6.3.4　出库流程

出库流程与生产流程类似，在标号“①”处进行原材料初始化；然后送到标号“②”处，进行包装并挂RFID标签；再送到标号“③”处进行码盘架作业；再送往标号“④”处，通过RFID智能门出库。出库流程如图6-27所示。

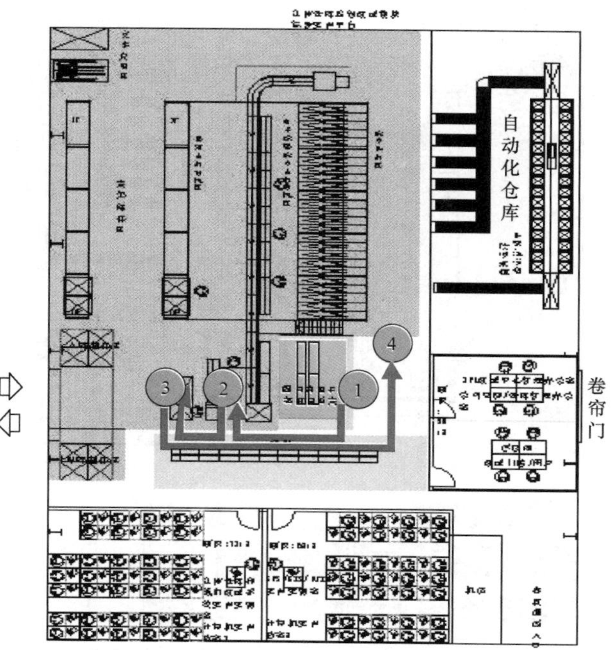

图 6-25　自动化立体仓库自动分拣生产区生产流程

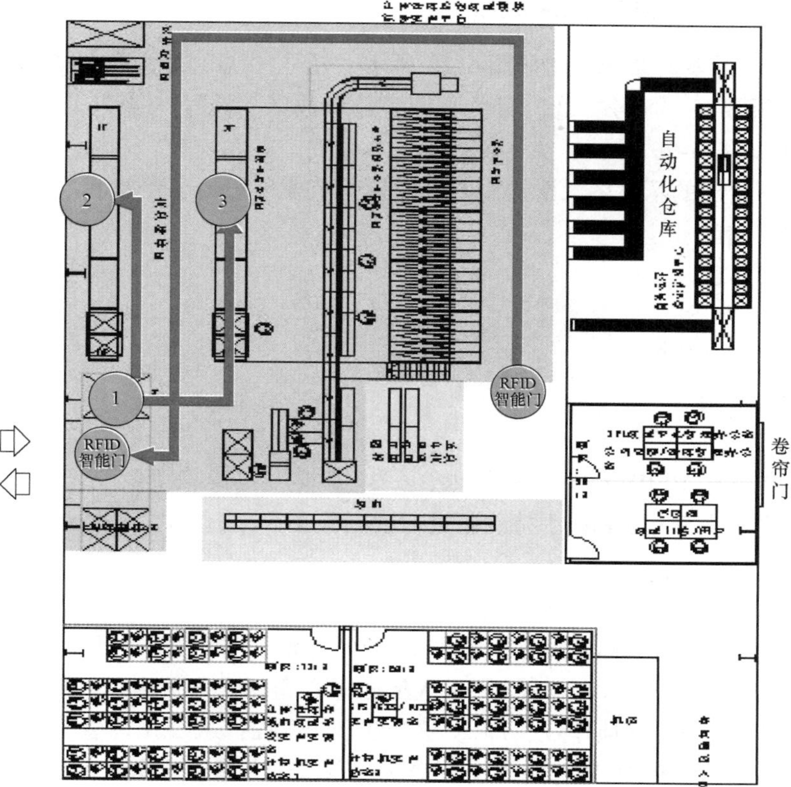

图 6-26　自动化立体仓库配送中心的收货流程

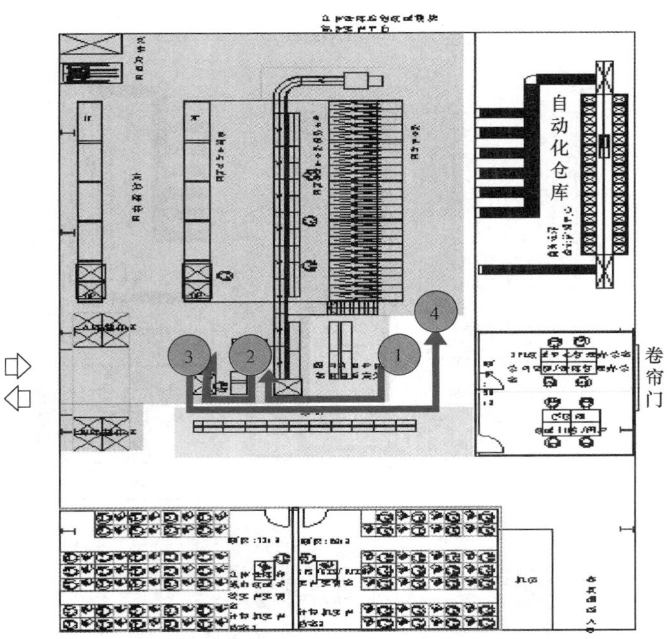

图 6-27　自动化立体仓库配送中心的出库流程

6.3.5　配送中心仓库拆零上架流程

配送中心仓库拆零上架分布图如图 6-28 所示，标号“①”处为整箱货物存储区，标号“②”处为整箱拆零区，标号“③”处为移库整箱存放区，标号“④”处为整箱拣拆零区。其拆零上架流程如图 6-29 所示。

依据图 6-29 给出的示意图，配送中心仓库拆零上架流程的步骤如下：

1）整箱到存储区。

2）整箱到拆零区。

3）整箱移库。

4）整箱到拆零备架区。

5）拆零货品上架。

说明：

1）货品存储采用 RFID 手持设备进行数据采集确定货品准确架位。

2）入库拆零和上架用 RFID 手持设备进行数据采集。

6.3.6　仓库车辆运转行进图设计

叉车行进路线按照箭头标志行进，首先从生产区经过 RFID 智能门（标志为“①”）出库；通过 RFID 智能门（标志为“②”）进入配送中心仓库，进行生产到配送中心仓库的运输作业，可重复多次进行这项作业，即①到②的行进过程；从“出库暂存区”运送货品出库，经过配送中心出库区 RFID 智能门（标志为“③”）出库，运送货品到超市仓库，经过超市区 RFID 智能门（标志为“④”），进行 3PL 仓库到超市的运输作业，可重复多次进行

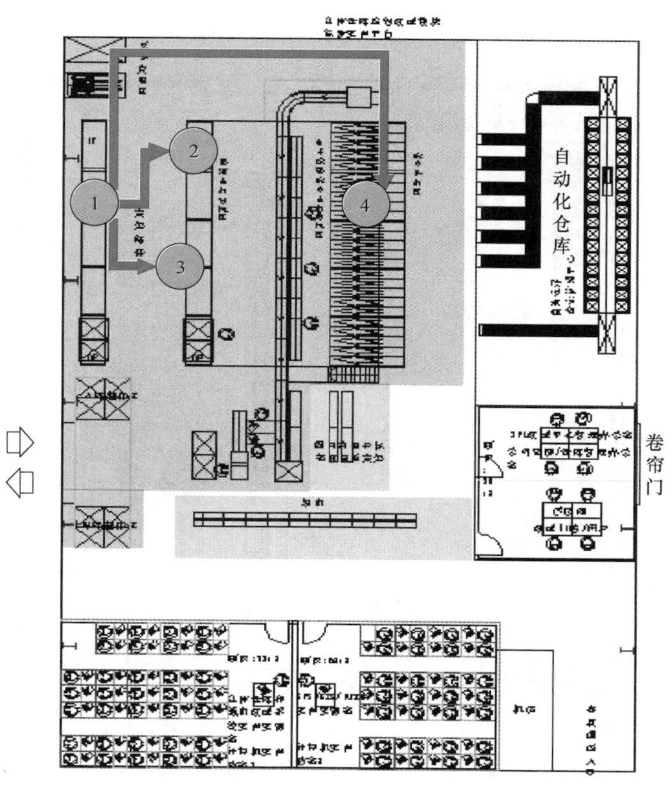

图 6-28　配送中心仓库拆零上架分布图

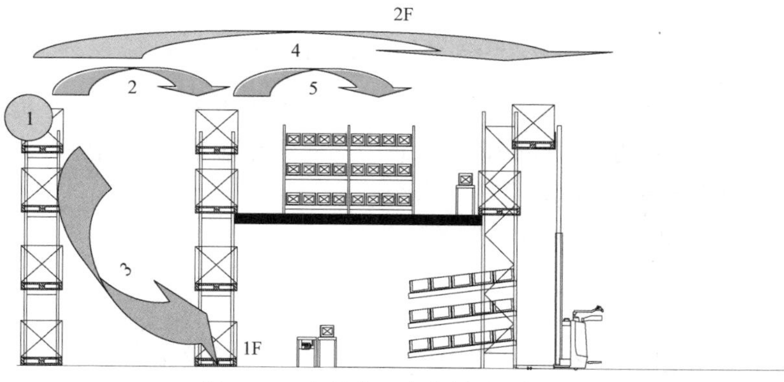

图 6-29　配送中心仓库拆零上架流程

这项作业，即③到④的行进过程。从生产到配送中心仓库再到超市的过程中，叉车行进路线为①—②—③—④。在叉车行进过程中，可以通过有源读写器（标志为“⑤”）进行行进位置监控，如图 6-30 所示。

6.4　农业大棚监控及智能控制方案

智能农业控制通过实时采集农业大棚内的温度、湿度信号以及光照、土壤温度、土壤水

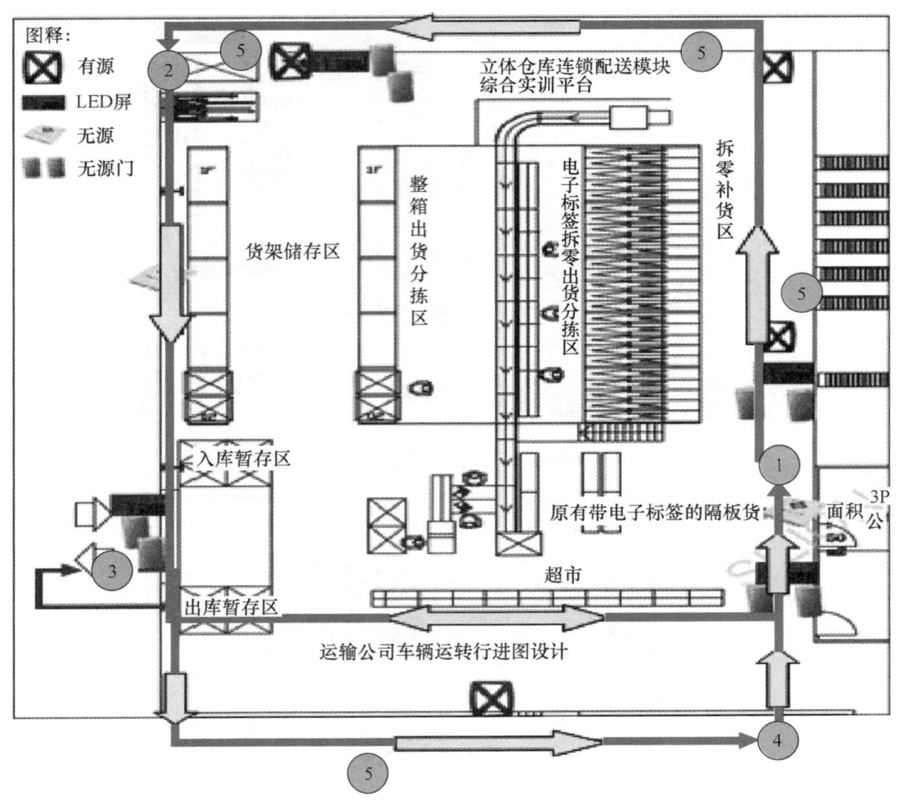

图 6-30　运输公司车辆运转行进图设计

分、CO 浓度等环境参数进行实时采集，自动开启或者关闭指定设备（如远程控制浇灌、开关卷帘等）。可以根据用户需求，随时进行处理，为农业生态信息自动监测、对设施进行自动控制和智能化管理提供科学依据。

大棚监控就是要提供上述的智能控制解决方案。

6.4.1　项目需求

在每个智能农业大棚内部署空气温湿度传感器 2 只，用来监测大棚内空气温度、空气湿度参数；每个农业大棚内部署土壤温度传感器 2 只、土壤湿度传感器 2 只、光照度传感器 2 只，用来监测大棚内土壤温度、土壤水分、光照度等参数。所有传感器一律采用直流 24V 电源供电，大棚内仅需提供交流 220V 市电即可。

每个农业大棚园区部署 1 套采集传输设备（包含中心节点、无线 3G 路由器、无线 3G 网卡等），用来传输园区内各农业大棚的传感器数据、设备控制指令数据等到 Internet 上与平台服务器交互。

在每个需要智能控制功能的大棚内安装智能控制设备 1 套（包含一体化控制器、扩展控制配电箱、电磁阀、电源转换适配设备等），用来传递控制指令、响应控制执行设备，实

现对大棚内的电动卷帘、智能喷水、智能通风等行为的控制。

6.4.2　系统总体架构

系统的总体架构分为传感信息采集、视频监控、智能分析和远程控制四部分，如图6-31所示。系统中包括两个部分：

1）ZigBee 中心节点。

2）边缘网关，比如以太网、GPRS 模块，两者结合起来可以实现数据的远距离传输。

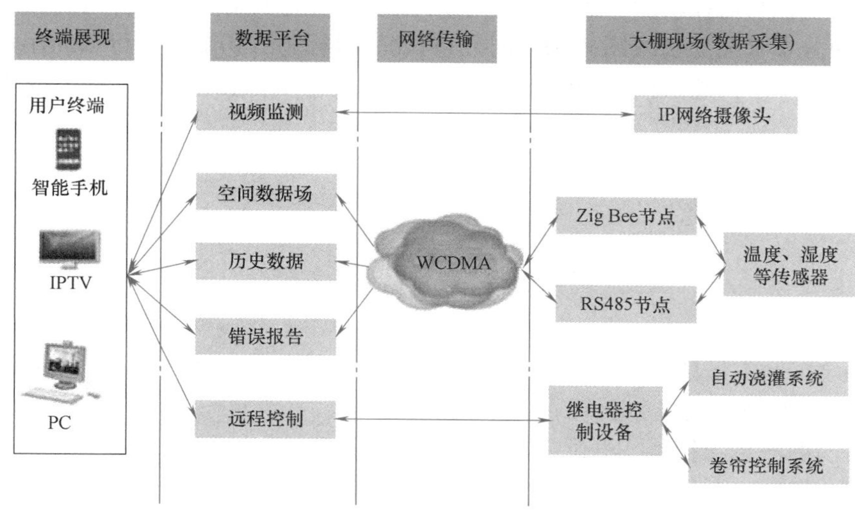

图 6-31　农业大棚监控及智能控制方案

6.4.3　传感信息采集

数据采集系统主要负责温室内部光照、温度、湿度和土壤含水量以及视频等数据的采集和控制。

6.4.4　大棚现场布点

大棚现场主要负责大棚内部环境参数的采集和控制设备的执行，采集的数据主要包括农业生产所需的光照、空气温度、空气湿度、土壤温度、土壤水分等数值。

传感器的数据上传有 ZigBee 模式和 RS485（典型的串行通信标准接口，实现点对点的通信）模式两种。在 RS485 模式中，数据信号通过有线的方式传送，涉及大量的通信布线。在 ZigBee 模式中，传感器数据通过 ZigBee 发送模块传送到 ZigBee 中心节点上，用户终端和一体化控制器间传送的控制指令也通过 ZigBee 发送模块传送到中心节点上，省去了通信线缆的部署工作。中心节点再经过边缘网关将传感器数据、控制指令封装并发送到位于 Internet 上的系统业务平台。用户可以通过有线网络/无线网络访问系统业务平台，实时监测大棚现场的传感器参数，控制大棚现场的相关设备。ZigBee 模式具有部署灵活、扩展方便等优点。

控制系统主要由一体化控制器、执行设备和相关线路组成，通过一体化控制器可以自由控制各种农业生产执行设备，包括喷水系统和空气调节系统等，喷水系统可支持喷淋、滴灌等多种设备，空气调节系统可支持卷帘、风机等设备。

采集传输部分主要将设备采集到的数值传送到服务器上，现有大棚设备支持3G、有线等多种数据传输方式，在传输协议上支持IPv4现网协议及下一代互联网IPv6协议。

业务平台负责为用户提供智能大棚的所有功能展示，主要功能包括环境数据监测、数据空间/时间分布、历史数据、超阈值告警和远程控制五个方面。用户还可以根据需要添加视频设备实现远程视频监控功能。数据空间/时间分布将系统采集到的数值通过直观的形式向用户展示时间分布状况（折线图）和空间分布状况（场图）；历史数据可以向用户提供历史一段时间的数值展示；超阈值告警则允许用户制定自定义的数据范围，并将超出范围的情况反映给用户。

6.5　智能家居系统

6.5.1　设计目标

1）从住宅区和家居两个层面，提供安全、节能、健康（阳光与空气）、灵通（各种通信手段）、舒适和便利（自动化）的生活愿景规划。

2）以适当的产品和软件，提供各系统的联动或集成。

3）系统应周密而且最大限度地降低对居民的日常生活的影响，保证居民在室内活动的隐私不受侵害。

4）对于家居控制系统，要求安防、灯光、音响、电话等各个系统，以生活场景的一键指令（如入户、用餐、迎客、睡眠、短暂或长期离开等）为核心，实现“一键”控制等，包括各系统之间的联动控制。

5）家居安防系统着重解决报警灵敏度与最大限度减小误报的关系，例如：通过对感应器的编程或身份自动识别，区分主人与入侵者。家居安防系统应包括火灾报警系统。

6）重视产品及系统的易用性、简单化：应用科技的目的是使操作、编程和产品尺寸规划等方面更简单、经济、合理，而不是更繁琐，特别是家居内设备的操作。

6.5.2　智能家居系统组网

智能家居系统是以嵌入式计算机为平台，如图6-32所示。将安防、灯光、电器、电动窗帘、场景、监控、背景音乐、可视对讲、电子商务、能源管理等系统进行统一管理；室内通过遥控器任意控制，室外可通过手机或计算机进行远程控制，查看家里的情况，对家里的情况了如指掌。

6.5.3　功能设计

根据设计要求，智能家居系统采用智能网关为主控设备，配合周边设备实现功能要求。系统实现原理如图6-33所示。

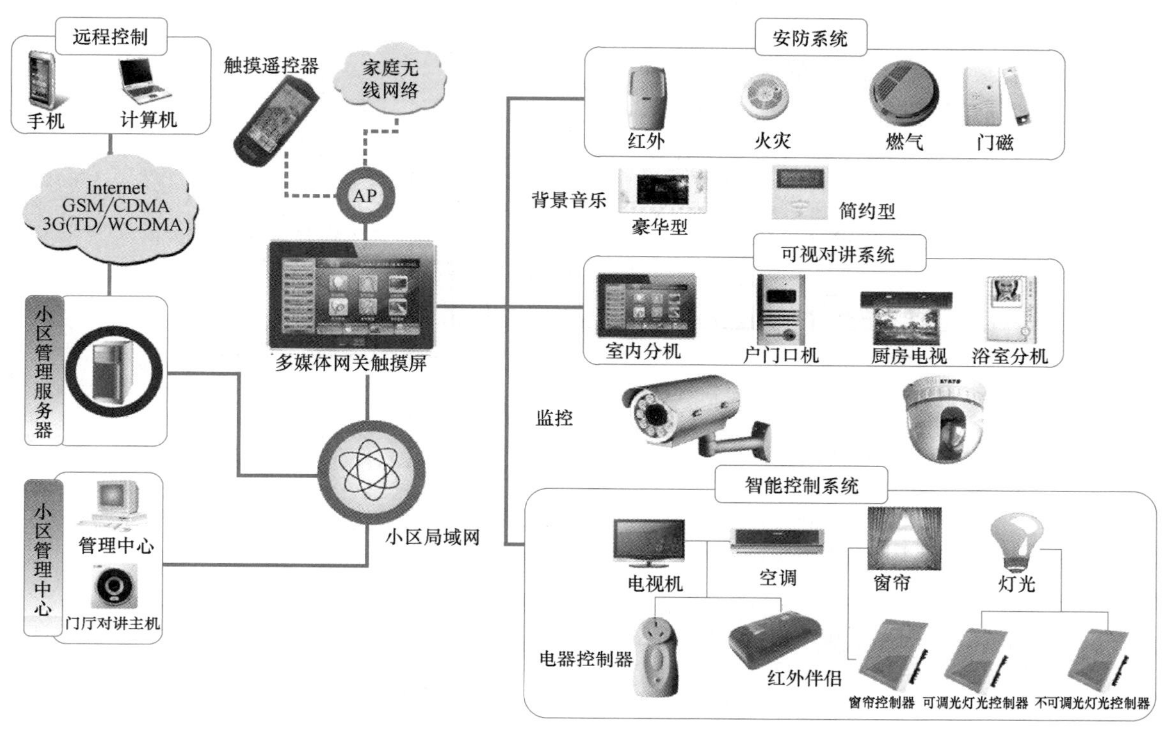

图 6-32　智能家居系统组网图

1. 门禁可视对讲功能

1）IC 卡门禁识别。

2）呼叫、远程开锁。

3）可以监视门前图像。

4）家中无人时，到访客人可以留影。

2. 家庭安防功能

1）外接各种安防探测器与警灯、警号；防区数量满足小区报警控制回路对每个不同安防探测器具的识别功能；防区可以分三道防区，外界周界红外对射形成第一道防区，门窗等安装门磁或者幕帘探测器组成第二道防线，室内重要部位设置探测器形成第三道防线；厨房等区域加装煤气探测器，每个区域都安装火灾报警发生器，保证财产及生命安全。

2）可以实现无线一键撤布防，使用方便；随身配备紧急求助按钮以防万一；密码撤防可以在被胁迫情况下不引起抢匪注意隐蔽报警。

3）可以通过电话和网络进行远程撤布防，消除警报。使人不在家就能随心控制，解除误报给人造成的烦恼。

4）用户可查询报警类型、报警点、报警时间。

5）触发警情后通过网络向保安中心报警，同时拨打用户设定的电话号码进行报警。

6）通过家庭智能网关，可以实现各个防区与其他家电自动化设备的联动控制。

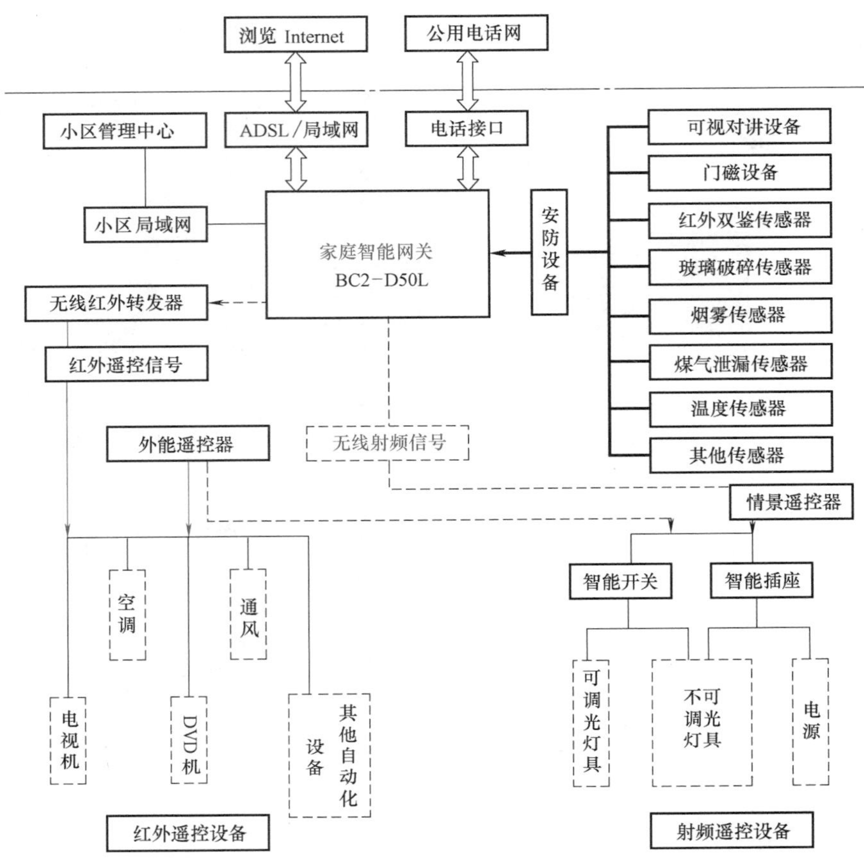

图6-33　智能家居系统功能设计

3. 灯光控制功能

1）通过遥控器可方便地管理家中所有的智能开关、插座，实现无线控制、场景控制；场景编排完全根据使用者的爱好任意设置，无需采用其他辅助工具，在遥控器面板上随意编排，方便快捷，可以根据需要随时随地随意调整。

2）通过家庭智能网关方便地实现电话远程语音控制以及网络远程控制，控制设备可以是固定电话、移动电话、PDA以及各种其他PC。家庭智能网关的超强网络连接能力使您无论身在何处，都能方便地管理家庭自动化设备，采用图文界面操作，方便实用，体现了科技与人文的最佳结合。

3）通过家庭智能网关以及连接在网关上的探测器、传感器，根据探测器、传感器传给网关的不同信号控制不同区域的灯光开启或者关闭。

4）通过家庭智能网关实现灯光的定时控制。

5）智能开关的调光与调光后状态记忆功能既节约能源，又使场景设置更个性化，不同的场景有不同的灯光效果。

4. 信息家电自动控制系统

1）室内恒温控制。家庭智能网关内置温度传感器，可以根据设置的条件，控制空调的开启与关闭，平衡室内温度。

2）条件控制功能可根据外界温度、噪声等传感器，根据室外温度及噪声大小开启或关闭自动窗；可以在开窗的同时自动控制关闭空调、通风设备，方便节能；可以设置成当主人入户时开启入户场景并关闭监视系统；可以在发生火灾或煤气泄漏的时候关闭煤气阀门并打开窗子换气；也可以在下雨主人不在家时自动关闭窗户等。

3）定时控制功能可以使周期性执行的动作自动定时执行。例如按时开关窗帘、定时浇花等。

4）组合控制功能可以做到一键式控制，例如把关主灯、打开背景灯、拉上窗帘、打开电视等一组动作通过一个组合一键搞定。

5. 智能综合布线

1）布线箱把现代家庭内的电话线、电视线、网络线、音响线、防盗报警信号线等线路加以规划，组建起基础的“智能家居布线系统”，这样既可方便应用也可以将智能家居中其他系统融合进去。

2）电话线、有线电视、计算机网络线、视音频线在装修前统一规划，统一安排布局，集中管理，避免了乱拉线、乱搭线、灵活性差等缺点。将来再有多媒体线缆入室，不用开墙破洞，直接就可接驳。

3）采用国际家居布线标准，满足当今信息家电的接口要求，并可兼顾未来新技术、新产品，真正做到“一步到位”。

4）电话交换模块：可以同时完成 1 路信号进 4 路信号出和 1 路信号进 2 路信号出。

5）网络接口模块：此模块要求能够集成多口 10Mbit/s 的集线器，其中有一个 UPLINK 口。

6）路由器模块：提供普通的 1 进 3 出网络路由功能。

7）有线电视模块：由一个专业级射频一分四分配器构成，确保每路信号画面清晰。

8）家庭影音模块：提供视音频插头自由组合连接，可室内共享视音功能。

9）安防监控模块：提供智能家居安防控制。

10）电池模块：提供以上模块的电源。

6. 信息服务

1）家庭智能终端系统产品实现家庭信息服务功能，信息查询可实现服务中心向住户家中发送中、英文电子公告消息。

2）用户可通过客户端登录国际互联网进行信息查询、收发个人电子邮件、足不出户处理电子商务、实现远程医疗等，网站具有防火墙功能。

3）业主可发送中、英文信息到管理论坛，即小区 BBS，服务中心可实现后台管理，用户可任意查询服务数据，户户通信。

4）语音留言服务，可录制不同信息留言，并有留言提示功能，可通过Internet远程收听语音留言信息。

7. 远程控制功能

家庭智能网关通过拨打家中的电话或登录Internet，实现对家庭中所有的安防探测器进行布防操作，远程控制家用电器、照明及其他自动化设备。

6.5.4　智能家居效果图

1. 客厅效果

图6-34给出了智能家居客厅效果示意图。早上8：00您出门上班，将多媒体网关的情景模式设定为“离家”，网关的自动控制系统将自动关闭所有灯光，同时电器都关闭，窗帘自动关闭，安防系统进入监视状态。

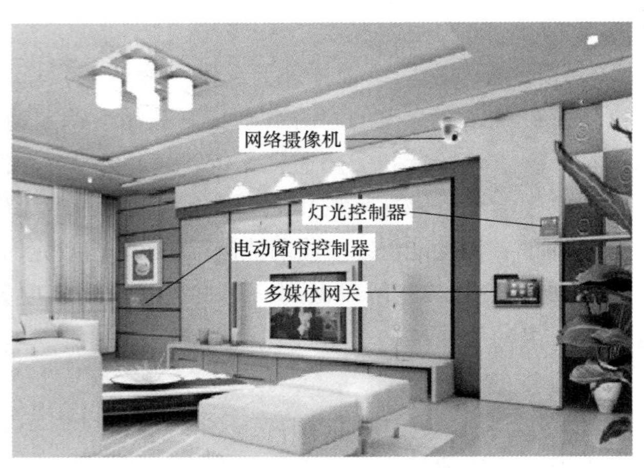

图6-34　智能家居客厅效果

2. 厨房效果

在厨房，设置的燃气报警器可以防止出现燃气泄漏产生的伤害，一旦燃气泄漏的浓度足够高，燃气报警器就会通过网关发出声光告警并发送短信或者电话通知用户，同样也可以电话通知物业值班人员，如图6-35所示。

图6-35　智能家居厨房效果

3. 卧室效果

整个卧室的智能控制分布效果如图6-36所示。在您回家途中，可以通过手机软件的菜单选择“回家”场景，提前打开卧室空调，窗帘自动提前开启，背景音乐自动响起，这样您回到家里的时候就立即置身于舒适的温度、柔和的灯光、舒心的音乐中……

图 6-36　智能家居卧室效果

6.6　智能交通管理系统（ITMS）

智能交通管理系统（Intelligent Transportation Management System，ITMS）是通过先进的交通信息采集技术、数据通信传输技术、电子控制技术和计算机处理技术等，把采集到的各种道路交通信息和各种交通服务信息传输到交通控制中心，交通控制中心对交通信息采集系统所获得的实时交通信息进行分析、处理，并利用交通控制管理优化模型进行交通控制策略、交通组织管理措施的优化，交通信息分析、处理和优化后的交通控制方案和交通服务信息等内容通过数据通信传输设备分别传输给各种交通控制设备和交通系统的各类用户，以实现对道路交通的优化控制，为各类用户提供全面的交通信息服务。

6.6.1　ITMS 的系统架构

目前，RFID 技术在电子不停车收费（ETC）系统中已经取得了很大的成功，这为 RFID 技术在交通领域更广泛的应用提供了一定的借鉴意义。RFID 相比交通领域传统的检测技术，比如线圈检测、视频检测等，具有的最大优势就是它能够迅速、准确地识别特定的车辆。信息采集的过程如图 6-37 所示。

当携带有 RFID 标签的车辆经过检测区域时，阅读器天线发出的信号会激活 RFID 标签，然后 RFID 标签会发送带有车辆信息的信号，天线接收到信号后传送给阅读器，经阅读器解码后通过网络传输到数据中心，经过分析、处理就可以获得路网的交通流参数以及车辆的行驶轨迹，据此可以作出有效的控制和管理措施。完整的系统架构大致如图 6-38 所示。

6.6.2　交通执法管理

基于 RFID 技术的交通管理系统结合“电子眼”，利用地感信号和“时空差分”等技术对逆行、超速、路口变道等违章行为实现准确的检测与判定，用信息数字化实现交通违规、违章的处罚。

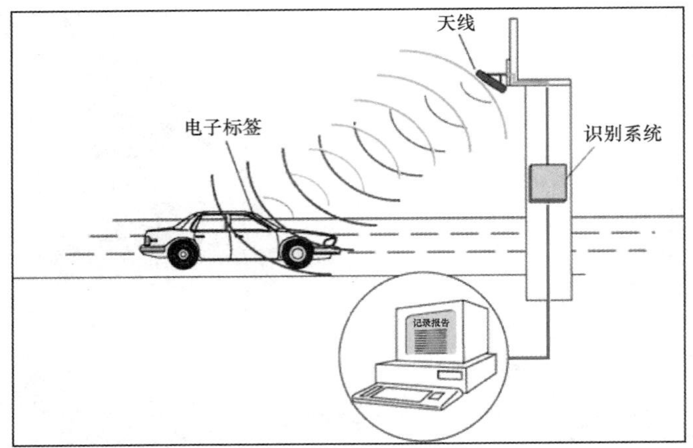

图 6-37　ITMS 的系统车辆信息采集示意图

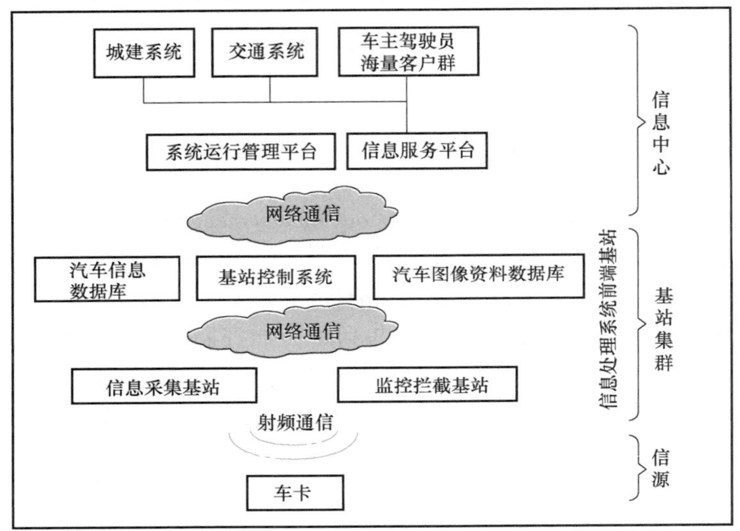

图 6-38　ITMS 的系统构架图

在特定情况下，公安部门往往需要对于某些特定车辆在某特定区域内的运行状态全过程进行记录及回溯。基于 RIFD 技术的交通管理系统可以通过前端基站对车载标签的识读以及后台信息系统对于数据的有效管理，提供查询服务，并支持查看历史过车记录的详细信息，以及查询结果的数据分析功能，如图 6-39 所示。

另外，出于一定执法需要，公安机关需要临时部署车辆拦截任务，基于 RFID 技术的智能交通管理系统可以提供高度定制的执法入口，供执法人员把犯罪车辆或犯罪驾驶员信息录入系统，系统执行最高响应，此犯罪信息实时下发到基站，基站实行拦截，配合公安机关实行有效的布控管理。

6.6.3　交通控制

通过 RFID 技术可以实现特定车辆的进入控制。通过安装在路口的 RFID 阅读器，并辅以其他自动控制系统，可以不让特定类型的车辆，或有违章记录的车辆进入某区域或者某路段。

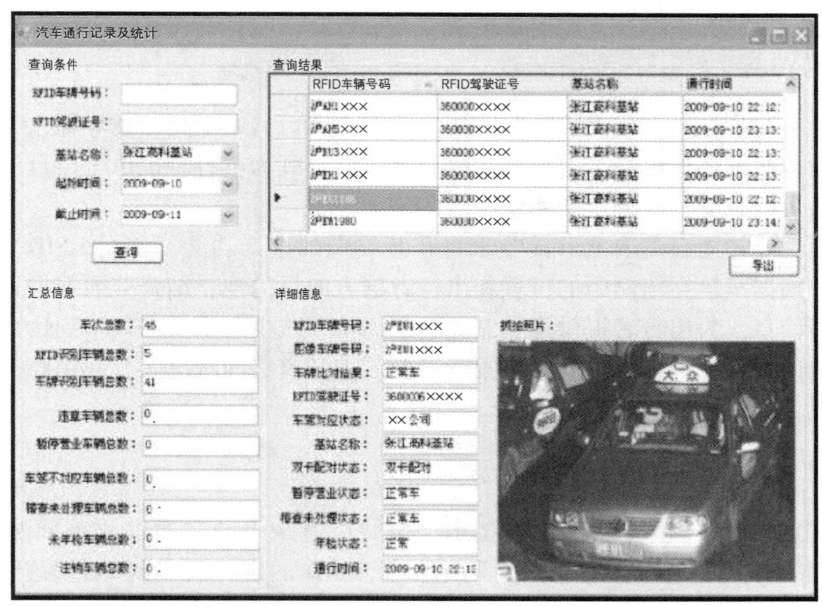

图 6-39　汽车通行记录及统计

通过安装在路口的 RFID 阅读器，可以探测并计算出某两个红绿灯区间的车辆数目，从而智能地计算路口的交通信号配时，其工作流程如图 6-40 所示。同时，由于 RFID 具有识别特定车辆的功能，故可以对公交车辆进行识别，从而可以实现公交优先的交通信号控制。

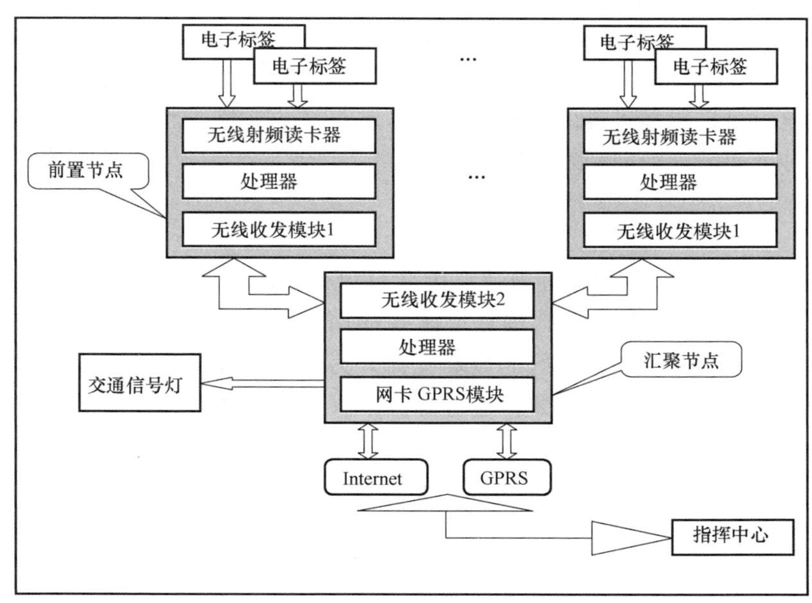

图 6-40　智能交通信号控制工作原理

另外，根据从 RFID 信息采集器获得的整个路网的交通流参数，可以对整个路网的交通运行状态进行分析和评估，提前判断出可能出现交通拥堵的区域，然后采取一定的控制措施或者进行交通诱导，消除可能出现的拥堵情况。

6.6.4　交通诱导

交通诱导系统指在城市或高速公路网的主要交通路口，布设交通诱导屏，为出行者指示下游道路的交通状况，让出行者选择合适的行驶道路，既为出行者提供了出行诱导服务，同时调节了交通流的分配，改善了交通状况。

智能交通诱导功能还需要能够接收来自车载终端的查询功能，依据 RFID、GPS 等对车辆进行定位，根据车辆在路网中的位置和出行者输入的目的地，结合交通数据采集子系统传输的路网交通信息，为出行者提供能够避免交通拥挤、减少延误及高效率到达目的地的行车路线。在车载信息系统的显示屏上给出车辆行驶前方的道路网状况图，并用箭头标示建议的最佳行驶路线。

6.6.5　紧急事件处理

利用 RFID 技术、检测及图像识别技术，对城市道路中的交通事故等偶然事件进行检测，检测出之后对系统进行报警，然后利用基于 RFID 的定位技术对事件发生地点进行定位，通知有关部门派遣救援车辆。

当救援车辆接受派遣，前往事发地点时，利用 RFID 对该特定车辆的识别，系统开始对救援车辆的运行进行管理。交通控制中心计算机计算出最短行驶路径，使得通过此路径的救援车辆将以最短时间到达出事地点。在这条路径设置有基站，当车辆通过时路径信息将会被基站接收，然后传输回数据中心。最后，在救援车辆通过的线路上，可以采用信号优先控制，所有交叉口的绿灯时间调整至最大，保证救援车辆优先通过，从而使救援车辆以最快的速度到达出事地点。同时，系统可以向十字路口的车辆和行人发出警报，告诉他们紧急车辆即将到达。此外，交通控制中心通过网络系统可以向其他车辆提供事件地点及其周围的交通信息。

通过此系统，可以提高人员的抢救率和犯罪事件的逮捕率，而且减少了在十字路口由于紧急车辆紧急冲向事故现场而引发的交通事故。

6.6.6　其他

由于 RFID 可以记录车辆的行驶轨迹，因此可以得到出行的 OD（Origin Destination，交通起止点调查又称 OD 交通量调查）信息，这一 OD 信息数量巨大，同时也比较准确，可以为交通规划和基础设施布设提供很好的数据支撑。另外，RFID 技术提供了极为宝贵的与驾驶员行为有关的信息，可以对这些数据进行分析，研究出行者行为，对交通模式进行判断。利用获得的出行者行为的历史数据，可以更好地对路网的状态进行预测。

习题与思考题

6-1　应用条码技术设计一个与生活相关联的物品管理系统。

6-2　应用 RFID 技术设计一个物流管理系统。

6-3　自行设计一个综合创意性的物联网系统。

参考文献

[1] 郎为民. 大话物联网［M］. 北京：人民邮电出版社，2011.

[2] 董耀华，等. 物联网技术与应用［M］. 上海：上海科学技术出版社，2012.

[3] 马建. 物联网技术概论［M］. 北京：人民邮电出版社，2011.

[4] 田景熙. 物联网概论［M］. 南京：东南大学出版社，2010.

[5] 王志良，王粉花. 物联网工程概论［M］. 北京：机械工业出版社，2011.

[6] 沈强. 物联网关键技术介绍［D］. 北京：中国科学院声学研究所高性能网络实验室，2010.

[7] 张宝贤. 物联网应用与展望［D］. 北京：中科院研究生院泛在与传感网研究中心，2010.

[8] 刘化君，刘传清. 物联网技术［M］. 北京：电子工业出版社，2010.

[9] 王亮民，熊书明. 物联网工程概论［M］. 北京：清华大学出版社，2011.